混合功能人居

——“产住共同体”聚落的演进、机理与建构

朱晓青　著

本书为国家自然科学基金项目（No. 51208466、No. 51238011）中国博士后基金面上项目（No. 2012M521173）、教育部人文社科研究项目（No.10YJCZH252）、浙江省哲学社会科学规划项目（No. 08CGSH002YB、No. 12JCSH02YB）、浙江省自然科学基金项目（No. Y5090170）、浙江省“育才工程”重点项目、“浙江工业大学城乡发展与人居环境建设研究中心”联合资助的研究成果之一。

中国建筑工业出版社

图书在版编目（CIP）数据

混合功能人居——“产住共同体”聚落的演讲、机理与建构 / 朱晓青著．—北京：中国建筑工业出版社，2014.5

ISBN 978-7-112-16544-5

Ⅰ．①混… Ⅱ．①朱… Ⅲ．①居住环境—研究 Ⅳ．①X21

中国版本图书馆CIP数据核字（2014）第055552号

生产与生活是聚落组织的两大核心。在民本经济发达、自下而上城镇化路径突显的地区，产业集聚与住居增长在特定的空间单元上高度复合。混合功能发展成为地区人居演进和营建跃迁的关键动因。本书立足人居环境科学、经济地理学的理论思辨，以及建筑学与城乡规划的案例实践，从单体、邻里、区域三个尺度，研究区域块状化城乡统筹的产住共生、共存、共荣现象及其空间组织机制。针对混合功能人居的发展轨迹进行梳理，推演产住共同体聚落的生成动因和特征，并建立产住协同的人居绩效评价。进而，在地区人居体系建构，城乡规划与建设的标准与机制上，提出符合混合功能发展的前瞻性导则与适宜性模式。

本书适用于建筑学、城乡规划、建设管理的专业人士，以及经济地理、社会与社区等研究方向的学者阅读，同时可作为高等院校相关专业本科高年级学生和研究生的理论教学参考书。

责任编辑：吴宇江
责任设计：董建平
责任校对：姜小莲　陈晶晶

混合功能人居
——“产住共同体”聚落的演进、机理与建构
朱晓青　著
*
中国建筑工业出版社出版、发行（北京西郊百万庄）
各地新华书店、建筑书店经销
北京京点图文设计有限公司制版
北京画中画印刷有限公司印刷
*
开本：787×1092毫米　1/16　印张：13½　字数：340千字
2014年6月第一版　2014年6月第一次印刷
定价：38.00元
ISBN 978-7-112-16544-5
(25299)
版权所有　翻印必究
如有印装质量问题，可寄本社退换
（邮政编码　100037）

前　言

“共同体”是人类生存、集聚与演进的基础特征。具体到人居环境科学的载体范畴，共同体在物质、社群与空间范式上包容了多元化研究方向，学科体系涵盖社会学、经济学、建筑学、地理学、气候学、文化学等诸多方面，具有宽泛的理论领域和实证支撑。而基于区域空间组织的驱动力，无论是历史上聚落的自组织优化演进，还是当前人居可持续改良的发展前瞻，究其根本必然归结于特定地域和特定时期影响下的“生计”与“生活”共生、共存与共进目标。

纵观共同体的实态，产、住二元作为聚落功能的阴阳两仪，一直是人类空间活动的矛盾统一体，并形成多尺度、跨社群的协同与博弈关系。从西方体系下的费迪南德•滕尼斯（Ferdinand Tonnies）、施坚雅（G. Skinner）、麦吉（T. McGee），到本土耕耘的费孝通等近现代学者，都曾对产住协同模式进行特征描述。然而，正是由于产住混合现象在人类聚居演进历史上的“与生俱来”与“司空见惯”，对其复杂性的认知度与关注不足，使得相关探索并非当前的显学状态。不仅研究未有成熟的方法体系，而且缺乏科学引导下的建构“乱象”，更是成为诟病产住混质冲突下的意识误区。通过国内外现状与动态的比较，本书研究及其后续拓展的难度将长期存在：

一方面，以混合功能发展（MXD）为代表，虽然大量相关的西方理论被引介，譬如新城市主义（New Urbanism）、紧凑城市（Compact City）、规划单元发展（PUD）等，但非本土的模型植入与“被中国化”，依然无法避免“水土不服”。

另一方面，与西方理论的发展路径不同，本土背景下对产住聚居载体的描述具有宽泛性，而加之生计和住居文化的地域不同，产住混合形制延续着功用价值的分歧和空间组织的多变性，限制了对共同体原型挖掘和萃取的条件。

随着学科分工进一步细化，单个学科已难以整合共同体功能的混质性格局，现行研究体系反而呈现产住空间机制的分离化趋向；而实践层面，主流的城镇化模式受现代功能主义以及西化的建设制度影响颇深，基本体制为产住功能分离化倾向。鉴于此，产住共生现象的针对性研究，一直存在着理论认知与实证引导的盲区。现阶段，在产住功能混合演进下，解决现状繁荣与管控滞后的尴尬与矛盾，成为本书论题的出发点和研究意义所在。

与此同时，笔者完成了大量城乡生产、经营型人居体的调查与实证，特别是深入“浙江现象”下的混合建构特色及其机理，以之为对象进行内容分解，先后主持国家自然科学基金项目、教育部人文社科项目等多个课题，并将重要数据和成果浓缩于本文。在长期专题探索中，本研究创新性提出和建立“产住共同体”的基本概念、构成要素、演进法则和评价体系，研究核心旨在：打破产住单系统分析的学术定式和思维惯性，建立科学交叉的研究视角。突出产住二元在空间和社群的叠合关系与绩效，立足产住活动的博弈与平衡，重构聚落组织的双核动力，形成混合功能增长的人居适宜性原则和评价体系，并包含以下关键问题：

（1）在中西比较研究的基础上，为产住共同体的调查、分析、评价、建构创立理论体系，指导有中国城镇化特色的建设与管理法则。

（2）如何实现多学科体系下产住混合模式的研究方法整合，在人居环境科学、经济地理学、社会学等领域，提供协同与互补的研究可能。

（3）结合地区产住共同体的建设示范，从功能混合动因入手，解决现阶段区域空间组织的矛盾与问题，寻求人居建设实证的有效途径。

综上，产住共同体是朴素的空间利用形态。从宅形单元到区域簇群的建构，从泛家族制度到混质社群的演进，混合功能增长一直围绕着产业集群、居住聚落、共同体社群三个维度。以本文为楔入点，研究拓展还涉及区域城镇化、产业转型、人居发展、功能区划、公众参与、新农村建设等诸多课题，其前瞻性工作更需要引入基层建设管理的协同和动态信息反馈，进而实现研究的可持续性。

朱晓青
2013 年 10 月

目　录

导　论

第 1 部分　混质聚落演进与“共同体”理论整合

第 2 部分　产住协同机理与“共同体”格局探究

第 3 部分　混合功能发展与“产住共同体”营建

导论

第 1 章　研究的楔入

1.1　论题缘起

产住共生现象几乎是与人类聚落同时诞生的产物，“作”与“息”作为人类生存和繁衍的活动天性，同样也是推动产住二元在空间上“分”、“合”、“替”、“进”的原动力。早在原始聚居的“刀耕火种”状态下，无论是用具制作、畜禽养殖，还是食物加工、物品交换，生产性空间都与不同尺度下的住居模式与形态密切相关。而历经三次工业革命，现代产业分化和社会分工的速度，已远非早期文明下农业、手工业和商业的社会分工进程所能比拟：一方面，生产和住居模式的多元化组织是文明正向演进的表征，其经济社会主流不可逆转；但另一方面，产住二者的协同进步，依然是不同历史时期发展的永恒主题。具体到广义建筑学范畴，其理论与实证的古今演绎，总是围绕人类产住活动空间载体的分析与建构，并表现为自然与人工的要素融合，全球化与地域性的思维冲突，区域建设组织的体制差异等诸多研究热点，以及传统与现代之辩，功能与形式之议，引导与管束之争等一系列矛盾。然而，究其本质，上述论题皆缘起于“空间组织”对一时一地人类“生存方式”的承载和适应。

基于物质、社会的集群化表现，聚居共同体（Settlement Community）成为人类生存内容和方式的载体。缘引《大英百科全书》的诠释，“生存”（living）一词的概念具有“生计”（livelihood）和“生活”（dwelling）两大要素[1]，其释义的外延包含空间（space）、功能（function）、规则（standard）与可持续（sustainable）。共同体的功能多样化和混质性，首先源于人类聚居独特、复杂而动态的属性[2]。但面对这种复杂和不确定性，各个时期的建设者和管理者，都曾试图寻求便捷的、确定的、逻辑化的产住复合形态组织机制。鉴于日趋全球化、程式化的建设模式和聚居状态，道萨迪亚斯（C. A .Doxiadis）提出了聚居综合体的反思：

“当我们在处理聚居问题的过程中，在过度专业化的道路上越走越远的时候，我们丢掉了建设聚居的主要目的……。每一天，我们都在失去一些综合处理聚居问题的能力，因为我们的专业越分得细，越无法从总体上理解聚居问题，也就越忘记了综合的必要性。”[3]

回归人类自下而上的基本需求层次，产住混合与共同体形态是原生、朴素、积极而有效的聚居状态。由道萨迪亚斯的聚居定理和假设来阐释，生产和住居整合关系在聚落中体现于功能需求、结构形态和协同性机制，其性状可以概述为：

---

[1] 《大英百科全书》(Encyclopedia Britannica 2010 WinMac）对“living”一词解释为 : 1. means to subsistence: livelihood。2. to occupy a home: dwell。

[2] C. A. Doxiadis. Action for Human Settlements[M]. Athens: Athens Publishing Center, 1975：6.

[3] C .A .Doxiadis. Ekistics：An Introduction to the Science of Human Settlement[M]. London：Oxford University Press，1968：47.

（1）产住二元是共同体的基本需求，也是聚居多元化和评价的依据

"人类聚居是为了满足居住区内的人和其他人的需要。满足各种不同影响要素的需要而创建的。"（定理 1）"聚居必须同时满足最初的需求和不断增加的、新的需求。"（定理 2）"只有当聚居中居民的所有需要——经济的、社会的、政治的、技术的和文化的需要都得到满足时，才能认为该聚落对居民来说是满意的。"（定理 4）[1]

（2）产住混质是共同体的必然状态，多系统整合成为聚居空间原则

"聚居是人类生活系统的物质表现形式，聚居建设活动都是遵循以下五条原则：①交往机会最大原则；②联系费用（能源、时间和花费）最省原则；③安全性原则；④人与其他要素间关系最优化原则；⑤前四项原则所组成的体系最优化原则。人们始终在五个原则的引导下，通过创建聚落来获得安定的生活，并战胜困难而谋生。"（假设 2）[2]

（3）产住互弈是共同体的发展动力，跨结构协同成为聚居平衡途径

"聚居等级与层级的上下联系并不是社区之间唯一的联系，许多其他联系（如同一层次上的相互联系）也同样可能存在。"（定理 35）[3]"未来城市将在各个方面变得更为复杂，各种要素结合在一起将形成高度复杂的系统。"（假设 7）"平衡是人类发展的最终目标，这种平衡是在不断变化的系统中达到的动态平衡。"（假设 3）[4]

产住混合与共同体的组织，提供人类聚居建构与增长的基点。在有限的资源和空间条件下，各种所需功能在空间上都能集中一体，或者说同一空间能够承载多种功能而减少距离上的耗费，是所有空间使用者的天性需求。随着产业和住居方式的发展，营造和交通技术的革新，聚落形态和结构的转变，都无法改变人类对产住邻近原则的追求，进而在产业组织、社群组织、空间组织上演化出复杂而多样的共同体形态。在空间分布的横向维度，无论西方还是东方，产住混合现象在聚落的宏观簇群、中观组团、微观单元中都非常普遍，甚至活跃于一些非正规形态、非稳定系统的过渡性聚居体内[5]；在地区营建的纵向演进上，产住多样性分化与不同层级下的空间功能混合相互并存。产住共生、共荣既是人类多种活动集成的必然结果，也是聚居混合增长的必要途径。

然而，"混合态"(Mixture)一直是人类建设发展史上无法摆脱的悖论体。从正面性看来，产住交织可以带来功能使用路径上的多样性、丰富性和包容性；产住有机组织下的混质绩效性，更是为聚居可持续增长提供了永恒的动力支持[6]。但对"混合态"的负面性理解，在聚居营造态度上又具体为"混沌"与"混乱"双重特征[7]："混沌"源于人类有限认知对解读空间复杂状态的无奈，"混乱"则表达了对空间组织非理性、无序性和不确定性的恐惧。

---

[1] C.A.Doxiadis.Ekistics：An Introduction to the Science of Human Settlement[M]. London：Oxford University Press，1968：290-311，道萨迪亚斯提出聚落定理包含：发展规律 20 条，内部平衡 5 条，空间结构 29 条。

[2] 同上。

[3] 同上。

[4] C. A .Doxiadis. Anthropopolis：City for Human Development[M]. Athens：Athens Publishing Center，1975：13-30。

[5] Aanya Roy，Nezar AlSayyed，ed. Urban Informality：transnational perspectives from the Middle East，Latin America，and South Asia[M]. Lanham，MD：Lexington Books，2004：6-30.

[6] 刘易斯·芒福德在城市发展的第一种路径论述道："各种各样的景观，各种各样的职业，各种各样的文化活动，各种各样人物的特有属性——所有这些能组成无穷的组合、排列和变化。不是完善的蜂窝而是充满生气的城市。"参见 Lewis Mumford. The City in History：its origins，its transformation，and its prospects[M]. New York：Harcourt，Brace & World，Inc.，1961.

[7] "混沌"与"混乱"在英文表述中皆为"chaos"一词，二者在"混合态"的负面理解上具有相通性。

因此，人们对“混合态”所持迎同还是排斥的态度差异，造成现实营造导向下的迷茫与对立。

“混”与“分”的功能演绎存在着地域性与时间性的不平衡。特别是建设制度、规划方法、营造科技产生重大突破和转折时期，抑或是制度革新对“混沌非可控”状态的强势序化，再或是技术解放对功能“自发混合”的渐进排斥，人类主观性逻辑和理性手段的进步，往往造成产住二元在社会、物质载体上的阶段性分离。回溯人居的历史演进，产住共生模式的发展与延续并非线性路径。从古罗马强权与征战下的营寨城（Castra❶）模式（图 1-1），到中世纪欧洲城市商业、手工业与居住的混杂特征；从秦汉以来“闾里”、“坊里”制度对“店”与“宅”的严密隔离，到张择端《清明上河图》中描绘的北宋东京产住混合繁荣景象（图 1-2），每一次制度对产住的强势剥离，必然导致下一时期产住混合的暴发性反弹。

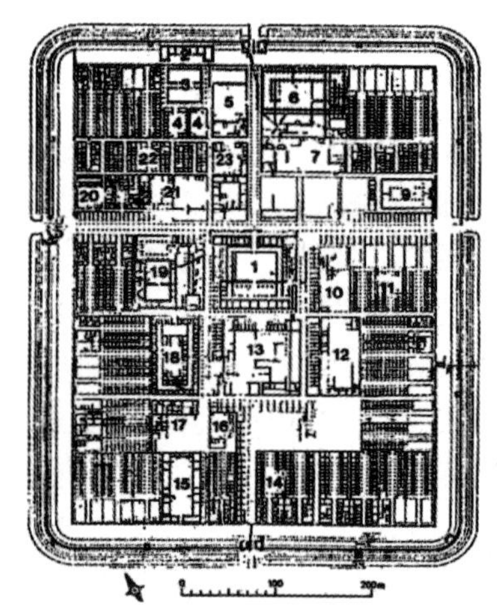

图 1-1　古罗马营寨城的分区格局

来源：Y. Bohec. Imperial Roman Army[M]. Londo：Routledge，1994

图 1-2　清明上河图产住混质繁荣景象

来源：吴雪杉 . 张择端清明上河图 [M] 北京 . 文物出版社，2009

在近现代聚居发展历程上，西方现代“功能主义”实现了二战后建设的高效率，与此同时，产、住分区带来的通勤、交往、安全等诸多问题，引发了大量当代的学者、管理者和建筑师的批判与反思；而中国在 1956 ~ 1976 年间，采取过激的高度计划式路径❷，同样严重干扰了产住共生的发展规律，直到 1978 年后，制度纠偏与改革开放促成了功能混质活力的恢复❸，并形成以“家庭工坊”为代表的“温州模式”、“义乌现象”等一系列经济与社会增长的动力源。

事实上，制度反复与意识误区，都无法阻碍空间组织的多样化和混质性本能。螺旋上升的聚居发展过程，既在特定时期为混合功能增长提供反思与探索，同时也促进了特定区域内产住复合载体与形态的新一轮进化。由此，立足现阶段背景和多学科视角，本书将进一步解析“产住共同体”的动因、模式与机理，并结合混合功能人居演进的规律，探索其可持续发展的途径。

---

❶ 拉丁语，是表示古罗马军营和要塞的术语，含义为“计划或已建成的作为军事防御阵地的建筑或者地块”。

❷ 房维中 . 中华人民共和国经济大事记（1949 ~ 1980）[M]. 北京：中国社会科学出版社，1984：470-481。

❸ 张厚义，明立志 . 中国私营企业发展报告（1978 ~ 1998）[M]. 北京：社会科学文献出版社，1999：80-92。

1.2 研究背景

近年来，我国的城乡建设处于快速膨胀期，产业集聚与人居增长在区域地理空间上一直处于高度复合状态。产住一体化社区大量涌现，特别是民本经济特色导向下形成的“产住共同体”人居范式增长迅猛。一方面，功能多元、空间复合，关系多维，社群交叉，显现“自下而上”城镇化的混质活力（Messy Vitality）❶。另一方面，我国建设体系上长期以来沿用功能分区模式，形成开发与管理的思维惯性。面对动因复杂、形态多样、自上而下的混合发展，制度导控一直缺乏有效方法和体系，在全国范围内，尤其是在产住共同体高度集聚的地区，表现出或禁、或避、或默许的消极态度。随着混合功能模式的集约转型，现状的繁荣与建管滞后的矛盾迅速扩大。因此，以国情和区域背景为着眼点，通过全球化视野的比较，是本书寻求混合功能人居发展的角度与方法。

1.2.1 视角选择

当前，区域城镇化进程是影响生产、生活和空间三大要素组织的核心主题。1995 年中国城镇化率为 29.04%，2007 年达到 44.94%，而 2012 年城镇化率达到 52.57%。世界银行的报告表明，中国在城镇化率从 20% 提高到 50%，只用了二十几年的时间，是欧美发达国家速度的 4 ~ 6 倍（表 1-1）。如此快速的拓张，势必脱离产住共生与功能混合多样的发展规律，也在空间载体上超出聚居效能和社群行为的服务尺度❷，其矛盾突显在：①土地利用层面：功能区划的粗放导致兼容性的缺失；②人口分布层面：就业迁徙造成区域社群的不稳定；③区域发展层面：产住增长方式与路径差异形成混合梯度特征；④制度导控层面：城乡二元制造大量非正规聚居形态；⑤聚居建设层面：生产、生活品质滞后于城镇化速度；⑥形态管束层面：现行规范严重缺乏对空间混质化结构的管束。

中国城市化水平的预测　　表1-1

年份	2000 年	2020 年	2050 年
总人口	12.5 亿	14 ~ 15 亿	16 亿
城市化水平	30%	45% ~ 50%	60% ~ 65%

来源：李德华.城市规划原理[M].北京：中国建筑工业出版社，2001：12。

纵观经济、社会空间组织的双重视角，生产（produce）和居住（dwelling）作为区域共同体（Community）生成的源动力，是支持现今快速城镇化的两个基点。在经济社会一体化进程中，产住整合模式具有显著而稳定的聚落地理识别性（Settlement Geographic Identity）和空间绩效性，并形成多样化、递进发展特征。针对上述背景，产业集聚与人居增长具有各自明确的主线，但缺乏视角交叉。与此同时，现有城乡建设经验和研究成果，又存在着明显的职责分工与学科壁垒。在单一视角下，管理者对混合动因认知的缺乏，和建设者对混质秩序导控的滞后，使产住二元矛盾成为诸多区域可持续增长的问题关键。

❶ [美] 罗杰·特兰西克 . 找寻失落的空间 [M]. 北京：中国建筑工业出版社，2008：15-16。

❷ 简新华 . 论中国特色的城镇化道路 [J]. 发展经济学研究（年刊第四辑）. 北京：经济科学出版社，2007：48-55

本书理论视角打破传统“产住分置”的领域划分，突出地区化的经济增长与人居提升的协同机理和混质绩效，在区域功能与空间相互整合的原则下，立足于“混合功能增长”（Mixed-use Development，简称MXD）导向下的城镇化途径，选择“产住共同体”（Work-live Community）作为研究的楔入点。在实证视角上，一方面，基于我国民本化城镇化的建设路径，解析“温州模式”、“义乌现象”等自下而上生成的产住共同体样本；另一方面，通过中西制度下混合功能聚居开发的案例比较，研究空间管束、制度体系的具体执行标准。以管理职能和学术领域的交叉为主线，探索地域性可操作的建设路径。

1.2.2 现实依据

聚焦中国本土，由于历史文化不同和资源禀赋的差异，工业化和市场化进程稳定于“一体多制”的格局，并反作用于城乡建设形态上，即多元化的生产力与经济基础，直接或间接地反映于聚落的多样化表征，其中，影响较大的有“浙江模式”、“苏南模式”等。而“混合功能增长”是我国新一轮城镇化的重要特征，尤其在沿海地区，产业和人居发展建立了高度的自发性和自组织性[1]，由此形成具有中国特色的“产住共同体”典型。以浙江为例，受世界人均水平1/3的土地资源制约，产业集聚与人居扩张在地理空间单元上高度叠合，88个市县区有86个形成了块状的产住共生群落[2]，由此生成规模大、层次多、分布广的产住一体化现象，并在根源上推动了特定区域的空间演进与社会跃迁：

（1）产住混质的地域簇群建构，独具我国民本城镇化的识别性

东南沿海是我国非公有制经济最发达的地区之一，也是民本主导的城乡建设重要载体。“一村一品、一镇一业”，直接描述出聚落与产业相叠合的城镇化特色，同时也成为“义乌现象”、“台州特色”等一系列地域名片的共性表述。而现行的我国城乡用地模式，一直在执行较为粗放的“分类管束”制度；在建设体系上，也同样依据“功能区划”模式进行操作与管理。从住房和城乡建设部建设标准与国土局的分类来看[3]，管理体系长期以来既缺乏对土地兼容性利用的需求应对，也缺少对空间混合性的建设引导。

因此，由于“自上而下”的制度缺失，产住共同聚居群落的繁荣，主要依赖于“自下而上”的组织过程和建构路径中。区域混质功能人居的增长与簇群化，必然呈现生产和住居共同性需求与利益的载体属性，即在“民本模式”主导下，表达为混合发展的意识识别和产住协同的行为识别。

（2）产住共生的空间范式衍生，明确了混合聚居秩序的演进性

在东方背景的建构文化下，以“天人合一”、“家国同构”[4]为聚居的本体，空间多元混质的观念存在于“户”这一最小人居单位中，且一直延续，普遍存在。时至今日，推动中国特色经济发展道路的社会主力，包含大量以家庭（族）产业为主导的产住个体户，特别是在我国东南沿海等区域，产住混合的人居范式长期演进。从“庭院经济”、“底商上住”

---

[1] 史晋川，金祥荣，赵伟，罗卫东．制度变迁与经济发展：温州模式研究[M]．杭州：浙江大学出版社，2004：3。

[2] 王自亮，钱雪亚．从乡村工业化到城市化——浙江现代化的过程、特征与动力[M]．杭州：浙江大学出版社，2003：29。

[3] 《城市用地分类与规划建设用地标准》（GB 50137—2011）中将建设层次分为8大类、35中类和44小类；《村镇规划标准》（GB 50188—93）中将农地建设分为9大类，28个小类；国土局在《全国土地分类体系（试行）》（国土资发[2001]255号）中将用地属性分为一级8个，二级47个。

[4] 《礼记·大学》中表述为“治国必先齐其家者，其家不可教而能教人者，无之”，而家国同构的观念，同样在《周易·家人卦》等古代文献中大量体现。

到现代的产住复合户型，从“泛家族”聚落到工业村落、市场社区，“功能—空间—社群”共同体对产住界线的消解，生成脉络性的文化背景和批判性的建构实态❶。

但是，当代规划建设模式受西方现代功能主义的影响颇深，无论在东方还是在西方，产住共生的繁荣景象存在非主流的发展状态，甚至被认为“无规则”与“混乱”。这一现状，在城镇化推进地带和城乡旧区更新过程中更为突出。正如芦原义信在明确了“混合态”在东京现代城市中实用性的同时，却又将其定义为“隐藏的秩序”❷。对于我国，解析和指引量大面广、文脉深厚的产住共生模式，迫切需要我国自身体系下建设理论与实证的支撑。

（3）区域经济社会的块状统筹，形成多层级的群落渗透与联系

随着产业、经济的“块状化”组织和住居的“集约化”转型，产住混质群落从城镇化初期的耗散格局进一步空间整合。在我国沿海区域，网络化、等级性的产业集聚绵延带和城乡聚居梯度层初步成型，生产与生活在地理空间上整合程度更加紧密，也更加复杂。2008年，我国国务院机构改革中提出2项重大变动❸，即组建“工业和信息化部”与“住房和城乡建设部”，表明产业与人居的统筹，既是当前发展的重要增长极，也是今后建设的重要导向。现阶段，沿海发达地区的非农化❹进程远低于城镇化进程，在2012年浙江省的两项指标分别为80.8%和63.2%，两者相差甚远❺。这一现象表明，大量新转型二产、三产的活动，必须结合现有聚居点来实现，功能的快速置换进一步促成产住的混用格局。

实际上，密集性的空间开发与建设，加速了产住相互间的渗透，在区域块状统筹的过程中，形成复杂的半城市化聚居体❻，诸如城乡结合部、城中村、非农村镇等非传统性产住共同体。整体来看，产住混质组织贯穿“点轴—基区—边界”城镇化梯度下，形成跨结构层级的共同体簇群，区域产住聚居单元的发展绩效，必须立足于产住集群内部要素与外部网络的空间统筹。

综合以上背景，一方面，我国产住整合聚居及其空间载体的现状，呈现文脉传承和时代发展的旺盛生命力；另一方面，民本主导的混合增长方式，初步体现了区域特色的城镇化途径与成效。然而，当前产住协同的建设机制仍处于正规化、科学化的起点，在管理意识、土地制度、规划体系、建设规范、开发模式、功能评价，以及与区域自然、人文等因素的系统协调上，存在突出的视野盲区和方法缺失。与此同时，虽然“西方”体系下的混合功能开发，在空间管束、组织制度、评价体系上可以提供较高参考借鉴，但在国体和国情上，其理论和经验却与我国存有很大程度区别。因此，立足我国本土特色，寻求适宜性的研究

❶ Kenneth Frampton. Towards a Critical Regionalism: Six Points for an Architecture of Resistance[M]// Hal Foster（ed）. The Anti-Aesthetic Essays on Postmodern Culture.New York：The New Press，1983.

❷ [日] 芦原义信. 隐藏的秩序——东京走过二十世纪 [M]. 台北：田园城市文化事业有限公司，1995。其中对“混沌态”的表述为：“东京像是一个多细胞生物，似乎在无序地蔓延，但其实有一种隐藏的秩序。”

❸ 2008年3月11日第十一届全国人民代表大会第一次会议上发布了“关于国务院机构改革方案的说明”：对工信部提出“加强整体规划和统筹协调”，对住建部提出“统筹城乡规划管理”。

❹ 姚士谋，吴建楠，朱天明. 农村人口非农化与中国城镇化问题 [J]. 地域研究与开发，2009（3）：29-32。其中非农化是指第一产业向第二、第三产业转变的过程，包含经济、土地、人口等综合因素。

❺ 浙江省统计局. 新中国成立60年浙江经济社会发展成就 [R]. 浙江省政府新闻发布会，2009-9-1。

❻ 贾若祥，刘毅. 中国半城市化问题初探. 城市发展研究 [J]. 2002（2）：20-23。

方法与路径来解析“产住共同体”机理，是积极而又艰难的理论探索；进而，还原地域性的混质动因，序化兼容性的空间建构，提升共同体的社群组织，对于多主体参与、多职能管理的“产住共同体”建设具有重大的现实意义。

1.3 研究意义

根据多视角和多背景的梳理，本书的针对性问题为：区域功能混合的复杂性，与城镇化建设的“标准化”相矛盾；产住二元的动态博弈，与块域聚居单元构形、流变的稳定性相矛盾；产住要素的粗放并置，与其功能结构的绩效原则相矛盾。因而，研究目标可以分解为解读、评价、应用三个方面，具体意义如下：

1.3.1 理论意义——“产住协同”机理下的混质范式转换与重构

（1）“破”——转变“产住分置”的研究思维定式

民本经济基础下，规模化、动态化、普遍性的“社会化小生产”[1]方式，促使个体主导的产住活动在簇群中出现要素与功能关联的微化现象（Miniaturization Progress），加深了特定范围内的空间布局结构和社会组织结构的载体层级。如继续沿用传统“类型化”的学科划分和“职能式”管控程序，更无法理清和解释复杂交叉的混质功能因子。因此，研究的首要意义，是视产住二元为一体来构建聚居组织的单位；将“混质”作为“专题化”的研究线索，组构不同领域的理论范式，综合不同学科的方法规则，有利于解读混合体系的复杂性和多样性。

（2）“立”——建构“动态博弈”的聚居组织模型

产住二元之间的互动力（Mutual Force）是推动区域功能混合的显性化因素。从城镇化发展的规律来看，城镇化率在70%以下，特别是在20%～50%的中期阶段，土地功能更替与变化最为剧烈，聚落斑块的景观破碎度最明显[2]，产住二元系统深度结合，形成网络交织的空间形态格局，这也正是当前我国城镇化阶段的基本特征之一。与此同时，产住混合的空间形态及其混质动因，却缺乏科学的认知与识别。研究的核心意义在于探索人居演进下产住的竞争、协同、转变等机制，借助产住博弈模型的推演，有利于寻求混质要素的演化与动力法则。

（3）“融”——整合“混质平衡”的绩效评价体系

我国传统的产住共生体系具有内源性动因，且自发组织性和自我适宜性特征明显，在民本经济建设背景下，能够充分调动民众参与的积极性和智慧，具有特定时期和区域的人居增长优势。但其发展的瓶颈表现在：①以自发为特征的“过密化”发展[3]，造成产住要素与能动的空间耗散，缺乏合理的产住绩效导向；②我国现有建设体系的“标准化”与“功能主义性”，无法对混合组织实行真实性的评价。由此，粗放的产住并置，引发产业效率与人居品质的普遍矛盾。研究的最终目标，拟对产住的“共同绩效”进行评价与统筹，通

---

[1] 杨建华.社会化小生产：浙江现代化的内生逻辑[M].杭州：浙江大学出版社，2008：42-46.

[2] 景观生态学中，利用斑块的破碎度、多样度、集聚度系数来分析土地在城镇化下的空间格局，其中斑块的分维值常常表示其交织特征与破碎指数（fragmentation index）。

[3] [美]黄宗智.中国农村的过密化与现代化：规范认识危机及出路[M].上海：上海社会科学出版社，1992：72-78。

过多目标的平衡与权重，实现快速城镇化下的序化拓展[1]，进而有助于形成混合功能人居的适应性模式。

1.3.2 实证意义——“混合增长”实证下的共同体建构与导控

放眼全球，科学与规范化指导的混合功能开发实证，起始于二战后西方规划建设的批判性变革。以“新城市主义”（New Urbanism）为代表，“紧凑城市”（Compact City）、“精明增长”（Smart Growth）、“规划单元开发”（Planning Unit Development）等空间发展策略与操作制度，都将混合功能作为规划与建设实践的基本操作原则之一。[2] 从欧美的“混合增长”实证来看，主要集中在都市内的局部更新、中小城镇的邻里片段开发。

区别于西方，我国的城镇化处于中期水平，区域空间的块状化集聚打破了产业与住居的层级[3]，使产住共同体具有联系城乡、非规则发展的人居特殊性。混质组织自成体系，贯穿微观单体、中观组团、宏观簇群三个尺度（图 1-3）。中小城镇的专业市场社区，发达乡村的家庭工业聚落，以及城乡结合部、城中村等混质转型聚落，已经成为区域产住一体化的最主要载体，例如温州龙港、吴江同里、义乌苏溪、绍兴柯桥等地。“产住共同体”由粗放式聚合、扩张向集约化的过渡，形成了中国特色城镇化下的聚居跃迁方式之一。因而，在人居发展、城乡建设、社区组织等多维视角下，研究的主要意义包含：

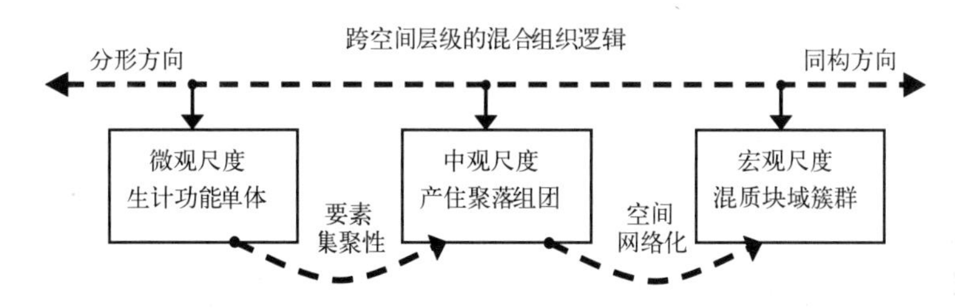

图 1-3 我国产住混质组织的尺度层级特征

1）产住共同体的内源性生成，在视角上体现自下而上城镇化的建设依据。

2）产住共同体的多样性增长，在素材上提供块状式城乡统筹的实证样本。

3）产住共同体的混质化建构，在功能上积累产业与住居协调的经验方法。

4）产住共同体的多元化运行，在结构上建立区域混合性聚落的组织模型。

5）产住共同体的精明化演进，在制度上优化集约型空间利用的评价体系。

综上，产住共同体是经济社会一体的区域人居范式，具有民本城镇化特征的自组织建设的经验集成价值，符合混合增长导向的可持续与精明发展原则。探索产住共生的功能与空间和谐机制，提供了多维视野下的人居理论储备，在建筑学的纵向研究范畴，促进现阶段建设模式对“类型化”的纠偏与混合开发的重构。在聚居学的横向实证范畴，对比国内外“产住共同体”规划、设计、管理的具体方式与指标，为块域空间统筹和城乡现代化提供决策依据。本书结合市场聚落、产业乡村、城市边缘、城中村等的问题典型，对我国当前的城镇化路

---

[1] 中国城市规划学会，全国市长培训中心．城市规划读本 [M]. 北京：中国建筑工业出版社，2002：318-320。

[2] 应盛．英美土地混合实用实践 [J]. 北京规划建设，2009（2）：110-112。

[3] W. Skinner. Marketing and social structure in rural China[M]. Londn：Oxford University Press，1972：68-74.

径另辟视角，研究内容为中小城镇发展转型、发达农村建设提供理论与实践的前瞻。

1.4 国内外的研究坐标分析

1.4.1 国外研究体系及动态

（1）MXD 概念及“产住混合”理论核心

从理论演进来看，二战后欧美对城市复兴和现代主义反思，是当代混合功能发展理论的起点。1961 年美国学者简・雅各布斯（Jane Jacobs）在《美国大城市的死与生》中提出了地区产生多样性的四个必要条件，同时描述了混合的基本功能（Mixed Primary Use）。[1]之后，混合功能发展（MXD）的理论在北美和欧洲范围进一步拓展，在西方形成概念的分化与多义性。在美国，混质概念以 1976 年美国城市土地协会（Urban Land Institute）的界定为代表[2]，即：针对性地改造空间和物质，进而导致土地兼容性和空间用途混合性的过程，其原则包含：①三种以上功能的空间结合；②物质与功能的集成；③总体规划导控。在混合功能测度上，1996 年英国雷丁大学（University of Reading）学者阿兰・罗利（Alan Rowley）提出了肌理（grain）、密度（density）和渗透性（permeability）参数体系，在空间和时间上表述混合功能开发的复杂性和模糊性[3]；加拿大戴尔豪西大学（Dalhousie University）规划学院院长吉尔・格兰特（Jill Grant）等人则认为功能多样性，空间组织的强度与密度，是混合发展的目标与途径。[4]由此基础，2003 年米勒（N. A. Miller）等人给出 MXD 对城镇聚落和邻里建设的导向性，而霍彭布劳沃（E. Hoppenbrouwer）等人则在 2005 年建立了产住交织的维度模型[5]，MXD 进一步突显为工作和居住的二元性主导体系。

在实证角度上，欧洲建设技术论坛（European Construction Technology Platform，简称 ECTP）认为：“混合使用的原则应被提倡，尤其在城市中心，它有助于带来更多的多样性，并增强城市活力。”[6]美国规划协会（American Planning Association，简称 APA）则指出，“土地混合使用是理性发展政策的重要组成”[7]，MXD 与欧洲的城市复兴（Urban Regeneration）、紧凑城市（Compact City），以及北美新城市主义（New Urbanism）、精明增长（Smart Growth）紧密相连。规划单元开发（Planning Unit Development，简称 PUD）和产住混合模式指引[8]（Live-Work Model Ordinance）成为实践操作的重要依据之一，例如荷兰阿姆斯特丹、美国奥克兰、圣何塞、加拿大哈利法克斯（Halifax）等地，混质开发包

---

[1] Jane Jacobs.The Death and Life of Great American Cities[M]. New York: Vintage Books, 1961:151.

[2] E. Robert. Mixed-use Development: New Ways of Land Use[R]. Washington, DC: ULI, 1976: 6.

[3] Alan Rowley. Planning Mixed Use Development: Issues and Practice[M].RICS. 1998.

[4] Jill.Grant.Mixed use in theory and practice[J].Journal of the American Planning Association, 2002（1）：71-84.

[5] Erie Hoppenbrouwer，Erie Louw. Mixed-use Development：Theory and Practice in Amsterdam's Eastern Dockland[J].European Planning Studies，2005，13(7)：968-983.

[6] 美国规划协会 . 理性发展政策指南 [J]. 国土资源情报，2003(5):12-18。

[7] ECTP. New Charter of Athens：the principles of ECTP for the planning of cities[R]. 1998：22-27.

[8] American Planning Association. Model Live/Work Ordinance[R]. Interim PAS Report, 2006：1-4. 在开发实证中具体针对 permitted location(允许区位)、street façade(沿街界面)、area(面积)、height(高度)、access(入口)、fire policy(消防规范)、parking(停车)，以及 business license(经营执照)进行了标注设定。

含土地区划、功能管束、空间限定和社区管理多项内容，体系成熟而完整。

（2）功能统筹下城乡群体空间的相关背景

20 世纪初，人文地理学领域首先将聚落划分为乡村和城市。1943 年美国学者哈里斯（C. D. Harris）采取了定量描述和统计分析，以职能分类方式研究城市聚落研究[1]；1959 年 G. 施瓦茨根据经济文化变量把类城聚落分成了 8 类。而到 20 世纪的中后期，由于现代城镇化的快速膨胀，城乡区划的界线逐渐被模糊化，产业与住居的职能在聚落的内外部进一步整合。立足区域基础（Regional-based）导向，城乡空间群体化发展的代表性理论包含：1957 年戈特曼（J. Gottmann）提出的都市带理论（Megalopolis）[2]；1985 年麦吉基于东南亚城乡增长方式建立的灰质区理论（Desakota）[3]，以及 1993 年皮尔斯（N. Peirce）创立的城乡联盟区理论（Citistates）[4]。基于城乡混合与功能网络的城镇化实证，对聚落群体的研究前沿由结构模式转向系统调控，1997 年巴蒂（M. Batty）采用自组织模型研究空间增长与功能更替，并实现了过程动态化。[5] 与此同时，美国学者道格拉斯（W. R. Douglas）对中国长三角特色的“半城市化”（Peri-urbanization）格局[6]进行研究，并对这一地区复合化、过渡性、动态性的空间重构提供依据：

一方面，城乡聚落以“功能混合态”增长下，“非规则城镇化”（Informal Urbanization）路径，赛义德（Nezar AlSayyed）和罗伊（Aanya Roy）等对第三世界国家的非规则、类城镇的聚居状态进行了生产、生活组织的现象性研究[7]；另一方面，半城市化状态强化了功能协同的逻辑，波图加利（J. Portugali）、赖得（R. Wright）等人借助 GS 工具，研究空间要素耗散与博弈的研究模型，推演“自组织”与“被组织”现象[8]，并从复杂适应体系（Complex Adaption System，简称 CAS）的视角，为本课题提供了理性的分析思路。

（3）基于“共同体”增长梯度的方法支撑

20 世纪中叶，克鲁默（G. Krumme）与哈约（R. Hayor）从区域经济领域，解释了空间增长与推移的梯度理论（Grade Theory），与此同时，在住居组织角度，1956 年希腊学者道萨迪亚斯创立了人类聚居学（Ekistics）[9]。产业与住居的物质与社会载体相互交叉，促成广义空间梯度进程（Generalized Grads Process）的建立，形成区域产业、社会、人口、制度相结合的共同群体。在区域竞争组织的层次上，波特（M. E. Porter）在 1998 年给出空间非均衡、动态集聚的簇群理论（Cluster Theory）[10]。在生计组织的层次上，美国人类学家施坚雅对 20 世纪 60 ~ 70 年代的东亚地区，特别是中国东部地区的传统市镇模式为研

---

[1] C. D. Harris. A Functional Classification of Cities in the United States[J]. Geographical Review，1943(1)：86-99.

[2] J. Gottmann Megalopolis：the Urbanization of the Northeastern Seaboard[J]. Economic Geography，1957，33：189-200.

[3] T. G. McGee. Urbanisai or Kotadesasi? Evolving Patterns of Urbanization in Asia[C]// Paper Presented to the International Conferenceon Asia Urbanization. Akron: The University of Akron，1985.

[4] N. R. Peirce，C. W. Johnson，J. S. Hall. Citistates: How Urban America Can Prosper in a Competitive World[M]. Washington，D. C.：Seven Locks Press, 1993.

[5] M. Batty，Y. Xie. Possible urban automata[J]. Environment and Planning B，1997，Vol：175-192.

[6] W. Douglas. Challenges of Peri-urbanization in the Lower Yangtze Region[R]. Shorenstein APARC，2002：43.

[7] Aanya Roy，Nezar AlSayyed. Urban Informality：transnational perspectives from the Middle East，Latin America，and South Asia[M]. Lanham，MD：Lexington Books，2004：6-30.

[8] J. Portugali. Self-Organization and the City[M]. Berlin：Springer-Verlag , 2000.

[9] C. A. Doxiadis. Ekistics：An Introduction to the Science of Human Settlement[M]. London：Oxford University Press，1968.

[10] M. E. Porter. Clusters and the New Economics of Competition[J]. Harvard Business Review，1998(11)：77-90.

究对象，解析区域“生产—市场—人居”组织的共同体形态与层级。❶ 在微观单体组织上，综合体建筑（Complex）在西方都市中大量出现，成为混合开发的重要实践。❷ 由此之后，随着不同视角下空间共同体梯度的研究分化，逐渐形成形态推演、行为分析和绩效评价等趋向：①形态研究主要采取GIS分析，对聚落地理演化层级与过程进行动态化模拟，并衍生到社会梯度关系，例如拉迪基（F. Radicchi）和赖卡特（J. Reichardt）等对社群结构的建模 ❸；②行为分析趋向表现为从“结构”向“场所”的视角转变，包含微区位法（Micro-location）、环境行为法（E-B）等研究方法分支，其中英国UCL大学希利尔（B. Hillier）教授提出的“空间句法” ❹（Space Syntax）最有代表性；③绩效评价的体系进一步整合，戈特迪纳（M. Gottdiener）则明确提出增长网络 ❺（Growth Network）概念。综上，对共同体增长的评析方法，进一步拓展了研究范畴。

1.4.2 国内研究体系及动态

（1）“共同体”的相关研究与“中国模式”实证

有关我国经济社会一体化的理论实证相对西方较晚。20世纪80年代，费孝通在中国本土化发展研究中 ❻，立足区域生计现象，建立了产业＋聚居的“共同体”雏形框架（表1-2），指出泛家族组织模式和城乡民本城镇化，是“中国模式”的共同体根源。由此，产业与人居的共生机制衍生至多元视角，在不同学科领域进一步分化。

中国本土的产住共同体研究雏形 表1-2

序号	代表文献		本土化的发展机制总结	共同体的雏形描述
1	1983年	《小城镇大问题》	乡镇企业是农民致富的必由之路	动因、混质背景
2			小城镇发展是“大问题，大战略”	载体、楔入点
3	1986年	《小城镇再探索》《温州行》等	提出“苏南模式”和“温州模式”	范式、地域性
4			从“船小好掉头”到“联舟抗风浪”	组织、绩效性
5	1996年	《农村·小城镇·区域发展》	提出区域经济概念	层级、职能梯度
6			提出城乡一体化	途径、空间趋向

1）区域与经济视角：①在区域经济背景下，史晋川 ❼、郑勇军 ❽、王自亮 ❾ 等对“制度变迁”、“专业市场”、“乡村工业化”等现象进行论证，特别是以“浙江模式”为地区实证，给出产住共生的区域增长动因渊源。②在区域空间组织上，华中师范大学宁越敏主持的国家自然科学基金项目“全球化与长江三角洲都市连绵区空间组织的演化”，对泛城镇化现

❶ W.Skinner Marketing and social structure in rural China[M]. London：Oxford University Press, 1972.
❷ The Jerde Partnership .Building Type Basics for Retail and Mixed-use Facilities[M]. New York ：Wiley, 2004.
❸ F. Radicchi. Defining and identifying communities in networks[J]. PNAS，2004，101 (9) :2658.
❹ Bill Hillier，Julienna Hanson The Social Logic of Space[M]. New York：Cambridge University Press，1989.
❺ M. Gottdiener. The Social Production of Urban Space[M]. Austin Texas：University of Texas Press，1985.
❻ 费孝通 . 乡土中国 [M]. 北京：生活 • 读书 • 新知三联书店，1985。
❼ 史晋川，金祥荣，赵伟，罗卫东 . 制度变迁与经济发展：温州模式研究 [M]. 杭州：浙江大学出版社，2004：3。
❽ 郑勇军，袁亚春，林承亮 . 解读“市场大省”——浙江专业市场现象研究 [M]. 杭州：浙江大学出版社，2003：17-36。
❾ 王自亮，钱雪亚 . 从乡村工业化到城市化——浙江现代化的过程、特征与动力 [M]. 杭州：浙江大学出版社，2003：29。

象进行系统解析，顾朝林、张京祥针对城乡共同体空间体系整合[1]，这些从空间组织机制上为产住块状集聚建立宏观依据。③在区域生计增长上，同济大学石忆邵提出了市场群落（Market Cluster）理论[2]，进一步突显产业与城镇化协同的“共同网络特征”；杨建华则根据沿海地区私营个体的经济增长方式，对浙江等地的“社会化小生产”共同体组织进行深入剖析，表达了可持续增长的前瞻[3]。④在城乡建设制度上，郭湘闽引入多元平衡的制度框架[4]，强调社区自组织对我国传统规划原则的改良与修整；2008年中山大学薛德生主持国家自然科学基金项目“中国非正规城市化：动力、空间与管治”，则在自下而上视角下，建立混合功能的聚居共同体建管制度。

2）社群与空间视角：①在近代聚居演进层面，1992年黄宗智[5]根据“长三角小农家庭与乡村发展”的研究，对当时民族工业启蒙下的生产型聚落雏形进行描述。受到美国学者施坚雅、日本学者旗田巍、石田浩基[6]等对汉学的影响，国内学者重新梳理了以村落为对象的共同体机制，例如刘玉照[7]、郑浩澜[8]等人。但对目前产住载体的讨论还仅限于单元型共同体，其共性特征为：边界稳定；组织粗放；封闭性和内源性。②从聚居发展现状来看，杨贵华[9]对“社区共同体”建构过程进行了探索，并提出共同体的自组织机制。刘盛和[10]等则对半城市化现状，进行了宁绍地区实证，特别是陈修颖[11]、朱华友针对产业与功能混合现状调查，进一步阐释了浙江现象下“工业型”和“市场型”的产住共同体特征。③在共同体空间推演上，陈彦光[12]、周一星等通过元胞的计算机模拟，对空间自组织进行了过程化模拟，探索多功能要素的空间运行规律；而在空间定量研究基础上，熊鹰[13]等人提出了人居环境与经济发展之间协同与不确定性的评价机制。

（2）有关“混合增长”的理论现状与方法拓展

20世纪90年代，MXD的理论被引入我国。翁雷文、庄宇等在其学位论文中对空间混合使用（Mixed-use）进行基础探索，黄毅[14]通过上海实证，以城市为对象，系统探讨了混合功能建设机制。而MXD理论生成于西方背景，距离我国混合模式解析与实践操作的差异较大，1997年钱圣豹[15]在中西比较下提出了空间的混质区（Mixed District）策略，刑

[1] 张京祥．城镇群体空间组合[M]．南京：东南大学出版社，2000：160-163。

[2] 石忆邵．中国市场群落发展机制及空间扩张[M]．北京：科学出版社，2007：207-229。

[3] 杨建华．社会化小生产：浙江现代化的内生逻辑[M]．杭州：浙江大学出版社，2008：174-177。

[4] 郭湘闽．走向多元平衡——制度视角下我国旧城更新传统规划机制的变革[M]．北京：中国建筑工业出版社，2006：50-55。

[5] 黄宗智．长江三角洲小农家庭与乡村发展[M]，北京：中华书局，2000。

[6] 石田浩基等汉学学者对中国村落内存在的诸多互助性活动，提出“生活共同体”概念，并将其定位于传统，试图从“传统”的角度重新解释新中国成立以来的乡村变革。而长久以来，有关“村落共同体”的定义存在较多的争论，特别在共同体范围、从属、结构和职能上，不同视角与观念的差异较大，其关注的重点多为经济或政治因素，比如自治权、土地所有权、市场交换、理性、利益等，缺乏空间载体的量化阐释。

[7] 刘玉照．村落共同体、基层市场共同体与基层生产共同体[J]．社会科学战线，2002（5）：193-205。

[8] 郑浩澜．“村落共同体”与乡村变革——日本学界中国农村研究述评[M]// 吴毅编．乡村中国评论（第1辑）．桂林：广西师范大学出版社，2006。

[9] 杨贵华．自组织与社区共同体的自组织机制[J]．东南学术，2007（5）：117-122。

[10] 刘盛和，陈田，蔡建明．中国半城市化现象及其研究[J]．地理学报，2004，59（S）：101-108。

[11] 陈修颖．市场共同体推动下的城镇化研究[J]．地理研究，2008，24（1）：33-44。

[12] 陈彦光，周一星．细胞自动机与城市系统的空间复杂性模型：历史、现状与前景[J]．经济地理，2000（3）：35-39。

[13] 熊鹰．城市人居环境与经济协调发展不确定性定量评价[J]．地理学报，2007，62（4）：397-406。

[14] 黄毅．城市混合功能建设研究——以上海为例[D]．上海：同济大学，2008。

[15] 钱圣豹．西方“混合区”理论的形成与发展——兼论21世纪我国城市的功能整合及其趋向[J]．城市研究，1997（4）：20-24。

琰[1]从制度角度对政府引导混合功能发展进行探索；2002年黄鹭新[2]根据正规法（Formal Approach）、弹性法（Flexible Approach）、调和法（Blended Approach）和亲近法（Proximity Approach）划分，系统引介了香港特区的弹性混质用途法规。

当前，国内“混合功能发展”主要应用于土地兼容利用（Compatible Land Use）和功能区划调控，如同济大学郑正教授[3]对我国土地使用的兼容规划提出优化原则，华中科技大学余柏椿教授[4]对城市局部用地的非确定性研究。与此同时，中山大学许学强[5]在小城镇与本土化建设模式的拓展，西安交通大学王兴中在微区位下的“场所”实证，仇保兴[6]在复杂系统（Complex System）规划模式下，对用地混合的倡导，都为国内MXD理论提供了补充。但对MXD的评价体系研究尚未有相关文献，且已有研究成果多集中于都市区，缺乏城乡块状统筹下的理论拓展。

纵观国内外现状，相关领域研究活跃，但核心进展相对滞后（图1-4）：

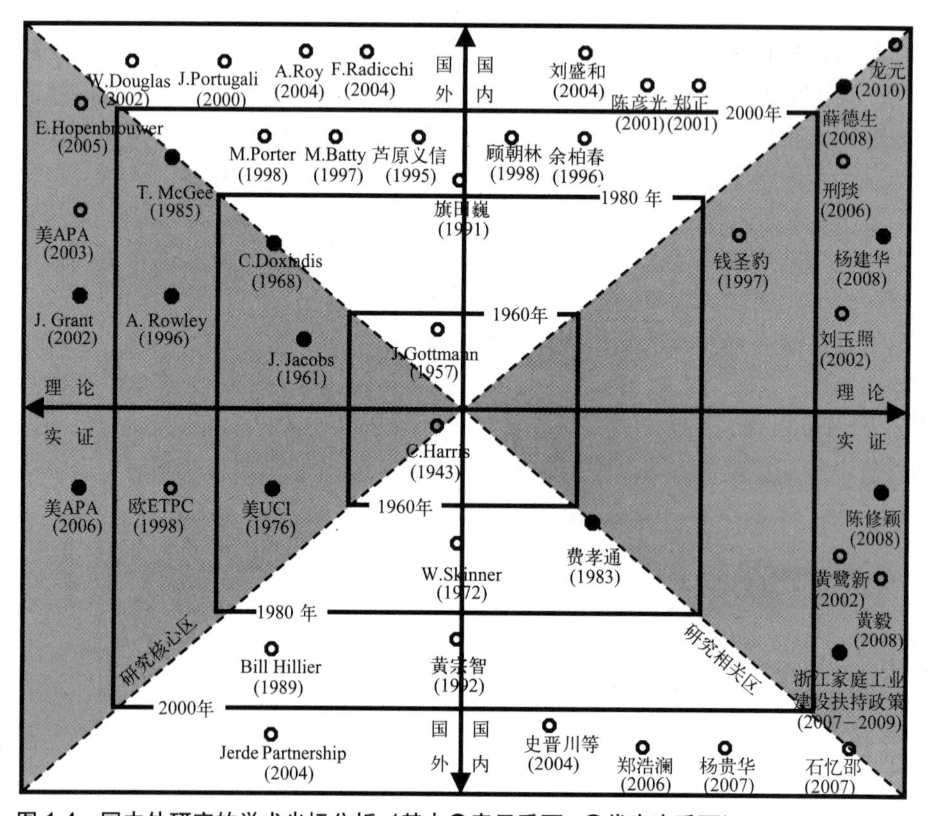

图 1-4　国内外研究的学术坐标分析（其中●表示重要；○代表次重要）

---

[1] 刑琰．政府对混合使用开发的引导行为 [J]. 规划师，2005（7）：76-79。

[2] 黄鹭新．香港特区的混合用途与法定规划 [J]. 国外城市规划，2002（6）：49-52。

[3] 郑正，扈媛．试论我国城市土地使用兼容性规划与管理的完善 [J]. 城市规划汇刊，2001（3）：11-14。

[4] 余柏春．城市局部用地定性“非定性”模式 [J]. 城市规划，1996（3）。

[5] 许学强．从西方区域发展理论看我国积极发展小城市的方针 [J]. 国际城市规划，2009（1）。

[6] 参见：仇保兴．复杂科学与城市规划变革 [J]. 城市规划，2009（3），p18-19。复杂系统下带来的规划变革包含“城市规划的变革始终聚集于用地的混合节约和便利市民的交往两个方面。这不仅涉及市民的生活质量，而且也与城市的活力与对干扰的适应性息息相关”，并在此原则下倡导“土地的混合使用不仅能产生节约土地、改善城市景观——多样化产生美、防止交通拥堵等等外部利益，更重要的是这种空间上各种企业和单位的混合布局，使它们之间的非正式或正式交往的频率大为提高，从而造就了更细密的专业化分工与合作，从而导致生产力的巨涨落的涌现”。

1）MXD 理论在我国尚处于引介阶段，虽研究模型有本土化趋势，但目前仍局限于意识和观念层面，缺乏制度体系与方法体系的深化与验证。因此，立足于中国特色的城镇化现象与聚居形态，生产与生活的混合，存在空间与社群机理的认知深度不足，尤其缺乏对原生性人居载体的提炼。

2）由于研究视角的差异化，“产住共同体”在区域模式下的实证缺乏整合，研究过程重模型推演，轻具体应用，技术适应性还有待于建设操作的现实检验；已有的成果上则局部限定者多，块域统筹者少，特别是对梯度化的混合范式缺乏导控，没有形成功能与空间的多元性绩效评价体系。

综上，MXD 理论与“产住共同体”实证存在较大的中西差异：西方混合模式强调自上而下对“功能多样性需求”的改良，而我国混合发展则源于自下而上的产住协同绩效。因而“本土为体，西制为用”思路，也是本书的主要观点。

1.5　概念界定及其体系架构

1.5.1　“产住共同体”概念的提出

“产住共同体”（Work-live Community）[1] 是以特定块域为单元，生产、经营与住居活动的功能布局、社会组织，在空间上相互叠加的人居建构模式，其场所具有显著的混合性、易变性和自组织性特征。研究基本范畴包括两部分：即实质的建成环境（Built Environment）和虚质的社群环境（Community Environment）。研究体系以空间原型为线索，根据由点到面、由内而外的演进规律，可以划分为单体（Unit）、组团（Group）、簇群（Cluster）三个层次：

1）混质要素单体，在微观尺度，立足以家庭（族）为单位的混质单体，从传统独户与联户式“庭院经济”、“店宅合一”原型到现代混合现象，解析单体功能的混质要素和生计自组织形态，建立可识别的人居基因信息库。

2）混质基本组团，在中观尺度，针对“产住一体化”的聚居样本比较，以代表性的“家庭产业村”、“市场住区”等生产与生活的集聚特征，研究混质组团的核心、边界、基质、网络，给出物质和意识共生的空间构形法则。

3）混质块状簇群，在宏观尺度，突出“梯度组织”的区域共同体统筹，在产业与人居集群的区划下，明确“混合功能增长”的空间下垫面，寻找产住圈层内外共同体组团的联动机制，进一步明确混质绩效评价与序化路径。

由上，本书阐释的关键点在于：

1）以“产住一体化”为内核，透过混合人居范式比较，通过对本土体系下产住混合建构的文脉进行梳理，提取“共性因子”，分析产住一体化地域脉络，在研究基础上，确立混合动因与混质要素体系（图 1-5 中模块①、②）。

2）以“混合性增长”为外延，依据“从小到大”的增长层级，根据现有典型的产住

---

[1] 国内尚没有“产住共同体”的概念，而西方的规划建设管理和开发营销上已经出现了“work-live”或“live-work”等特定名词，笔者在这里借助英文转译，给出产住共同体定义。

共同人居聚落增长模型比较，联系单体、组团、簇群空间单元形态，在研究拓展上，构建混质推进层级与社群结构（图 1-5 中模块③）。

3）以“共同体”模式为载体，突出“以点带面”的区域示范，借鉴西方现行的规划与建设操作制度与经验，重构我国产住混合建设与管控的绩效法则，在实证应用上，优化空间协同绩效与评价模型（图 1-5 中模块④、⑤）。

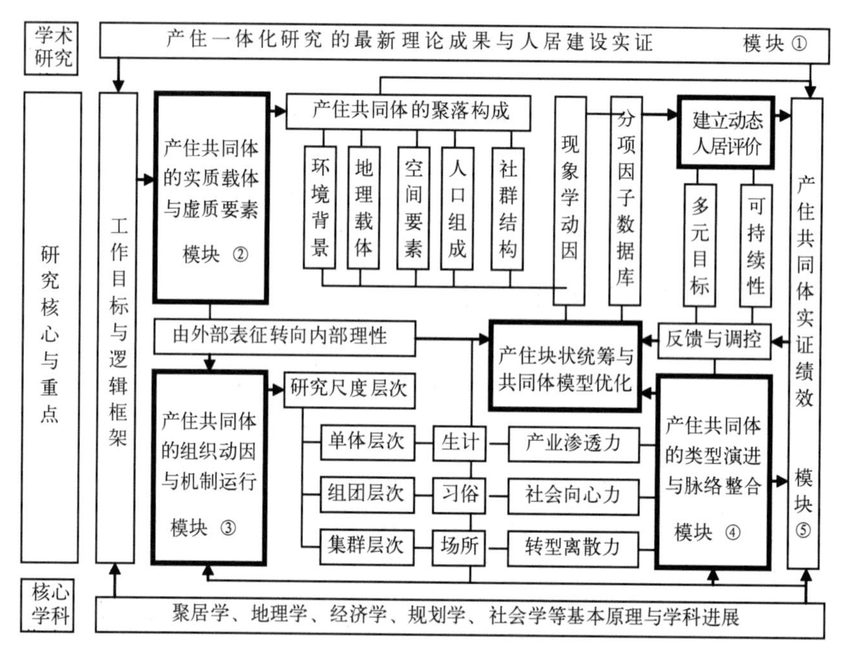

图 1-5 研究的基本体系与模块分解

1.5.2 产住协同人居的体系架构

根据图 1-5 中的模块，核心研究体系分解为以下几个方面：

（1）产住一体化的现象解读与特征识别（要素、构成）

诠释功能混合现象的基本机理，对产住交织增长的城镇化背景、空间环境、人口构成、社群结构、地理载体 5 类要素进行信息采集，细化“产住共同体”的功能、形态、类型以及文脉、制度等人居分项因子，获取识别性的特征与指标，提供混合理论的量化依据和实证导控的信息储备。

（2）产住共同体的范式建构与模型演进（核心模块之一）

挖掘产住共生的空间原型，结合混质要素与构成因子的解读与识别，归纳出特定区域和特定时期“产住共同体”的主导形态。通过不同混合聚居样本的比对，确立不同尺度下产住叠合的混质元胞（Mixed-use Cell），依据地区背景设置规则，模拟嵌入、混合、转换、扩张、集聚的范式演进。

（3）产住共同体的梯度组织与动因博弈（核心模块之二）

解析产住相互矛盾与协同的组织法则，对功能混合的动力学机制进行分析，进一步划分产住空间活动中行为集聚的向心力，功能组织的渗透力和空间衍生的离散力；根据聚居动态演化特征，梳理人流、物质流、能流循环的混合功能网络，建构共同体内部自组织和外部被组织的梯度规律。

（4）产住共同体的绩效协同与秩序评价（核心模块之三）

区分产住二元增长目标的差异性，从生计（Sustenance）、习俗（Inhabit）和场所（Place）三个系统进行产住共同载体的“使用后评价”（Post Occupancy Evaluation，简称POE）。在区域块状混质格局下，以空间统筹的序化发展趋势为导向，平衡共同体多功能、多目标绩效评价与权重法则。

（5）产住混质性的实证导控与体系优化（应用、反馈）

制定产住混合的规划设计与建设管控机制，基于土地兼容性开发、空间混合性利用、社群复合化管理，在城镇化导控与建设管理层面，形成自下而上的弹性量化程式。通过混质单元（Mixed – use Unit）的实证，修正产住一体化的导控指标，形成混合增长的可操作性规范与适宜性建构技术。

1.6 研究的思路、观点与局限

1.6.1 研究思路与结构

本书深入地域性经济与人居互动，弥补产住分离的视野盲区，在研究思路上突出区域经济与人居共生、共建的范式变迁过程，调查、分析和判别区域特征性的产住叠合现象，提出“产住共同体”的概念，建构“产住共同体”核心与相关的理论体系和人居科学模型，以现代聚落组织下生产和生活空间联系性为线索，阐明产住深度交织的区域城镇化特征，提供辩证模型和视角前瞻。在实证策略上，研究结合我国沿海地区“自下而上”的城乡建设转型背景，给出不同产业类型，不同聚落文脉，不同管控制度，不同住居规模的产住单元发展策略。根据人居科学的建构体系，本书将不同尺度的空间组织、社会构成、功能效益等要素，整合于“产住协同”论题下，全书内容结构分为演进、机理和建构三个部分：

第一部分，梳理混质人居轨迹和产住共同体理论。在人类聚居发展历史上，进行产住协同模式演进的阐述。在西方体系下，根据混合功能线索的非连续性，提出“混质改良”为核心的当代西方混合理论维度；在本土背景下，明确了建筑和聚落营建的混质思维本源，突出产住混合同构的内涵。通过中西比较，进一步在复杂适应性系统视角，架构了产住共同体的聚居学研究坐标与框架。

第二部分，解析产住共同体的动因、范式和组织。在理论视角上，研究打破人居研究的“学院派”定势，通过自下而上对产住共同体样本的拓扑分析和实态模拟，寻求产住博弈的非线性规律，借助混质度、平衡度、集聚度等指标，建构空间构形和功能流变的序化关系。一方面，强调“以小见大”，以微观尺度下的混质功能元胞为楔入点，依靠多主体模型解析“产住共同体”演进；另一方面，“由表及里”，探索中观与宏观尺度的聚落混质梯度的形成机制。

第三部分，提出产住共同体营建与混合增长策略。在实证视角上，首先针对中西混合功能聚居建设经验和制度进行比较，并以我国民本经济背景下的城镇化轨迹为依据，归纳产住共同体的典型人居范式，提出土地兼容性、功能弹变性和混质元引入，对产住共同体发展的必要性和对混合功能增长的促进作用。进而，基于实证问题，建构符合区域城乡人居发展的组织制度、区划与建设规范、混质绩效评价标准，探索具有差异性的产住共同体导控机制。

1.6.2 论题的基本观点

（1）块状统筹下产住二元协同，是集约转型的人居地理特色

“产住共同体”本质上区别于传统的“低小散”产住合一现象。特别是“共同体”群落具有规模性、现代性和前瞻性，既是当地经济增长极，又是生产经营者的居住聚落，其区域块状统筹的协同现象（synergetic phenomena），打破功能、空间与社会的制度性区划，从而直接推动“混合增长”的地区性人居跃迁。

（2）产住“非线性”组织下，共同体的动态性与稳定性并置

以混合功能为人居建构核心，产住社群表现出多尺度下的“分形同构”关系。从泛家族的生产、生活一体化模式到现代的产住协同现象；从传统产住聚落到现代混合功能社区，产住的空间交织频繁而普遍，是跨圈层的复杂适应性人居系统。

（3）产住共同体的增长模式，在民本城镇化过程中作用显著

作为联系城乡二元的人居有机体，“产住共同体”具有强烈的自组织和自建构特征。尤其是在外因条件欠缺，但内源动力充沛的城镇化区域，产住共同体必然长期而普遍地存在。同时，以民本经济为动力的产住混合增长路径，有利于形成非正规、分散性、就地式城镇化的建设方法和成效。

1.6.3 本书的研究局限

1）限于基础，产住共同体是一个普遍而又特殊的研究对象。对此，国内外的理论与实证研究并没有长期的学术积累和建设经验，如图 1-4 所示研究动态分布。西方相关研究较多，但核心成果缺乏；而国内的研究起步于 20 世纪 90 年代，并没有产生真正影响建设决策和实证的成果。总体来看，研究成果上经济社会视角居多，而在聚居空间上，并没有形成支撑本书的研究基础。

2）限于国情，我国现行的规划与建设模式，一直沿用较为粗放的功能区划体系，长久以来混合功能模式并不被提倡，甚至在某些地区作为建设成效判断的负面因素，例如广州“住禁商”等行政管束。与屡禁不止相对照，合理引导产住共同体则依赖于：①较高水平的管控体系；②地域性经验借鉴；③广泛的民众参与度。然而，功能管控的标签化，人居建设的标准化，民众参与的形式化，仍然在我国惯性巨大，科学推进混合增长将长期而艰难。

3）限于篇幅，本研究的核心在于“产住共同体”的概念提出，以及前瞻性的理论与实证体系搭建。首先，面对国内外量大面广，类型众多的产住共同的单体、聚落、集群案例，只能选择代表性样本进行比对与解析，难免失于佐证的全面性。其次，研究对象具有特殊性，多个学科的研究方法组配虽有针对性，但同时限于笔者水平和工作面，在产住共同体的自组织与博弈分析上，难免有方法与结论的粗疏。因而本书以有限篇幅，旨在抛砖引玉，铺垫后者。

第1部分

混质聚落演进与“共同体”理论整合

“人类聚居是一些独特的、复杂的生物体。……由于我们无法以一种比较简单的方式来识别我们的生活系统，所以可视其为人类聚居的系统，以形象地反映出我们的生活。”[1]

——道萨迪亚斯

“整个宇宙，小至极微，大至无穷，都是按照下列的双重思想组成的，即：既有个体又有由个体相互协调而形成的整体。另外我们还发现，所有生物的生命力都取决于：第一，个体质量的优劣；第二，个体相互协调方式的好坏。……事实上，在我们研究自然界的变化过程，就会发现‘表现’和‘相互协调’这两条基本的原则。”[2]

——伊利尔·沙里宁

根据不同地区和时代对土地与空间功能的利用来看，生产性功能可以分为农业、工业、商业、服务业、物流等要素，生活性功能具有居住、休憩、娱乐、教育、文化等要素，生产与生活相关性功能则包含行政管理、交通、景观等要素。以城镇聚落为例，在实际的土地与建设规划中，工业、商业等产业性用地约占到总用地的 25% ~ 35%，居住用地约占总用地的 20% ~ 32%。[3]而在乡村的建设用地中，农副加工商贸、家庭工业等生产用地与农居生活用地，同样占据了聚落总用地的主要比例。“产住交织”是对人类聚居有机演进的描述，这既包含所有聚落构成的功能核心，也体现可持续发展的根本动力。而“混合功能发展”（MXD），则是进一步对产住交织方式最直观的演绎。

在生产、生活及其相关活动中，人类行为都具有群体特征，即在一定范围内的协作与竞争、集聚与分工的组织性。在物质和社会发展过程中，“以产住混合为核心”的群聚载体，形成空间、利益与意识的“共同体”（Community）形态。作为对人类聚居有机结构形态的描述，“共同体”在横向建构上具有核心、链接和边界的要素结构；而纵向上则表现出单元、圈层与网络的系统特征。

“混合发展”与“共同体”是人居领域的重要主题，在不同地区的社会分工和空间营建方式细化过程中，逐步演化成差异性的人居动因、模式和轨迹。

---

[1] C. A. Doxiadis. Ecumenopolis: the Inevitable City of the future[M].Athens:Athens Publishing Center, 1975:6.

[2] E. 沙里宁 . 城市：它的发展、衰败和未来 [M]. 顾启源译 . 北京：中国建筑工业出版社，1986。

[3] 在我国，《城市用地分类与规划建设用地标准》(GB 50137—2011) 中将居住用地、商业用地、工业用地列在 8 个大类的首位，并在表 4.3.1 规定居住、工业等四类重要用地的比例范围。

第2章　西方混合功能人居的脉络

由西方地区性人居演进的视角来看，“地理环境的特定决定着生产力的发展，而生产力的发展又决定着经济关系以及随在经济关系后面的所有其他社会关系的发展”❶。西方所处大陆从两河流域的土地延伸，到地中海、波罗的海、黑海和英吉利海峡、直布罗陀海峡的海洋围合，其人居生息与文明发展一直在同内河、大陆、内海、外海打交道。❷由此，地理特征下的生产与生活的结合关系在西方人居历史中具有相当重要的地位，混合功能发展体系历经了启蒙、繁荣、消亡、复兴、拓展多个阶段，但不同时期存在生产和制度差异。此外，西方经济社会在政治和科技革命影响下，其混合功能人居发展得并不连续（表2-1）。

西方混合功能增长体系的发展进程　　表2-1

历史时期	启蒙时期——古典时期	中世纪		资本主义时期		
		早期	中后期	早期	中期	当代
地理格局	开放海洋－大陆	半封闭海洋－大陆		完全开放海洋－大陆		
经济水平	以自然经济为基础的农业型商品交换经济	农业与家庭手工业产品交换为基础的领主经济	领主经济转向工场手工业产品交换为基础的工业型商品经济		以大工业产品交换为基础的工业型资本主义市场经济	以高科技产品交换为基础的全球性市场经济
社会制度	城邦制	封建领主制	封建君主制	议会民主制		
混合形态	农副业、手工业－居住（混合功能宅形）		手工业、商业－居住（混质片区）		产住区划（功能分离）	多功能混合（混质聚落）
混合阶段	生成与提升	成熟与增殖	集聚与繁荣		衰弱与消亡	复兴与拓展

部分参考：戴颂华.中西居住形态比较——源流·交融·演进[M].上海：同济大学出版社，2008：23，31，34。

2.1　西方混合功能增长的历史成因

2.1.1　实用的功能导向

西方早期文明受农耕与游牧的双重影响，而后期的发展又以商业和技术革命为特征。在多民族长达数千年的冲突、互补和交融下，单一性文化无法维持长久统治，多种价值观的包容与整合，逐渐形成对生产、生活功能需求的客观导向。早在古罗马时代，建筑师维特鲁威在《建筑十书》中提出了“实用、坚固、美观”的原则。“用”重于“形”的导向，在西方严密的科学理性体系下不断被强化，直至工业时代和信息时代，功能与效率成为发展的首要动力，而利用有限空间来解决多样混合的需求，同样成为各个时期聚居建构的目标。

❶ 列宁全集（第38卷）[M].北京：人民出版社，1959：459。

❷ 戴颂华.中西居住形态比较——源流·交融·演进[M].上海：同济大学出版社，2008：18。

2.1.2　重商的发展态度

与中国封建时代早期的“禁末作，止奇巧，而利农事”[1]的思想不同，商业在西方的发展从未被抑制，并由此带动农副业和手工业的分工与细化。随着西方依靠“海洋—大陆”生产和商品流通方式的逐渐成熟，以城市为中心的聚居体对商业及相关职能的依存度大大增加，各国纷纷出台促商新政。在聚居发展实质上，一方面，重商主义加速了职业分工，丰富了与居住功能相混合的产业功能类型；另一方面，人口随着商品、行业的发展而流动和集散，居住追随产业的分布格局，使得产住共同体在区域人居网络中大量传播与扩散。

2.1.3　城乡的并置格局

进入中世纪后，西方统治体系形成领主制。在乡村，庄园拥有独立的政治、军事体系，与城市具有平等的经济和人居地位。乡村不受城市统治，反之，城市在经济上需要依赖于乡村。城市和庄园作为西方社会的两个经济中心，在表象上形成了城乡二元的割裂局面，例如美国南北战争所描述的对立关系。[2]但在城市与庄园的并置关系下，一方面，城乡统治的对峙关系，反而使得商品流通脱离等级，造成产住交织的非树形关系；另一方面，随着城乡贸易市场扩大和集聚，大量独立的、市民自治的工商业聚落逐渐兴起，为混合功能增长提供良好载体。

2.1.4　民主的朴素渊源

伴随着贸易和交通范畴扩大，殖民或人口流迁是西方人居增长的重要途径。民众活动，乃至城邦交流的原则都强调“以契约为基础”，长久以来形成朴素、广泛的民主与自治特征，例如古希腊时期城邦实行的“直接民主制度”。[3]由此，移民团体和防御团体形成的人居关系，在西方，缺乏以血缘为主导的社会条件，取而代之的是地缘、业缘为核心的社会组织。这两者的发达意味着聚居体增长的人际关系逐步松散，物质功能则更加强化。而到了工业社会之后，这一特征更加明显，根植于朴素民主自治条件下的人居方式、形态与空间分布，呈现松散性和非连续性，为混合功能增长提供充分的自由度。

2.2　西方混合功能人居的演进轨迹

2.2.1　混合功能模式的初始生成（原始时期）

（1）生成：从单体到半集落的产住混合

西方早期的产住混合功能是以建筑单元形态出现的，例如在法国尼斯（Nizza）地区考古发现的距今30万年前的旧石器时代原始木构建筑（图2-1）。以简单的石器、食物加工活动为典型，稳定性、程序化的生产常常与居住空间相叠合，体现出产住共生的朴素特征。当然，

[1] 参见：管子・治国[M]. 沈阳：辽宁教育出版社，1997：136。战国至封建早期，“重农抑商”的思想在我国占绝对优势，直至唐末宋初，商品流通和商业活动对聚居的影响到达一定程度，才提升了社会对商业的重视度。

[2] 罗瑞华 . 美国南北战争[M]. 北京：商务印书馆，1973：12-18。

[3] 公元前8～前6世纪，希腊各城邦处于大移民与外敌威胁背景下，以“主权在民”和“轮番为治”为两大特色的民主制度被当时各城邦所效仿，并促成古希腊强大。

原始混合功能人居并非西方体系独有，这一现象在世界各文明发源地都非常普遍，早期生产活动的粗放分工是混合功能生成的自发与天性。从图 2-1 来看，混合功能的单体是以“火区”为产住结合的核心，生产和生活因为密切相关的“生计”纽带而形成空间共同体。

当生产资料的积累超出基本人居单位“自给自足”的需求时，产住功能混合逐步跨越到群体尺度。“安全的诱惑、食物的充足及基本制成品的现货供应，像磁石一样吸引着附近的农民，人口飞速地增长。”❶ 剩余生产要素和劳动力要素出现了流转，在集散枢纽建立了半固定的集市型人居群落（图 2-2）。与此同时，劳动分工细化导致谋生方式的多元，功能动态的产业与空间稳定的居住相混合，产生中观尺度的半集落形态。

从单体到半集落，实现了混合功能尺度上的第一次跨越，这是产住混合机制从简单个体走向复杂系统的开端，其演进过程依赖于以下因素：①生产方式的分工与分化；②产住共荣的纽带；③空间的开放性与稳定性。

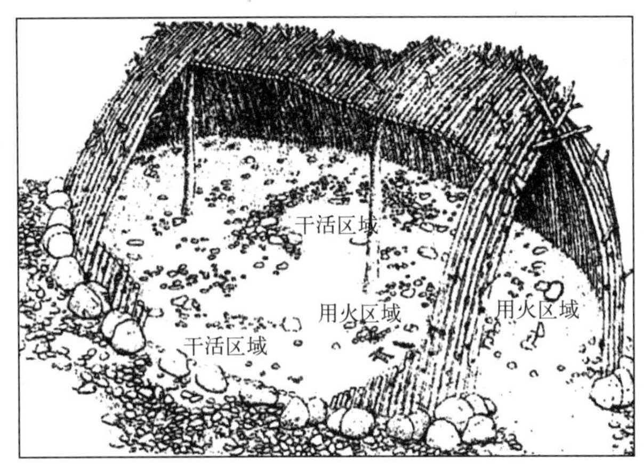

图 2-1 法国尼斯地区原始产住混合宅形

来源：L. 贝纳沃罗 . 世界城市史 [M]. 薛钟灵译 . 北京：科学出版社，2000：10

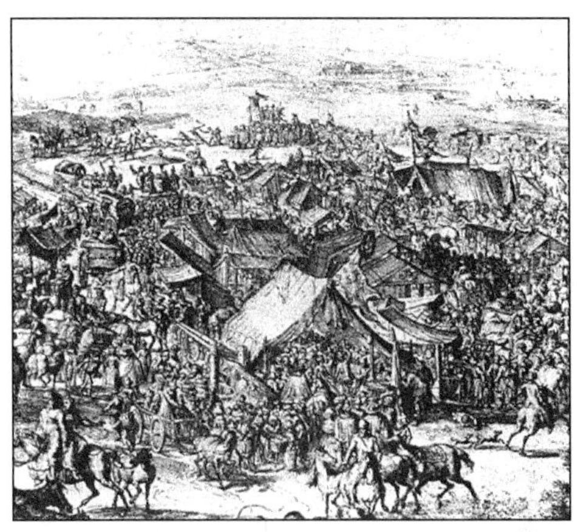

图 2-2 荷兰阿纳姆（Arnhem）的集市型混合群落

来源：Spiro Kostof. The City Shaped-Urban Pattern and Meaning Through History[M]. London：Thames & Hudson Ltd，1991：31

（2）提升：城市作为混合功能组织的载体

西方早期城市起源存在诸多研究学说，例如村庄扩大论、剩余经济论、军事防御论、宗教中心论、行政机器论等。❷ 但单一的、自律型的诱发因素，都存在学术界的争议，“关键在于，在某些城市的产生过程中，各种元素的作用是相互关联的，其中不同元素诱发了不同类型的城市，或者更简单地说，促成城市产生的原因可能也正是城市将为之效力的目标”。❸ 一方面，承载多样化功能的是城市的价值所在，另一方面，城市作为聚落的高级形态，集聚着高密度的居住活动。因此，产住交织是混合功能的共性表征，并通过 2 种途径影响城市形态：

1）自上而下“秩序划分”，以公元前 2000 年的古埃及拉罕城（El Lahun）为代表，其实质是建造工人的住居聚落，而非成熟的城市体。城市平面呈矩形，边长为 380m × 260m（相

❶ 美国时代生活公司 . 人类文明史图鉴——城市的进程 [M]. 长春：吉林人民出版社，2000：10。

❷ 参见：Harold Carter. An Introdution to Urban Historical Geography[M].London：Edward Arnold，1983.

❸ Spiro Kostof. The City Shaped——Urban Pattern and Meaning Through History[M]. London:：Thames & Hudson Ltd, 1991：31.

当于现代城市的一个中型街阔尺度）。南北向死墙将西部奴隶区隔出（单功能区）；在东部，280m的大道分隔出北部贵族区（单功能区）和南部商人、手工业区（混合功能区）。❶锯齿形态的混合功能建筑群层次清晰，并没有表现出杂乱和不规则布局❷（图2-3）。

2）自下而上“有机生长”，以公元前2000年两河流域的乌尔城（Ur）为例。城市形成的基础，是运河贸易经济和农村公社经济的综合体。城市布局自然特征明显，面积88hm^2，围墙边界长达2km，整体平面为卵形，有内城外城之分。除了神庙核心区，城内3万多居民围绕穿城的运河形成生产和生活核心，呈现出肌理均质的混合功能形态(图2-4)。以农村公社经济为支持的毛纺、金属加工、雕刻、编织等生产活动与居住组群融为一体。

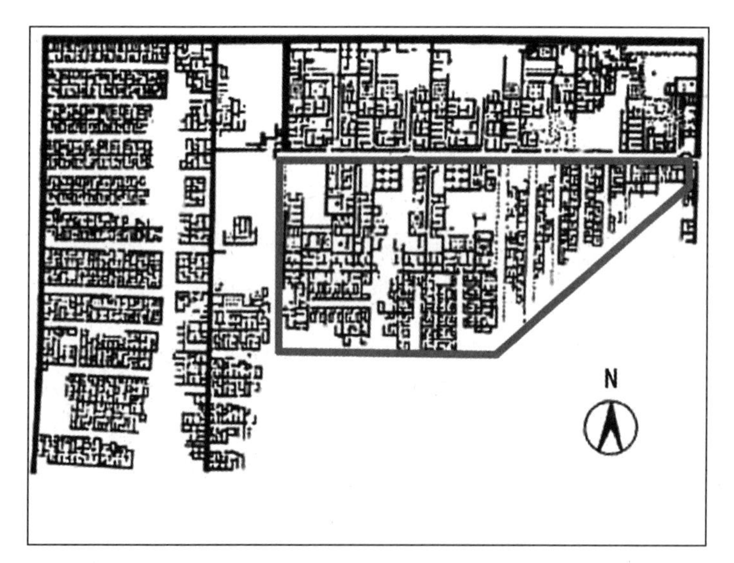

图2-3　古埃及拉罕城（右下框内为混合区）

来源：改绘自沈玉麟．外国城市建设史[M]．北京：中国建筑工业出版社，1989：24

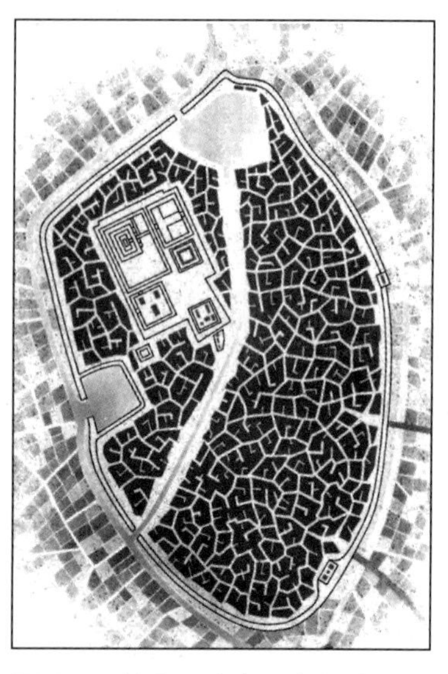

图2-4　美索不达米亚乌尔城

来源：美国时代生活公司．人类文明史图鉴——城市的进程[M]．长春：吉林人民出版社，2000：8

2.2.2　产住共同单元的成熟与增长（古典时期）

（1）成熟：产住共同单元的确立

在古典时期，城市聚落发展在古希腊、古罗马和日耳曼民族的拓张进程中，被认为是征服土地的必要手段。这一阶段，从古希腊到古罗马城市都明确建立了家庭（oikos）为单元的生产、生活共同体，包括男性家首、妻眷子嗣和附属的农民、奴隶等。❸家庭生产方式成为维系聚落生计的重要动力，与居住相混合的主要业态为手工业和商业，保罗·卡特里奇（P. Cartledge）对古希腊产住混合方式这样描述❹：

“这些行业通常是工匠们带着几个奴隶一起劳动，制作雕塑和陶器，这类生产大多在

❶　周春山．城市空间结构与形态[M]．北京：科学出版社，2007：48。

❷　Harold Carter. An Introduction to Urban Historical Geography[M]. London：Edward Arnold，1983：34.

❸　参见：美国时代生活公司．人类文明史图鉴——城市的进程[M]．长春：吉林人民出版社，2000：32。古希腊家庭享有充分的自由、自治权，即使作为地方领主地位的王（basileis）同样也只能支配自己独立的家庭范畴。

❹　保罗·卡特里奇编．剑桥插图古希腊史[M]．郭小凌等译．济南：山东画报出版社，2005：199。

小房子里进行而不是在工场里，所以被称为家庭小作坊。而这些房屋往往也是房主和奴隶们的住处。……然而，一些生产作坊会越开越大，如得摩斯提尼的父亲所开的作坊，许多手工业奴隶在自己的店里或者家里独立生活和生产，当然主要是指在雅典和派里厄斯城区的奴隶，人们专称他们为‘分居’奴隶。事实上，许多奴隶和自由民也经商。”（图2-5）

从“主仆共作”到“分居代工”，混合功能增长通过“家庭产住单元”进行扩散与传播，发展至古罗马时期，聚落容纳的人口密度猛增，混合功能的特征转向对空间强度要求，并出现多层（insula）混合现象（图 2-6、图 2-7）。

图 2-5　古希腊陶片上描绘的家庭作坊形态

来源：保罗·卡特里奇编．剑桥插图古希腊史 [M]. 郭小凌等译．济南：山东画报出版社，2005：94

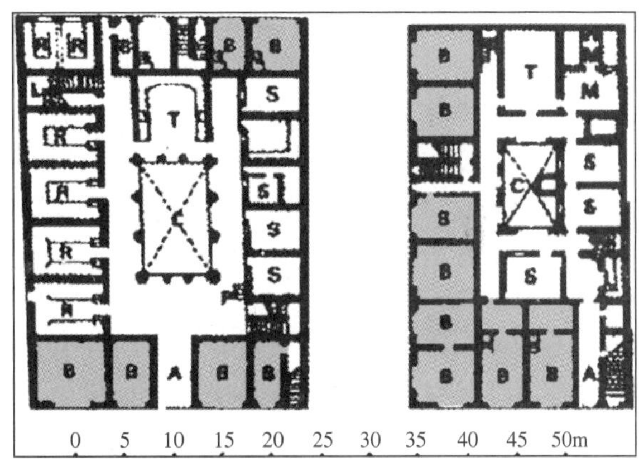

图 2-6　古罗马典型的产住混合宅形（灰色为店铺或作坊）

来源：改绘自 L. 贝纳沃罗．世界城市史 [M]. 薛钟灵译．北京：科学出版社，2000：235

图 2-7　“insula”——古罗马城多层竖向功能混合的建筑模式：古罗马共和时期出现的高层公寓楼，它可以指堆在道路旁的“土堆”或上面的建筑。古罗马对其的高度控制为 60 罗马尺（18m，5 层以内，相当于现代多层建筑），建筑间距为 10 罗马尺（3m）

来源：美国时代生活公司．人类文明史图鉴——城市的进程 [M]. 长春：吉林人民出版社，2000：48

在庞贝古城，“数不清的小商店、作坊还有小酒馆排列在城市主街道两侧”（密度）“一室的单元房……，还有一些是店铺（tabermae），上面有一个夹层，用于居住或储藏。房子的主人有可能扩建他们建筑的店面”（强度）。对高层混合体建筑——马哈德良公寓的描述为“第一层是商店，前面有卢禄式的防火连拱廊，上面是夹层。第三层分为三个房间，第四层（可能还有第五层）是一排排单间，由走廊连接，那些后面的房间仅有很小的窗户”（高度）❶。

（2）增长：混合功能单元的边界扩展

根据文献对混合功能密度、强度和高度的描述，可以发现以家庭为单元的产住一体化活动受当时经济水平、技术支持的制约，空间局限性明显：

虽然“生产更加专业化，但其他方面几乎没有变化。大多数商品仍然由小作坊生产，劳动分工很少，效率的提高有限。”❷在经济方式上，依靠有机动力，“几乎所有的生产都是通过手工来完成，大部分手工生产都是在小作坊或者家庭中进行。规模更大的作坊当然也有，但只是拥有更多从事同样劳动的工人而已，几乎没有机会发展规模经济。”❸（小生产的扩张）而产住混合增长缺乏控制，“建筑很容易着火或倒塌，主人把房子建得越来越高……水无法输送到第一层以上……许多房屋没有专门修建厕所，情况非常糟糕。”❹（对秩序的需求）

一方面，以家庭作坊、商住个体为主导的经济蔓延，是独立意识的“小生产”功能单元“量”增过程；另一方面，由于规模生产缺乏条件，产住功能混合增长也大多是建筑个体层面的增长，并逐渐突显混合单元对边界清晰化的秩序诉求。在古希腊时期，网格作为产住个体拓张的“平等性”条件，在殖民聚落中不受争议地被运用到空间分配上，例如在公元前 3 世纪的港口城市提洛斯，自发的混合空间竞争显现博弈格局（图 2-8）。希波丹姆（Hippodamus）❺的方格规划模式，虽然在雅典等本土城市中与传统混质肌理相互矛盾，推进艰难❻，但在奥林斯（Olynth）等殖民城市中则能够体现良好的秩序（图 2-9）。

历经这一过渡，古罗马时期混合功能的个体和数量增长对理性秩序的要求更为迫切，生产力介于自给自足和规模经济之间，产住混合边界调整主要通过建筑本身空间的增扩来实现。与古希腊时期的长条形格网（例如奥林斯城市的街区尺度 35m × 90m）不同，古罗马规划网格逐渐演变为方块格局，例如提姆加德城（Timgad），城市被十字道路划分成 4 大块，每块 36 个街区，共 144 个街区，而每个格网尺寸约为 30m。（图 2-10）。这种变革能够满足更多小生产经营所需要的沿街界面，对混合功能单元的边界控制更加明确和有效，在聚落空间管束上具有重要意义。“通过‘中心法’（centuriation）的实践，标准化罗马城市建设有棋盘式的街道规划，整个疆域被划分为均等的长方形土地单位，且有一致大小的街区，形成聚落管理中均匀公平的利益分配。”❼

❶ 格雷格·沃尔夫编．剑桥插图罗马史 [M]．郭小凌等译．济南：山东画报出版社，2005：159，125，126。
❷ 格雷格·沃尔夫编．剑桥插图罗马史 [M]．郭小凌等译．济南：山东画报出版社，2005：230，216，125。
❸ 同上。
❹ 同上。
❺ 是以古希腊建筑师希波丹姆命名的城市规划模式，来源于对殖民城市网格形态的改进。
❻ 美国时代生活公司．人类文明史图鉴——城市的进程 [M]．长春：吉林人民出版社，2000：41，44-45。
❼ 同上。

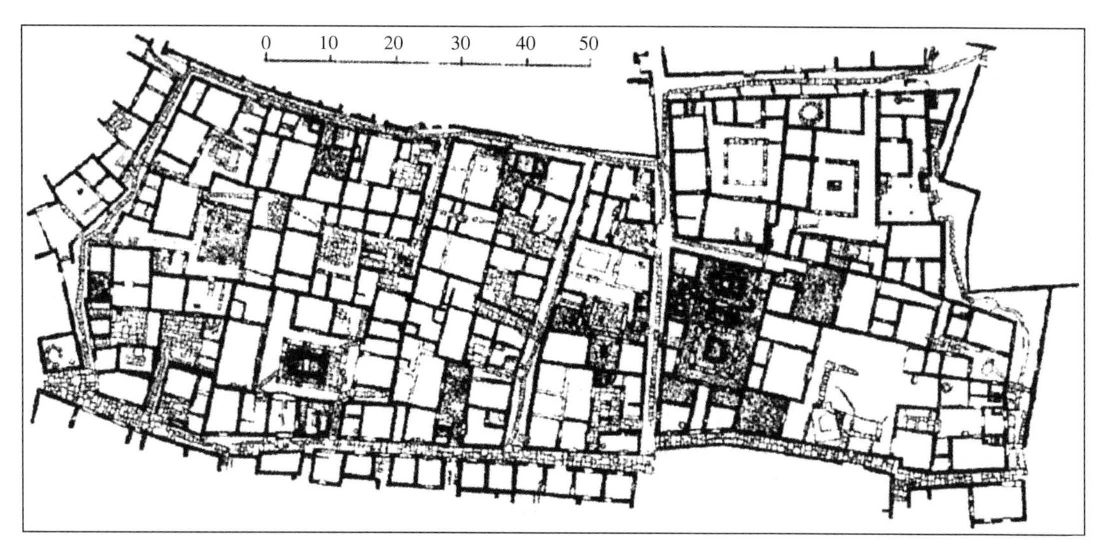

图 2-8　古希腊早期（公元前 3 世纪）提洛斯港口城市住区肌理

来源：L. 贝纳沃罗著 . 世界城市史 [M]. 薛钟灵译 . 北京：科学出版社，2000：133

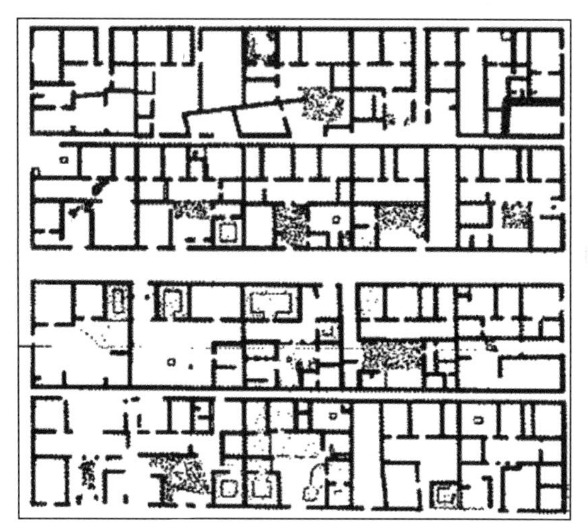

图 2-9　古希腊奥林斯城的长条形格网

来源：改绘自：凯文・林奇著 . 林庆怡等译 . 城市形态 [M]. 北京：华夏出版社，2001：13

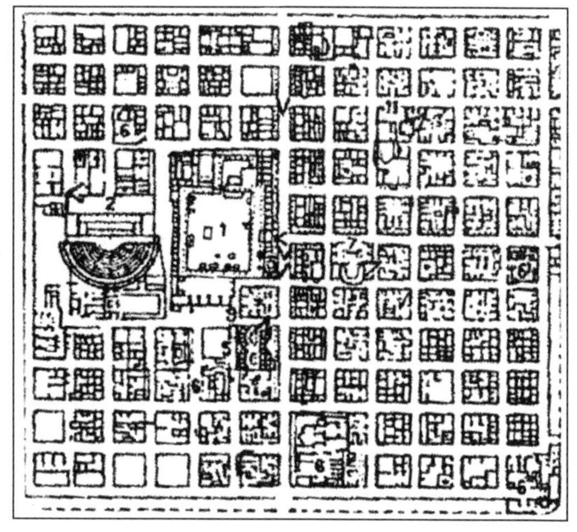

图 2-10　古罗马提姆加德城方块形格网

来源：改绘自：L. 贝纳沃罗著 . 薛钟灵译 . 世界城市史 [M]. 北京：科学出版社，2000：263

2.2.3　产住共同聚落的繁荣与膨胀（中世纪时期）

（1）繁荣：多因素的混合功能策动

中世纪是西方混合功能人居发展的鼎盛时期，人力、畜力等有机生产力已经达到最高水平，宗教、防御和重商特征成为这一时期的主要人居背景。

1）宗教因素：中世纪聚落内部分区具有高度的教区与社区统一特征。城市的整体结构、空间组织以及各种各样的社会活动大都围绕教堂展开。城市被划分为教区，每个教区各有一个或几个教堂，有各自的市场、供水等设施，教区相当于现在的社区，而且社区的名称也来自教区的教堂，这种分区沿用至今。[1] 因而，统一在教区下的聚居单元，呈现模糊的产住功能界限，甚至管理和税收也缺乏对产住混合形态的界定。另外，前工业城市受交通工具限制，空间活动范围一般不超过 3 英里（4.8km）的边界。[2] 混合功能的释放与行为尺度的极限成为矛盾，这正是促成中世纪时期高强度组织下的产住一体化繁荣景象。

2）防御因素：中世纪城镇聚落起源的另一重要原因是防御功能。它们的最大特征就是，城镇即要塞。[3] 中世纪早期德语中城市的同义词是“burg”（堡垒），例如罗马城被称为“Rumburg”（罗马堡垒），其中的居民被称为“burgaere”（堡民），足见其军事与防御功能的重要性。

“这些设防的社区或城镇以其极大的安全感，……它们在此永久定居下来，一些人开始专门经营必需品。皮匠、鞍工、裁缝和面包师搭起了小铺，告别了自耕自给的土地，其他一些人有的冒着风险同邻近社区做一些买卖，寻求赚钱的门道。……重新兴起的城镇对本地居民来讲，像一块磁石一样充满了吸引力。”[4]

聚居的安全性，吸引了更多可以不依赖土地劳作而生存的职业人群，大量的手工业、商人出现大规模的流转现象，人口不断从乡村流向城镇，从小城镇流向防御功能更强的大城市。安全要素作为居民生存的重要基础，在中世纪城镇中，从外部因素上促成以家庭为单位的混合功能主体出现集聚效应。

3）重商因素：商业活动是中世纪城市活力的重要源泉。许多城镇的权力者对商人赋予特殊权限，例如公元 11 世纪部分领主“免除对商人实施上帝审判权和参与决斗权”[5]。商人与封臣同样成为城市的上层，而手工业者则成为中层力量。中世纪中期以后大量“店宅”出现，而受到商业刺激且紧密相连的手工业活动，同样表现为高强度的产住混合：

店宅“一般是一层或者二层的楼房，是用来展示要出售的商品的，特别是城市的坐商或者是流动商人的布匹”[6]。在 12 世纪德国南部的家庭工坊的样板为“起居室一般在楼上，楼下一面是入口、楼梯和通向院子的过道，另一面是作坊”[7]。“居室、作坊和一个用来出售手工业者自制产品的很小的售货室，都在同一个屋檐下。”[8]

商人与手工业者的生活是以他们的行业和地方市场为根据地的，产业的分类和自发竞争矛盾，逐渐促生了行会（guild）制度。这种中世纪兴起的从业者自发形成的组织形式，既提供了同行业者相互帮助的基础，又建立了除了宗教和行政势力之外，对城市空间开发、利用的有效管理。“中世纪城市空间以行会为核心的混合性工作与生活街区，在人员组成、家庭经济状况以及社会阶层结构等方面，都具有很高的均质性和稳定性。”[9] 行会系统下的产业集聚，有效锁定了同业者的居住集聚，形成了以行业划分的居住街区。业缘社群超越了血缘、地缘纽带，促成当时产、住在中观社区尺度的混合与集成关系。

---

[1] [美] 刘易斯・芒福德 . 城市发展史：起源、演变和前景 [M]. 倪文彦等译 . 北京：中国建筑工业出版社，2005：330。
[2] 邱建华 . 交通方式的进步对城市空间结构、城市规划的影响 [J]. 规划师，2002（7）：67。
[3] [德] 汉斯—维尔纳・格茨 . 欧洲中世纪生活（7—13 世纪）[M]. 王亚平译 . 北京：东方出版社，2002：229。
[4] 美国时代生活公司 . 人类文明史图鉴——城市的进程 [M]. 长春：吉林人民出版社，2000：41，87。
[5] [德] 汉斯—维尔纳・格茨 . 欧洲中世纪生活（7—13 世纪）[M]. 王亚平译 . 北京：东方出版社，2002：244。
[6] 汉斯—维尔纳· 格茨 . 欧洲中世纪生活（7—13 世纪）[M]. 王亚平译 . 北京：东方出版社，2002：259。
[7] 汉斯—维尔纳· 格茨 . 欧洲中世纪生活（7—13 世纪）[M]. 王亚平译 . 北京：东方出版社，2002：260。
[8] 汉斯—维尔纳· 格茨 . 欧洲中世纪生活（7—13 世纪）[M]. 王亚平译 . 北京：东方出版社，2002：266。
[9] 黄志宏 . 城市居住区空间结构模式的演变 [M]. 北京：社会科学文献出版社，2006：149。

（2）膨胀：过密化的混合功能利用

1）宏观尺度：行会的管理，对不良竞争进行着严格的控制，生产专业化发展速度很快，每个工场都有意识地保持得很小。[1] 在城镇聚落的建构中，由于产业对沿街的追求，产、住出现区位价值差异，街道界面被划分得更细，以满足更多的生产单元，而居住则被迫转向背街拓张，形成狭长格局。在原有方块格网下，城市宏观肌理呈现鱼骨形态，例如米朗德和布德维斯（图 2-11、图 2-12）。

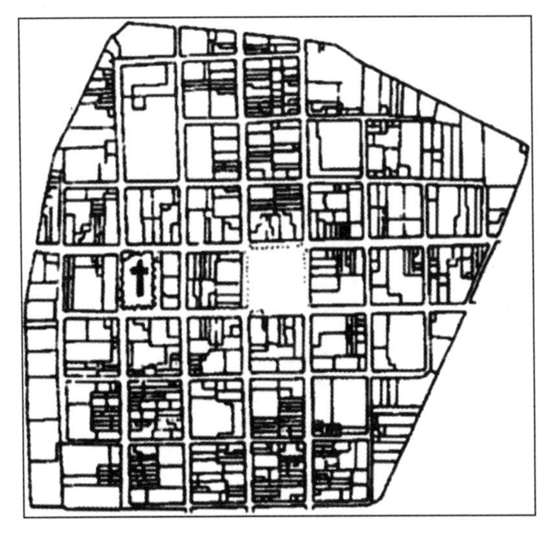

图 2-11　中世纪法国米朗德（Mirande）城网格形态

来源：改绘自 L. 贝纳沃罗 . 世界城市史 [M]. 薛钟灵译 . 北京：科学出版社，2000：530

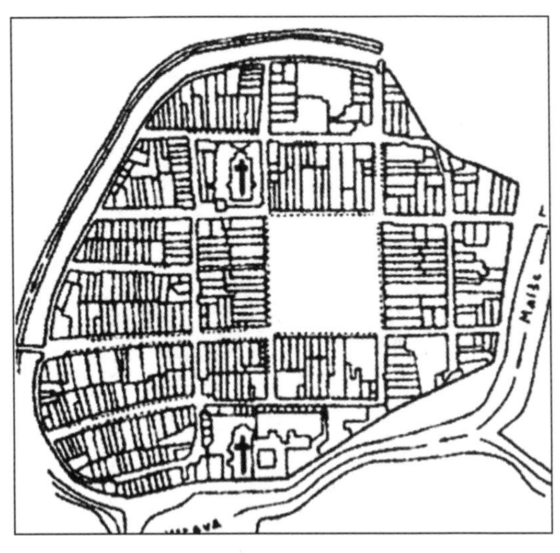

图 2-12　中世纪捷克布德维斯（Budweis）城格网形态

来源：改绘自 L. 贝纳沃罗 . 世界城市史 [M]. 薛钟灵译 . 北京：科学出版社，2000：536

2）中观尺度：中世纪街区不同于古典时期，它不强调外形上具有特定的模式，特别是公共区域与私人区域并未严格隔离。[2] 广场、街道等场所，甚至大型公共建筑都具有多种功能。产住功能混合因聚落公共空间的多义性，而渗透到中观空间区域。当然，这同时也表明产住混合在当时的利用强度（图 2-13）。

图 2-13　中世纪威尼斯 ponte vecchino 桥内混合了商业、居住、交通、广场等多种功能

来源：http：//wwtypictures.net/r-europe-148-italy-222-ponte-vecchio-florence-italy-2597.htm

[1] [德] 汉斯—维尔纳 • 格茨 . 欧洲中世纪生活（7—13 世纪）[M]. 王亚平译 . 北京：东方出版社，2002：266。

[2] L. 贝纳沃罗 . 世界城市史 [M]. 薛钟灵译 . 北京：科学出版社，2000：352。

3）微观尺度：在有限的活动半径内，集聚了最多的混合功能单元。产住一体宅形的建构体现两种明显的倾向：①家庭作坊和商住建筑以行业组织为区划，形成组团化格局，个体产住建筑具有均质的沿街面，同时联排的规模效应产生了良好的空间识别，有利于生计与经营（图 2-14）。②建筑单体布局具有面宽和进深的异向原则，前店（坊）后宅，平面狭长，长宽比可以达到 1∶3 ~ 1∶4，产住混合膨胀下的空间集约现象在中世纪聚落中非常普遍（图 2-15）。

图 2-14　中世纪瑞士伯尔尼（Bern）联排景象

来源：S. Kostof. The City Shaped-Urban Pattern and Meaning Through History[M]. London Thames &Hudson Ltd，1991：119

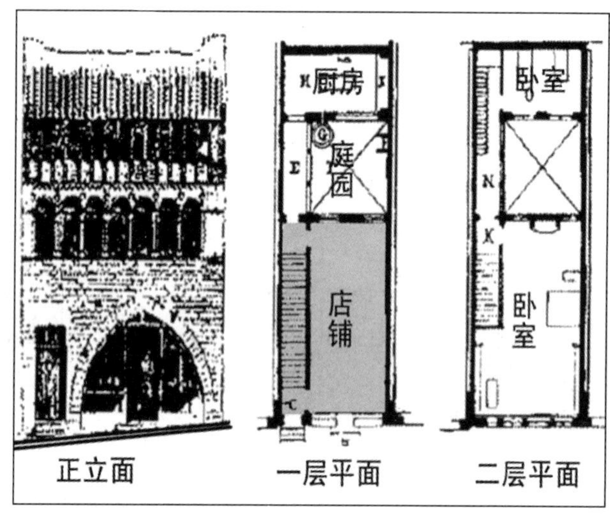

图 2-15　中世纪法国克卢尼（Cluny）商住形态（灰色为商业）

来源：改绘自 L. 贝纳沃罗．世界城市史 [M]. 薛钟灵译．北京：科学出版社，2000：353

2.2.4　混合功能状态失稳与产住分离（大工业时期）

18 世纪，机器化大生产取代了中世纪城市和乡村家庭小生产。工业革命既改变了经济、社会组织模式，也打破了维系产住混合的基础：

①机器动力取代了有机动力，原有家庭住宅无法满足大机器集中生产，例如 18 世纪谢菲尔德工业拓张对混合聚落的破坏（图 2-16）。生产与经营活动逐步规模化、社会化，导致产住功能分离。②机械化交通扩大了生产和生活的行动范围，新建聚居尺度是原有网格的几倍（图 2-17），1851 ~ 1939 年伦敦城半径从 3 英里扩大到 12 ~ 15 英里。[1] 聚落空间的蔓延加速了产住之间的载体分离。③人口和职业发生巨变，自给自足的小农、小手工群体大量转变为社会化的农民和工人。随着城镇人口扩张，阶层的分化造成居住的类聚特征，社会组织的层级化促成产住社群的分离。

（1）从混合到混杂

工业化时期，原先稳定的混合功能系统失去平衡，而新的生产生活方式又缺乏快速膨胀下的聚居空间管控机制，例如曼彻斯特：

[1] Peter Hall. Urban & Regional Planning[M]. New York Penguin Books，1979：28-31.

图 2-16　社会化大生产——1850 年谢菲尔德大工业发展对中世纪混合功能聚落的破坏
来源：S. Kostof. The City Shaped-Urban Pattern and Meaning Through History[M]. London Thames &Hudson Ltd，1991

图 2-17　机器化交通——1877 年波士顿传统城市肌理（左）向大网格新区（右）的变化
来源：S. Kostof. The City Shaped-Urban Pattern and Meaning Through History[M]. London Thames &Hudson Ltd，1991：46

"街上的商店、饭馆都不努力将自己搞得清洁一些。街后面的情况更差，……建筑被杂乱无章地抛掷到一起，与理智的建筑艺术形成了鲜明的对比……城郊区由荒地组成，建有差异很大、彼此毫无联系的建筑。因此，形成了杂乱无章的相近城区。"❶

恩格斯在批判"自由资本主义"的论著中，进一步描述了当时"由纯粹的偶然性来控制房屋组合"，以及缺乏建造协调"形成的无规则空间"的聚居景象。❷ 功能布局混杂，社群组织混杂，空间建构混杂相互关联，互为窘境，一并成为工业时代早期产住混合状态失

❶　L. 贝纳沃罗 . 世界城市史 [M]. 薛钟灵译 . 北京：科学出版社，2000：801-802。

❷　Karl Marx，Friedrich Engels. Marx /Engels Gesamtausgabe[M].Berlin：Aka Akademie-Verlag，2003：286.

稳的三大“乱象”。

（2）从混乱到分区

到了19世纪工业化的成熟基本上瓦解了以庭园经济、工坊经济为主体的传统混合功能结构和形态。❶但由于缺乏适应新生产力的聚居理论与实践指导，功能与空间结构日趋混杂而导致环境的恶化。伴随着产住被动分离下的高密度、大强度、快速度开发，卫生、安全、交通、消防、邻里等诸多问题接踵而来，如何理性解决混合功能失稳下的物质矛盾和社群混乱，成为现代城市规划和聚落地理学科的源起动机。

19世纪中后叶至20世纪初，城市改造治理在实践层面大举进行，例如法国奥斯曼（Ha ussman）的巴黎改造计划，伯纳姆（Burnham）在美国的治理规划。在方法探索上，欧文、傅立叶、马塔、戛涅等人都提出了新兴人居的理论模型。尤其是傅立叶进行的“家庭斯泰尔”(Stere)实践，采取社区组团式功能混合，与单体建筑产住分离的模式(图2-18)，但这种混与分的折中模式仍无法适应工业化的规模要求。同样，莱奇沃斯（Letchworth）和韦林（Welwyn）的实验也未能实现霍华德的理想，住区并未能与就业功能相混合，最终在实质上与田园城市背道而驰。❷对混合功能改良的探索，在当时的建设条件下宣告失败。

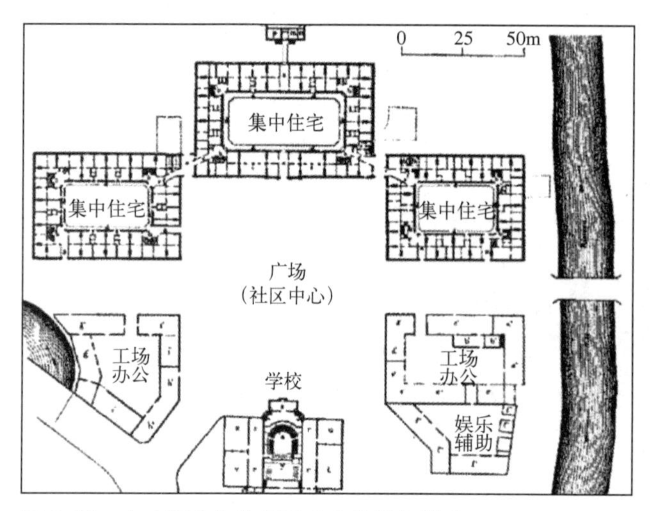

图2-18 家庭斯泰尔的组团式产住混合模式

来源：改绘自L.贝纳沃罗.世界城市史[M].薛钟灵译.北京：科学出版社，2000：808

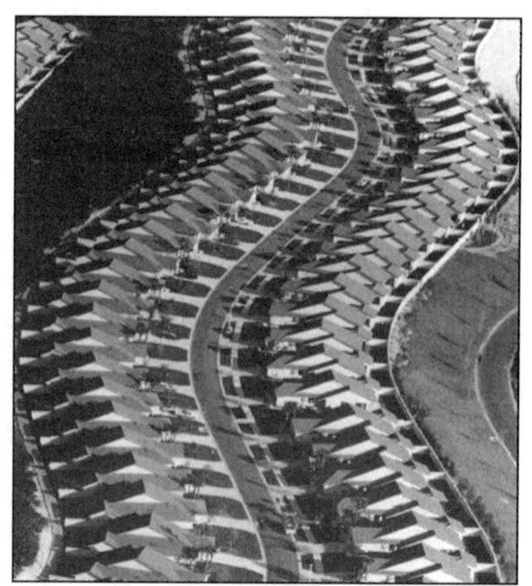

图2-19 美国棕榈城的单一标准化住区模式

来源：S. Kostof. The City Shaped-Urban Pattern and Meaning Through History[M].London：Thames &Hudson Ltd，1991：81

由此，对人居扩张无序问题的解决，直接导向现代功能主义手段。以1933年《雅典宪章》为标志点，聚居建设采取“空间决定论”的发展原则，力图借助现代交通，分解人居活动，特别是对产住二元的分离，来解决发展的混乱。过度功能分区在实现聚居秩序的同时，也直接导致多样性的丧失（图2-19）。

---

❶ 周春山.城市空间结构与形态[M].北京：科学出版社，2007：9-10。

❷ 黄毅.城市混合功能建设研究[D].上海：同济大学，2008：62。

2.2.5 对现代主义的反思与混质改良（后工业时代）

在二战之后的恢复性发展时期，功能分区的城乡建设模式达到顶峰，人居的物质性“繁荣”与理性秩序并存，各种现代的生产与生活行为都必须依靠机器工具来维持运行。然而，在解决人居扩张对现代生产力的需求性问题后，机械性的秩序原则逐步暴露出产住分离所无法避免的新问题。而此时，系统论、信息论、控制论的诞生以及可持续、动态协同的发展观成熟，深刻影响到现代主义规划与建设思想，混合功能模式被重新认识，并作为人居改良的重要途径。

（1）推力——从混乱到单一的问题转移

虽然《雅典宪章》(Athens Chapter) 中也提出“工作地点与居住地点之间的距离，应该在最少时间内可以到达”[1]，但现代功能主义对产住的区划是基于大尺度格局，区别于传统混合功能的（步行）小尺度化原则。[2] 产—住、产—产、住—住的关系都是以功能单一的大型街区为聚落划分，这种方式有效解决了前工业时代的功能与空间混乱问题，但新的矛盾又转向聚落多样性的活力丧失。英国诺丁汉大学克利夫·莫廷（Cliff Moughtin）指出：“大面积单一功能的街区，比如整个街区都是住宅、商业或者是工业，街区越大，用途越单一，对城市社会、经济和物质网络的破坏也越大。”[3]

工业文明的强势，带来有机功能牺牲，如混质活力丧失，多样交往阻隔，交通成本增加，传统文脉打破等等一系列无法自我解决的问题。美国建筑评论家查尔斯·詹克斯（Charles Jencks）将1972年圣路易斯市的普鲁伊特艾戈(Pruitt Igoe)公寓群炸除事件定为“现代主义”死亡的象征。功能分区的发展阻力转化为混合功能的增长推力，大街区逐渐被小单元、多样化的聚居开发模式所取代（图2-20～图2-22）。

图2-20　普鲁伊特艾戈的原状

图2-21　普鲁伊特艾戈的现状

图2-22　普鲁伊特艾戈的新规划

来源：改绘自：http：//wadlog.com/2009/04/pruitt-igoe

（2）拉力——经济复苏与人居品质提升

社会化工业大生产带来了物质上的巨大飞跃，特别是在20世纪中后期，西方二战后恢复建设下的经济增长，甚至在局部地区出现了生产过剩的情况。追求多元化发展、多样

[1] 参见1933年8月国际现代建筑协会《雅典宪章》原文第二章第二节。
[2] 黄毅．城市混合功能建设研究[D]．上海：同济大学博士学位论文，2008：62。
[3] Cliff Moughtin. Urban design：green dimensions[M]. 2nd edition. London：Elsevier Architectural Press，2005：163.

性活动的呼声不仅仅只停留在对功能主义问题的解决，更是发自精神层面的需求和社会层面的动力。依据马斯洛（A. H. Maslow）的需要层级理论，人的需求从低级到高级可以分为5个层级：生理需求(Physiological Needs)、安全需求(Security Needs)、交往需求(Affiliation Needs)、尊重需求（Esteem Needs）、自我实现需求（Actualization Needs）。[1] 在西方现代主义规划与建设成就满足了二战后的生存、安全需求之后，人居生活的层次体现出明显的交往与个性需求（图 2-23）。

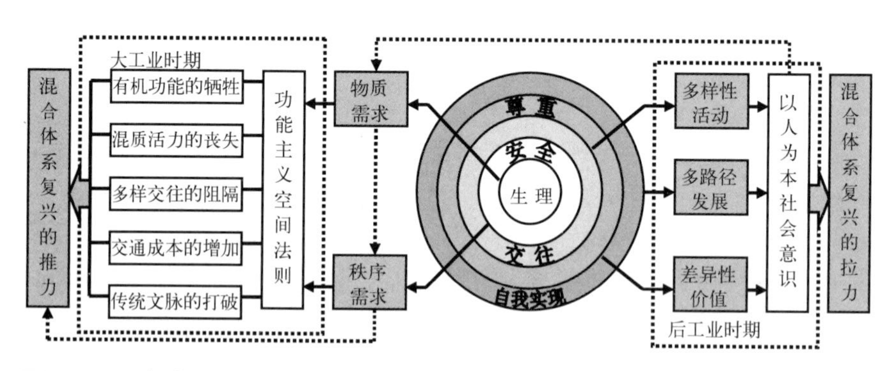

图 2-23　混合功能体系复兴的基本动因

与工业时代早期霍华德等人在物质或形态上的改良与探索不同，这一时期的人居发展需求首先是从精神与社会层面的批判开始。1954 年史密斯夫妇为代表的“Team X”小组提出对现代主义的批评，并强调以人的活动为基础的规划与设计原则，试图通过“编织建筑”(the mat building) 来实现多功能活动和多用途空间。[2] 随着国际现代建筑协会 (CIAM) 在 1959 年宣告解散，在人文和社会层面对现代功能分区的批判达到顶峰。1961 年简 • 雅各布斯发表了《美国大城市的死与生》(The Death and Life of Great American Cities)，对交往和行为人性化的关注与呼吁，引发二战后西方对多样性、复杂性人居系统理论的诸多探索。这些都成为拉动混合功能体系复兴的社会基础。之后，1977 年《马丘比丘宪章》(Chapter of Machu Picchu) 对《雅典宪章》进行了纠偏，混合功能增长的复兴和新体系实践正式在西方城乡聚落，特别是中小城镇中普遍开展。

2.3　西方混合功能体系的现代发展

当代西方混合功能的发展一直是城乡人居建设和社区邻里开发的重要范式和途径。从 20 世纪 60 年代至今，混合功能体系随着城市振兴（Urban Revitalization）、再城市化（Re-urbanization），和城乡一体化（Urban-rural Integration）等不同时期的发展主题而演进。同样，混合性用途模式作为新城市主义（New Urbanism）、紧凑城市（Compact city）、精明增长（Smart Growth）的重要组成，在区域开发、社区更新、建筑改造等多个尺度，力图实现产住协同的场所感和绩效性（表 2-2）。但是，混合功能体系在西方的理论和实践中一

[1] ［美］马斯洛．动机与人格 [M]. 许金声译．北京：中国人民大学出版社，2007。
[2] 肯尼斯·弗兰姆普敦．现代建筑：一部批判的历史 [M]. 张钦楠译．北京：生活·读书·新知三联书店，2004：382。

直存在着诸多的解释和视角。事实上，西方混合功能开发在不同国家或同一国家的不同地区之间，发展方向和程度都有较大差异。与此同时，受土地私有和开发商投资的制约，混合功能开发在西方建设体制中一度“言者众，行者寡”，现实上的推进远比理论进展缓慢，并大多集中在小规模或局部的案例实践。❶

西方混合功能增长体系的发展进程　　表2-2

西方建设时期	人居发展背景	混合体系特征①	混合功能基本优点②
20 世纪 60 ~ 70 年代	• 城市重建（Reconstruction） • 城市振兴（Revitalization）	MXDs 在新规划中较少出现	• 更多的社会交往机会 • 由‘街道眼’带来的安全感
20 世纪 70 ~ 80 年代	• 城市再发展（Redevelopment） • 再城市化（Re-urbanization）	MXDs 作为规划工具出现在大尺度项目	• 多样的社会团体 • 对生活方式、地点和建筑类型更多的消费选择
20 世纪 80 ~ 90 年代	• 新城市主义（New Urbanism） • 城市复兴（Regeneration）	MXDs 结合地区文脉强调小尺度建构	• 更便捷的使用设施 • 更好的城市活力与街道生活
20 世纪 90 年代至 21 世纪初	• 精明增长（Smart Growth） • 可持续发展（Sustainability）	MXDs 是系统规划的基本组成要素	• 上下班拥挤程度最小化 • 更高效的能源利用，对建筑与空间更有效的利用

① Steve Surprenant. Mixed-use Urban Sustainable Development through Public-Private Parternships[M]. Boston MA： HRD Architecture，Inc，2006.
② 参见：Matthew Carmona著. 城市设计的纬度[M]. 冯江等译. 南京：江苏科学技术出版社，2005.

混合功能的概念、目标和具体方案存在体系上的模糊与多义性。荷兰学者霍彭布劳沃和劳（Erik Louw）❷ 及英国建筑师罗杰斯（R. Rogers）❸ 等人，分别在理论和实践层面阐述了混合功能体系的不确定性。然而，从产住邻近需求和空间活动多样性原则来看，混合功能规划与建设的动态性与弹性化特征，在一定程度上正是人居有机体发展的多层级、多目标、多路径过程和适宜性需求的体现。

2.3.1　混合功能发展导向的差异性

西方现代混合功能演进根据不同地域与时期，具有多样性视角的表述特征，基本脉络可以分为美式和欧式两个方向，二者背景不同但脉络交叉。

（1）主动增长为导向的混合功能发展——美国模式

二战后美国的人居建设进入高速增长期，从 20 世纪 50 年代郊区化（Suburbanization）扩张到 80 年代新城市主义（New Urbanism）发展，其发展条件具有土地充足、人口稳定、政策宽松、技术成熟的特征。在资源与财富集聚的物质保障下，单一功能模式无法满足美国式“喜新厌旧”(Newer is better) ❹ 的文化多元混质需求。而与近代折中主义(Eclecticism)、装饰主义（Art Deco）在美国盛行的背景相似，主动追求物质与功能的多样性和丰富性，

❶ 朱晓青，王竹，应四爱 . 混合功能的聚居演进与空间适应性特征 [J]. 经济地理，2010，30（6）：934。
❷ Eric Hoppenbrouwer，Erik Louw. Mixed-use Development：Theory and Practice in Amsterdam’s Eastern Docklands[J]. European Planning Studies，2005，13（7）：971.
❸ Richard Rogers. Cities For A Small Planet[M]. UK：Faber & Faber Limited，1997：114-122.
❹ 周春山 . 城市空间结构与形态 [M]. 北京：科学出版社，2007：131。

是美国现代混合功能体系的重要动因。罗伯特・文丘里基于矛盾性和复杂性，阐述出美式混合功能的特征[1]：

“建筑要满足维特鲁威所提出的实用、坚固与美观三要素，就必然是复杂和矛盾的。……基本要素混杂而不要‘纯粹’，折中而不要‘干净’，扭曲而不要‘直率’，含糊而不要‘分明’。……出色的建筑必然是矛盾和复杂的，而不是非此即彼的纯净的或简单的，好建筑必然有多重含义和组合焦点，它的空间和建筑要素会一箭双雕地既实用又有趣。”

与此同时，美式的混合功能发展没有欧洲二战后百废待兴的急迫性，在导向上更多地关注“多样性交往”的人性主动原则。简・雅各布斯通过人文因素视角的发展反思，提出了“混合的基本功能”（Mixed Primary Uses）：

“地区以及尽可能多的内部区域的主要功能必须多于一个，最好是多于两个，这些功能必须要保证人流的存在，使那些在不同时间、因不同目的出行的人们能够使用很多共同设施、混合功能保证在不同时间吸引不同的人，保持从早到晚都有人在街道上活动。”[2]

在实证上，美式的混合功能体系主要集中在中小城镇的人居载体上，通过 TOD（Transit Orientated Development）、POD（Pedestrian Orientated Development）、TND（Traditional Neighborhood Development）等建设原则来实现。在具体操作中，规划单元 PUD（Planning Unit Development）和实效区划（Performance Zoning）都为产住组织提供相当大的自由度[3]，混合功能体系表现为主动状态。

（2）被动集约为导向的混合功能改良——欧洲模式

承 2.2 节，欧洲混合功能人居演进具有悠久历史和深厚文脉。自 20 世纪 80 年代以来，欧洲城市复兴运动具有明显的文化倾向（culture-orientated），对现代主义和单一功能区划的纠偏，其矛头直接指向机械与理性下的人文缺失。一方面，欧式人居发展之道，顺理成章地演绎着中世纪“混合活力、混质繁荣”的脉络，并通过复兴与改良，强调传统混合功能格局的保存和保护；另一方面，欧洲相对美国存在大量的历史城市，现代与传统如何对接，同样也成为欧式混合功能体系的重要责任之一。扬・盖尔（Jan Gehl）从人文倾向评价产住混合模式：

“在传统的中世纪城市中，步行街控制了城市的解构，商人和手工艺人、富人和穷人、年轻人和老人都不得不在街上共同生活和工作。这种城市体现了综合城市结构的优缺点。”[4] 而现代对传统混合功能形态的继承则表述为“小型、生动的单元”（图 2-24），“采用较为多样化的规划方针，即逐一对各项功能的社会关系和实际的优点进行评价，只有在集中带来的缺点明显大于优点时，才采

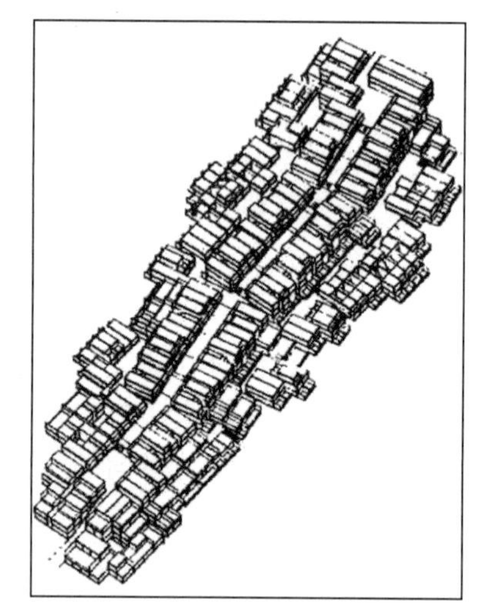

图 2-24　小型、混合的人居形态

来源：[丹麦] 扬· 盖尔 . 交往与空间 [M]. 何人可译 . 北京：中国建筑工业出版社，2002：98

---

❶ Robert Venturi. Complexity and Contradiction in Architecture. N Y：The Museum of Modern Art，1966：36.

❷ 简・雅各布斯 . 美国大城市的死与生 [M]. 金衡山译 . 南京：译林出版社，2005：185。

❸ [美] J. M. 利维 . 现代城市规划 [M]. 张景秋译 . 北京：中国人民大学出版社，2003：144。

❹ [丹麦] 扬· 盖尔 . 交往与空间 [M]. 何人可译 . 北京：中国建筑工业出版社，2002：106。

用分区的手法。例如，只有很小一部分最扰人的工业活动才不宜与居住区综合在一起。”[1]

除了文脉因素，从二战后欧洲的复兴来看，人居建设与土地资源、人口密度和生态基础之间的矛盾，相对美国模式更加突出。例如英国，仅有 8% 的土地得以城市化，但是 90% 的人口却居住在城市里。[2] 集聚高，资源少，用地紧张的问题，使得欧洲的人居增长路径区别于美国，混合功能体系更关注于资源的系统配置和空间综合布局，集约化成为其重要原则。在 20 世纪 90 年代，“紧凑城市”（Compact City）的理论与实践在欧洲具有代表性。1998 年建筑师理查德·罗杰斯（Richard Rogers）在《小小地球上的城市》（Cities For A Small Planet）[3] 书中，强调“紧凑城市”应该摈弃单一功能的开发和汽车的主导地位，建议城市应该尽量密集，以社区为单位进行设计，在各种活动的集约下，实现可持续性。

而“紧凑城市”作为一种原则，并非确定性和标准化的模式。迈克·詹克斯（M. Jenks）等人进一步描述了欧洲“紧凑式”混合体系在操作上的多样性：

“在很大程度上，紧凑城市的构想受到了欧洲（中世纪）名城的高密集度发展模式的启发。”[4]“紧凑城市可以用许多方式来定义，它并不是一种同质的现象。创建紧凑城市可能会涉及建筑形式的密集化或活动的密集化，而每个这样的过程中，都存在着无数变化。……此外，每一种密集类型都具有独一无二的特征，密集化的形态受到空间利用、设计及其规模的影响。而且密集化开发的时间表也会根据类型的不同而发生变化。所有这些因素都带来紧凑城市的多样性，……这一点必须得到承认。”[5]

与“紧凑城市”被欧共体所积极倡导的情况类似，日本及中国香港等亚洲大都市同样具有开发强度大、资源紧张的人居问题。例如日本在 20 世纪 80 年代提出的“复合城市”，力图改变高强度空间利用的适应性；香港基于土地稀缺（可建设用地约占 20%）而制定的用途弹性法。除了东西文化差异外，亚洲高密度地区在空间建构上的着重点和混质原则，与欧洲模式更为契合。

2.3.2　混合功能原则的重构与演进

关于西方混合功能发展的定义，以 1976 年美国“城市土地协会”（Urban Land Institute，简称 ULI）的表述最具典型性[6]，并被大量文献广泛沿用和讨论：

1）三种或者三种以上意义重大且带来收益的用途（例如零售 / 娱乐、办公、居住，或者市政、文化、休闲），这些用途应该在良好的规划下相互协调。

2）项目各部分在形体与功能上明显整合（从而形成相对高密度、高强度的土地利用），包括不间断的步行连接。

3）开发与相关规划（通常规定了各种用途的类型和尺度，允许的密度及相关事项）具有一致性。

从上述定义来看，此概念是以功能的多样性、收益的最大化为原则，但是对混质要素

---

[1] [丹麦] 扬·盖尔 . 交往与空间 [M]. 何人可译 . 北京：中国建筑工业出版社，2002：103。

[2] 黄毅 . 城市混合功能建设研究 [D]. 上海：同济大学，2008：269。

[3] Richard Rogers. cities for a small planet[M]. US：Westview Press，1998.

[4] 迈克·詹克斯等编 . 紧缩城市——一种可持续发展的城市形态 [M]. 周玉鹏等译 . 北京：中国建筑工业出版社，2004：5。

[5] 迈克·詹克斯等编 . 紧缩城市——一种可持续发展的城市形态 [M]. 周玉鹏等译 . 北京：中国建筑工业出版社，2004：248-249。

[6] E.Robert. Mixed-use Development：New Ways of Land Use. Washington，DC：ULI，1976：37-48.

具体类型的规定，以及对功能、空间、活动之间的协同程度描述较粗略。美式体系下更加强调规划对开发行为的主动引导和干预，管束性较强。

“多样性”、“多元化”是混合功能体系的表象动因，对三种或三种以上带来收益的用途，很可能全都只是商业用途，或者同一功能的不同业态模式。显然，这一提法在早期促进混合功能开发的意识上具有积极作用，但实际定义却存在着非常大的导向模糊性和操作局限性。而此后，各种描述都在力图回避“多用途”和“混合功能”的文字区别，例如米歇尔•尼米拉（M. Niemira）解释为：“新的定义更具有包容性，对混合功能没有制定‘三种用途’的前提条件，也没有限定项目的功能收益性组成，这两个变化成为传统混合功能特征的重大背离。”[1]

在规划建设实证中，“混合功能”（mixed-use）与“混合功能开发”（MXD）的侧重点并不相同[2]，前者强调土地的兼容性配置与空间的复合性使用，物质性与经济性因素更为突出，在较大程度上与“多功能”的意义接近；后者则是通过空间与物质组织，来实现混合功能活动的过程，在物质绩效的基础上结合社会目标，特别是其对块域或街区邻里生产、经营、服务、居住的一体化建构，更表现为对产住混合机制的强调。较有代表性的如下：

1）1997　年维甘德（Wiegand）从工作与居住二元角度对混合概念的定义为：

“混合功能是居住和工作场地的小空间排列，在此居住功能、工作功能都要通过不同单元的所占份额来代表。”[3]

2）斯蒂夫•萨布兰特（Steve Surprenant）在公私合作发展（Public-Private Partnership，简称 PPP）的城市可持续模式方面界定混合功能发展的定义：

混合功能是“一种适宜的多种使用功能的结合，在一个单独的结构体或场所内，包含着一个具有多种不同生活行为（居住、工作、消费和娱乐）的邻里，这些活动应当能够接近（步行距离）最多的居民。”[4]

3）在机构对混合用途交叉调查中，基于共识性的混合用途定义及其相关的应用范畴，在开发、规划、建设和社群组织的实践中，尤为重要。例如美国的多功能住宅协会（National Multi-Housing Council，简称 NMHC），房屋业主与管理者协会（Building Owners and Managers Association，简称 BOMA），以及 ICSC、NAIOP 等商业开发调研机构所公认的定义为：

“混合功能发展是规划整合的房地产项目，包含零售、办公、旅馆、娱乐和其他功能的混合。它是步行导向的，且具有工作、生活、休闲的环境元素。它将空间利用最大化，

---

[1] Michael Niemira. The Concept and Drivers of Mixed-Use Development：Insights from a cross-Organizational Membership Survey[J]. Research Review,，2007，14（1）：53-56. 其中对混合功能定义的变化描述原文为：“This working definition is more encompassing than previous ones and does not set a minimum of three uses as a ‘precondition’ for being a mixed-use project. This new working definition also does not limit the project to revenue-producing components only”.

[2] 黄鹭新．香港特区的混合用途与法定规划 [J]. 国外城市规划，2002（6）：49-52.

[3] [德] 沙尔霍恩著．陈丽江译．城市设计基本原理：空间 - 建筑 - 城市 [M]. 上海：上海人民出版社，2004：160。

[4] Steve Surprenant. Mixed-use Urban Sustainable Development through Public-Private Parternships[M]. Boston MA：HRD Architecture，Inc，2006. 其中原文表述为：“An appropriate combination multiple uses，inside a single structure or place within in a neighborhood，where a variety of different living activities（live，work，shop，and play ）are in close proximity（walking distance）to most residents.”

具有令人愉快的氛围和良好的建筑形象，并力图缓解交通和城市蔓延。”[1]

基于图 2-25，西方混合功能开发的概念与模式，逐步从功能“多样化”的绩效目标，转向适宜的地区发展范式。一方面，混合功能体系的物质形态定义，不再拘泥于功能的数量，而是明确于产住之间的邻近原则，或者说同一个空间载体下生产、经营与居住、生活的主体具有一定的共同性和稳定性特征；另一方面，对混合功能体系绩效评价定义，不再只是考查混合土地与空间利用的经济收益，混合开发同时将工作、生活品质，邻里与社群关系，政府与公众参与机制，一并纳入整个项目的绩效目标。由此来看，西方现代的混合功能体系，更趋向为一种产住共同、可持续的人居增长机制。

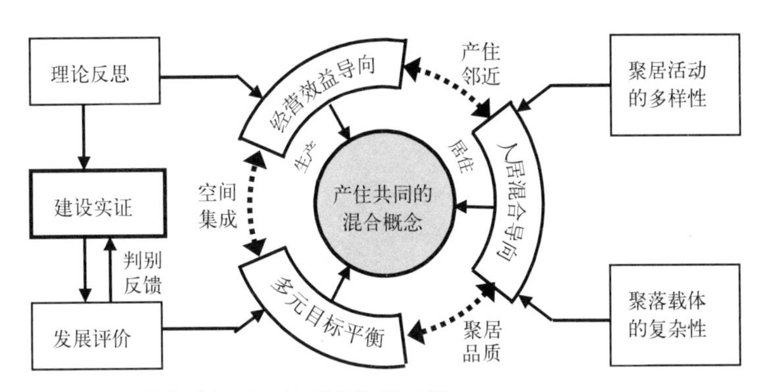

图 2-25　混合功能体系的概念演进动因

2.3.3　混合功能体系的层级与维度

霍彭布劳沃、劳等人在混合功能地理尺度（geographical scale）对混合模型研究范畴进行了归类，并给出微观建筑综合体尺度（Andy Coupland）、中观邻里尺度（Jane Jacobs）、宏观区域尺度（Jill Grant）的基本体系，在强调功能混合的空间层级同时，也将同一空间对象下的功能时间变化归并于混合功能的重要状态。[2]混合功能体系的时空纬度着重土地、空间资源的物质特征，且往往体现在具体形态上。因此，时空模型更偏重其功能混合的自然属性。

事实上，西方学者和机构混合功能模式，在层级划分和类型界定上存在分歧，但现状的功能混合组织以“产住共同体”为核心，可以发生在各种时空类型上，其基本的模型建构可以分为两个方向：

（1）空间层级划分

从美式小城镇特色的混合功能发展来看，基本的空间模型讨论层级，可以分为建筑单体（building）、小地块（parcel）或场地（site）、步行或者通勤覆盖区（walkable or transit area）[3]，这种层级体系在新都市主义和精明增长的建设实践中被广泛认同。在欧洲的不同

---

[1] Michael P. Niemira. The Concept and Drivers of Mixed-Use Development：Insights from a cross Organizational Membership Survey[J]. Research Review，2007，14（1）：53-56. 原文表述为：“A mixed-use development is a real estate project with planned integration of some combination of retail，office，residential，hotel，recreation or other functions.It is pedestrian-oriented and contains elements of a live-work-play environment. It maximizes space usage，has amenities and architectural expression，and tends to mitigate traffic and sprawl.”

[2] Eric Hoppenbrouwer，Erik Louw. Mixed-use Development：Theory and Practice in Amsterdam’s Eastern Docklands[J]. European Planning Studies，2005，13（7）：971.

[3] Steve Surprenant. Mixed-use Urban Sustainable Development through Public-Private Parternships[M]. Boston MA：HRD Architecture，Inc，2006.

国家，混合功能体系所实行的空间范畴亦有明显的侧重性，例如德国对混合功能的管理主要是依靠《建设法典》(BauGB)[1] 在土地利用(land use)层面进行控制，英国模式则包含“区域”、“城镇中心”、“乡村地区”等类型的规划政策指引（Planning Policy Guidance Notes，简称 PPGs）。综上来看，西方混合功能的空间层级可大致分为混合建筑、混合邻里、混合聚落、混合区域 4 个大类尺度格局，以及单体、综合体、组团、街区、片区、区块、簇群等中类尺度下的划分类型（表 2-3）。

西方混合功能的尺度与载体层级特征　　**表2-3**

基本层级	混合建筑		混合邻里		混合聚落		混合区域
空间载体	单元体	综合体	组团	街区	片区	区块	簇群
控制范畴	unit building	building complex	parcel or site	block or multi-blocks		walkable or transit area	transit network

（2）空间模型建构

西方针对混合功能体系的状态表述主要集中在中观尺度和微观尺度，这一点与西方具体实践的标准、法规和导则的应用范围密切相关。英国雷丁大学学者阿兰• 罗利分别在 1996 年和 1998 年英国皇家测量师学会（RICS）出版的《研究前沿》(The Cutting Edge）中阐述了混合功能的开发模型（图 2-26），其中关键的空间状态属性包含三个方面[2]：

1）机理（grain）：聚居组成的各种要素（人群、活动、土地利用、建筑与空间）的功能混合方式，以及各种要素之间的组织状态。

2）密度（density）：与机理紧密相关，混合强度特征取决于功能混合使用者的数量。每英亩 100 ～ 200 居住单位，是维持城市混合活力的保证[3]。

3）渗透性（permeability）：在城市开发的交通、街道、路径布局中，提供给公众可以自主选择的步行活动的机会。

反思罗利模型，罗登伯格（Rodenburg）则进一步通过人居要素的引入来区别混合功能体系与城市多功能的空间与使用模式差别。[4] 产住交织（interweaving）模式成为现代混合功能模型的重要特征。霍彭布劳沃、劳等人以工作和居住为混合功能的二元要素，指出阿兰• 罗利模式中缺乏空间的竖向模式和时间推移对混合利用状态的影响。在以产、住为混合核心的模型下，进一步建构了共享维度（Shared Premises Dimension）、水平维度(Horizontal Dimension）、垂直维度（Vertical Dimension）和时间维度（Time Dimension）四类（表 2-4)，并在建筑、街区、地区、城市四个人居尺度下，对机理（grain)、密度（density）和交织度（interweaving）进行描述。

[1] 德国《建设法典》颁布于 1987 年，它确定了德国城市规划的基本框架，包含预备性指导和约束性指导。

[2] A. Rowley. Mixed-use development：Ambiguous concept，simplistic analysis and wishful thinking?，Planning Practice and Research，1996（1）：85–97.

[3] 简 • 雅各布斯 . 美国大城市的死与生 [M]. 金衡山译 . 南京：译林出版社，2005：41。

[4] Eric Hoppenbrouwer，Erik Louw. Mixed-use Development：Theory and Practice in Amsterdam’s Eastern Docklands[J]. European Planning Studies，2005，13（7）：971.

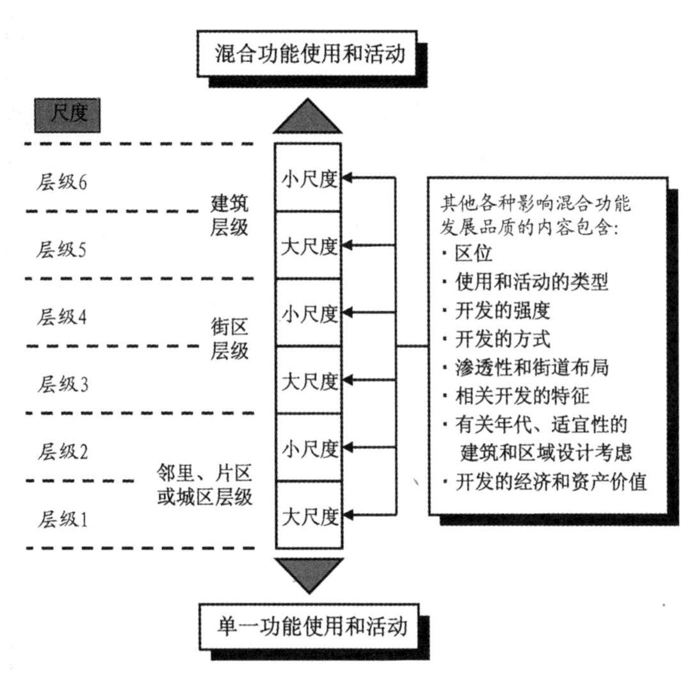

图 2-26 混合功能体系的概念演进动因

来源：A.Rowley.Planning and mixed-use development：what's the problem?[M]. London：RICS，1998

混合功能的空间模型及其特征 表2-4

混质格局	时间混合 Time Dimension	共享混合 Shared Dimension	水平混合 Horizontal Dimension	垂直混合 Vertical Dimension
混合尺度	建筑单体、街区	建筑单体	街区、地区、城市	单体、街区
混合特征	机理、密度	密度	机理、密度、交织度	机理、密度
界面表征	功能间歇性调节	功能界线模糊	明确的“产—住”、“住—住”、“产—产”界面	
单元形态模型	住　时间性（集会、节日等）　产	界面　产　住	住　产　路道	住　产　路道

在表 2-4 中，依据霍彭布劳沃的观点，在空间层级上，水平混合模型发生在较大尺度，而其他三种模型都是中小尺度；在空间属性上，水平混合模型的空间指数相关度最多，共享模型只与密度相关，而垂直和时间的混合模型都与交织度指数的关联性不强。在此基础

上，约斯特（W. Joost）和赫克（V. D. Hoek）等人，对荷兰阿姆斯特丹混合功能的发展策略提出了混合度（Mixed-use Index，简称 MXI）概念[1]，并将其作为规划工具和管束政策的重要参数。在这一空间分析模型下规定无居住（non-residential）功能空间的 MXI = 0，全居住空间（only residential）的 MXI = 100，通过 0 ~ 100 的功能面积比率来描述混合程度。此模型并不界定居住之外的功能，更加反映出混合模型建构的产住二元化趋向。

[1] W. Joost，V. D. Heok. The MXI：an instrument for anti-sprawl policy?[C]// the 44th ISOCARP Congress，2008：1-12.

第 3 章　本土混质共生的基因根植

产住共生模式在中国人居的演进历史上长期存在，并且相对西方的混合人居轨迹更加具有连续性、稳定性和同源同构的特征。共生、共荣的混合基因不只在中国本土普遍根植，也同样影响到日本、韩国等东南亚国家的聚居形态，形成具有东方人居建构特征的产住混合功能建构机制。

然而，我国传统体系下的人居建构特征，与当前世界主流的规划建设方式是隔膜的，这同样包括当前被西化植入的建设体系。中西模式对混质功能模式研究和实证，在人居营建的思维本质上存在较大差别，这使得单独的中西体系之间没有必然的关联性。而对本土背景的诠释缺失，使西方体系的研究造成了诸多的困扰，例如英国学者弗莱彻(Banister Fletcher) 在《建筑史》(A History of Architecture) [1] 一书中，提出了“建筑之树”(the tree of architecture)（图 3-1），在书中表达了中国式建构的体系为“非世界建筑文明主流”的偏见。

图 3-1　弗莱彻的“建筑之树”（中国为右 1）

来源：王鲁民．“着魅”与“祛魅”——弗莱彻的“建筑之树”与中国传统建筑历史的叙述 [J]. 建筑师，2005（116）：59

李约瑟（J. Needham）在《中国科学技术史》(Science and Civilization in China) [2] 对“欧洲中心论”和“地缘政治”进行纠偏，强调各地域人居与建构文明并行演进关系，即以“多流融合”思想（赵辰称之为“文化之河” [3]）取代“单源分化”推理。更有学者站在中国建筑史论上，针对弗莱彻“建筑之树”提出反驳观点 [4]。而笔者认为，“源”与“流”是辩证体，“源”以西方范式为鉴，“流”以本土演进为脉，二者对混合共生的机理解析都是客观和必要的。

---

[1] 弗莱彻建筑史的原名：“A History of Architecture, as a comparative method for Crafter, Students as well as Amatues”，在弗莱彻父子去世后的再版中俗称“Sir Banister Fletcher’s A History of Architecture”。

[2] 参见：Sir J. Needham：“Science and Civilization in China”，Vol. 4，Part 3，“Building Technology”，Cambridge，1971.

[3] 赵辰．从“建筑之树”到“文化之河”[J]. 建筑师，2000（93）：92-95。

[4] 王鲁民．“着魅”与“祛魅”——弗莱彻的“建筑之树”与中国传统建筑历史的叙述 [J]. 建筑师，2005（116）：58-64。

3.1 传统视角的混质基因思辨

脱开“西方中心论”在理论演绎上的负面讨论，国外学者对混合功能聚居的现象与实证阐述，同样选取中国案例作为倡导的样本典范。例如近代城市理论家刘易斯·芒福德（Lewis Mumford），以及当代混合功能发展理论的代表人物吉尔·格兰特等。其中芒福德在其巨作《城市发展史：起源、演变和前景》（The City in History：its origins，its transformation，and its prospects）[1]的文后插图中选取了清明上河图作为混合繁荣的积极范例，而格兰特在“鼓励实践中的混合功能”一文中，源引考古学者赖特（A. Wright）对唐末长安城的描述为：

“大约在公元7、8世纪的古代长安城，百万人聚居在城墙内，居住和商业活动邻近他们的工作场所。绝大部分民众在古城中的所有地方都是步行。各种功能的空间分布非常分散，小型店铺、手工作坊、住宅和礼仪场所通过城市的肌理混合在一起。虽然在考古记录中非常清晰，但是混合功能的外在状态却很少被人了解。”[2]

客观地说，对混合功能发展在现实人居中的绩效生成的识别，相对中西规划与建设理论的形式之辩更为重要。因此，根植于地域的人居基因，是诠释我国产住混合共生原则、范式与秩序的基本依据。从中国地理特征来看，不仅在东南部面临太平洋的阻隔，内陆也处于天然屏障的包围中，这使得中国文明的演进处于较为封闭的地域空间，“中国与区外文明的联系，相对东地中海与南亚次大陆的交往晚了近三千年，而且接触不多，规模有限”[3]。近代以前的“西制东渐”仅仅是人居交融的小支流，因而混合功能人居发展的主线清晰（表3-1）。

中国混合功能增长体系的发展进程 表3-1

历史时期	夏商周	秦汉－明清	晚清－民国	建国－改革开放	改革开放后
地理格局	半封闭大陆－大河	半（全）封闭大陆－海洋	被动开放大陆－海洋	自我封闭大陆－海洋	开发大陆－海洋
经济模式	原始协作型自然经济	小农业、小手工交换与地主经济	小农业、家庭工业与地主经济、资本主义工商业	以工农业为主的社会主义集体经济	多种形态的社会主义市场经济
社会制度	奴隶制	封建制	半封建半殖民制	社会主义制	
混合形态	小农－居住（单体）	小手工、商业－居住（片区）	小农、家庭工业－居住（聚落）	计划性生产（分离）	个体工商－居住（簇群）
混合阶段	启蒙生成	发展增长	集聚与繁荣	被动消亡	复兴与扩张

在这种稳定的地理格局下，移民数量和迁徙频率相对于西方聚落大幅降低，并且大多在文明内部进行。由于农耕文化的稳定性特征，生产力长久维持小农业和家庭手工业形态。

[1] Lewis Mumford. The City in History: its origins, its transformation, and its prospects[M]. Harcourt, Brace & World, Inc., 1961.
[2] Arthur Wright. Chang’an[M]//A. Toynbee (ed). Cities of Destiny. London: Thames and Hudson, 1967：138-149.
[3] 戴颂华. 中西居住形态比较——源流·交融·演进 [M]. 上海：同济大学出版社，2008：22。

早在公元前 21 世纪的奴隶制时代，中国聚落的生产、生活、军事等行为是以“血缘”为纽带[1]，以“宗族”为制度的物质与社会运行法则，与西方背景不同，中国的产住混质体系具有以下环境（图 3-2）：

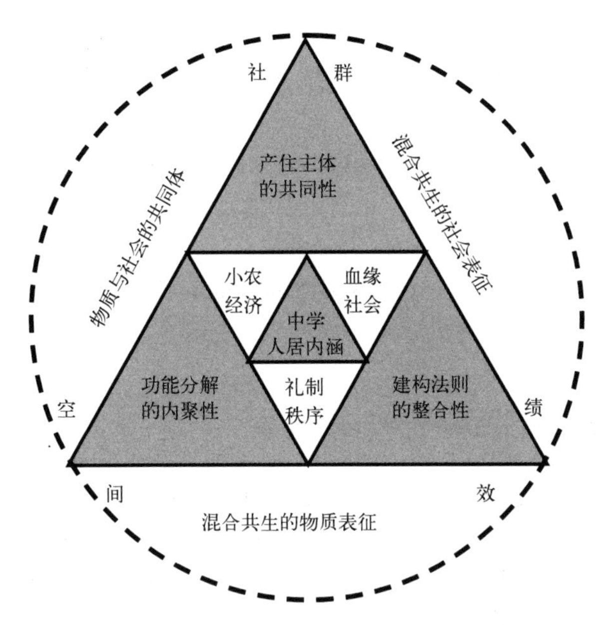

图 3-2　本土混质共生的人居环境与基因根植

1）“小农”体系下功能与社群的空间组织，是一种区域性、相对封闭性的聚居模式。如同“鸡犬之声相闻，民至老死，不相往来”[2]的聚居状态，“故土难离”、“叶落归根”的心理定式与西方的移民云集、商贾交流相差甚远。而聚居单元在区域封闭下的稳定性，则要求“小而全”的内部功能多样性。

2）“血缘”关系下的产住功能组织，相对“地缘”和“业缘”具有更明显的对内聚合和对外排斥倾向。例如《左传》中所描述的“神不歆非类，民不祀非族”[3]，“非我族类，其心必异”[4]等意识形态。“血缘体系”对聚居组织的凝聚作用，在强化成员之间行为一致性的同时，弱化了聚居功能的物质性分化。

3）“礼制”是各种聚居要素的整合性秩序，并贯穿政治体制和宗法制度：“礼，国之干也”，“礼以体政，政以正民，是以政成而民听，易则生乱”作为空间载体，中国传统的聚落、街坊、建筑形态同样具有社会自组织下的多种要素秩序特征，而在不同人居尺度上，功能的混合必然受到建构形制影响。

小农式的经济模式，血缘型的社会特征，礼制化的制度形态，对本土体系下混合功能人居产生深远影响。而具体到物质与社会载体上，这三个因素之间两两结合，进一步趋向

[1] 马克思恩格斯全集（第 21 卷）[M]. 北京：人民出版社，1965：69。
[2] 梁海明译注 . 老子 .[M]. 沈阳：辽宁民族出版社，1996：102。
[3] （春秋）左丘明撰 .（晋）杜预集解 . 春秋左传集解 [M]. 上海：上海人民出版社，1977：276。
[4] （春秋）左丘明撰 ,（晋）杜预集解 . 春秋左传集解 [M]. 上海：上海人民出版社，1977：672。

混合功能发展的条件，成为传统人居内涵的演绎：

1）小农经济和血缘社群之间相互作用，生产、生活的不同活动存在于相同的主体中，甚至在利益上“分族而同其财”[1]。生产与生活二者的利益共同性，成为产住混质的前提和驱动因素。

2）聚居空间对小农社会和血缘制度的承载，更强调在内部协调的秩序性。在稳固的人居单元中功能衍生和多样化增长是内向性的，这表现为特定边界下的要素混合状态，形成产住混合的物质特征。

3）礼制作为一种“由人及物”的运思方式，是以“非规范化”[2]的体制导控聚居形态。区别于西方，中国的建构法更突出对“人”的层级划分，且趋于空间功能模糊与整合，导致产住混合的意识特征。

综上所述，产住利益共同的主体，内向协同分配的功能，以及社会秩序导向的建构，是中国本土体系下产住共生的基因表征。

3.2　融合共生的混质内涵诠释

产住二元在中国体系的人居发展中，并没有明确的区分特征。相反，传统建构思想更多地表现为空间的“融合”与功能的“共生”法则。在哲学体系上，儒家与道家都强调在一定边界内的功能与物质相互的协调性，这为产住混合人居建构奠定了思想基础；在社会组织上，家庭、氏族聚落，乃至国家体系都遵循着相同价值观和制度原则，在不同社群尺度上提供产住混合发展的行为主体；而在空间建构上，生产活动对原有居住的嵌入是一个循序渐进的过程，并因随主流的形制秩序进行灵活变化，实现产住二元结合的空间适宜性。

3.2.1　天人合一的混合哲学思想

（1）守中和谐：儒家的整合建构

从中国文字的表意性来看，“宇宙”（代表天）二字皆从“宀”，是挡风雨的屋顶象征，其中汉人高诱在注解《淮南子•览冥训》中对“宇宙”的解释为：“宇，屋檐也；宙，栋梁也。”[3]由此来看，宇宙的本意并非“天”，而是指人的居所。由此衍生出“四方上下谓之宇，往古来今谓之宙”，即“宇”是空间的概念，而“宙”是代表时间维度。[4]《宅经》从人的角度阐释：“宅者，人之本。人因宅而立，宅因人得存。人宅相扶，感通天地。”

无论是精神还是物质层面，建筑在中国传统思想体系中成为人的第二躯壳[5]，不同尺度的人居载体，从宅屋到聚落都在天人博弈、天人相长、天人合一中充当重要的“媒介”。而反之，由“天道”折射“人事”，天象以北极为中心，同样体现在中国传统人居的“守中”观念。“宇”、“宙”、“室”、“宅”等象形字体上，在“宀”之下都一个“|”形为中心，引申到空间建构，从原始建筑的“都柱（中心柱）”形态（图 3-3）到聚落的“中轴”布局，

[1] （晋）陶潜在《与子俨等疏》论述道：“济北氾稚春，晋时操行人也，七世同财，家人无怨色。”
[2] 戴颂华．中西居住形态比较——源流・交融・演进 [M]. 上海：同济大学出版社，2008：55。
[3] 汪洪澜．天人合一：中国传统建筑中的哲学 [J]. 宁夏社会科学，2006(5)：117-120。
[4] 邹衍庆．中国传统建筑组群形态生成机制研究 [J]. 南方建筑，2005（1）：103-106。
[5] 邹衍庆．中国传统建筑组群形态生成机制研究 [J]. 南方建筑，2005（1）：103-106。

都是“定天保，依天室”❶的具体反映。在“守中”思维下，“中心+边界”模型是对天人秩序的基本反映，也是界定单个聚落载体范围的重要依据。因此，聚居有机体的建构并非以功能为核心，而是由产住二元向心围拢和边界限定自然形成。

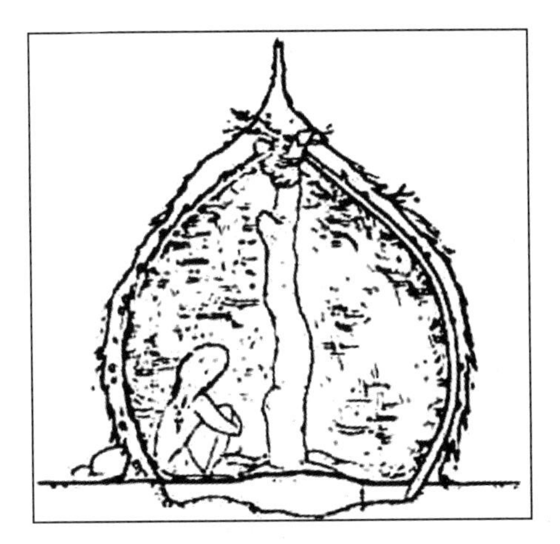

图 3-3　有中心柱的原始棚舍

来源：王贵祥．东西方建筑空间比较 [M]．天津：百花文艺出版社，2006：56

图 3-4　多样统一的“微型宇宙”模型

来源：缪朴．传统的本质——中国古代建筑的十三个特点（上）[J]．建筑师，1989（36）：63

（2）一以贯之：道家的共生法则

与儒家“静态特征”的天人合一混合哲学体系相补充，其运思方法并不类似儒家的秩序稳定性，而注重系统要素的绩效性、动态性。

1）对多样共生系统的比照：《易传·系辞》提出“与天地相似，故不违”的原则；《老子·道德经》也提出“人法地，地法天，天法道，道法自然”的准则。这里的“相似”、“法”都是一种直接的、体验式的运思特征，其核心比照对象中则是多种要素的“平衡系统”。在聚居建构体系中，不同尺度的人居单元都追求“微型宇宙”❷（图 3-4）下功能的“十全”，结构的“齐整”，多要素并存则是人居可持续的基础。道家“天人合一”并不强调儒家的人为秩序标准，而更突出各种功能体在混沌状态下的整体效益。这在一定意义上促成本土体系对产住二元自我组织、相辅相成、共荣共生的思想认同。

2）对要素变化发展的追求：在“天象”与“自然”的潮水涨落、星斗转移、草木荣枯的规律探寻中，道家对世界组成要素之间建立了相生相克、混沌统一的朴素哲学。汪德华在解析道家的人居规划“象数”规则时指出：“‘一’是‘中’，‘二’是对；‘一’是统，‘二’是附；‘一’是不变，‘二’是变。世界万物均由变与不变组成，但万变不离其宗，‘宗’就是宇宙的规律，其代表即是‘一’。”❸而论及聚落的组成，产住“二元”则融贯于生计的“一”中。道家哲学的产住之间没有本质区别，只是相互“易变”与“转化”的功能要素。在本土体系下，产住界线的弹变性与模糊性，提供功能混合与置换的前提。

综上所述，儒家在内源秩序上明确了混合功能人居的空间中心与场所边界，道家从外

❶ 逸周书 [M]. 北京：中华书局，1959：129。

❷ 缪朴．传统的本质——中国古代建筑的十三个特点（上）[J]. 建筑师，1989(36)：63。

❸ 汪德华．试析周易对古代城市规划思想的影响 [J]. 城市规划汇刊，1989(4):3-4。

在体验上建立了产住共同增长的一体化系统。儒道互补的“天人合一”，在混合人居的基本建构上，给出产住二元集聚、限定、共生、转化的哲学本源。在传统人居演进轨迹上，从唐末宋初的“破坊（墙）开店”到今天“新家庭工业”，生产与生活分别在各自功能体系中埋藏着种子，并在时间和地域成熟的条件下，发芽、增长、置换，最终达到功能的混合。“天人合一”的思想导引，使得这一过程在现实中变得自然而随意，进而反作用于中国传统的社会组织。

3.2.2　家国同构的混合聚居认同

在中国传统人居层级下，“家”是最小的聚居单元，而“国”是有共同意识的最大尺度聚居体。“天人合一”的哲学思维，将人居范畴的不同尺度进行统合，例如《周易•序卦》曰：“有天地然后有万物，有万物然后有男女（生产、生活的个体），有男女然后有夫妇（家庭的生计单元），有夫妇然后有父子（氏族的产住共同社群），有父子然后有君臣（聚居的最高等级），有君臣然后有上下（社会的意识等级），有上下然后礼义有所错（物质与社会的建构秩序）。”[1]

基于上述的生成法则，“家”与“国”作为不同尺度的人居载体单位，具有本土体系下的结构相似性原则：①“家为小国”，父系家长因为其血统上的正宗地位，在家族、家庭中，拥有最高的权威，如“家严”、“夫君”等与君王的比拟称谓；②“国为大家”，君王作为“天人合一”的代表，即“天子”，在其国度内具有最大的权力，帝后被称为“国父”、“国母”，而百姓被称为“子民”，甚至地方行政官员也被视为“父母官”，成为“父权”的代表。[2]“家国同构”的形态取决于中国传统“农耕”社会下血缘关系的稳定性和连续性，同构的核心则在于聚居单元内部的核心集权性，例如政权、族权、夫权[3]。“家”与“国”权力体系深刻作用于人居的功能、利益与形态组织（图 3-5、图 3-6）。

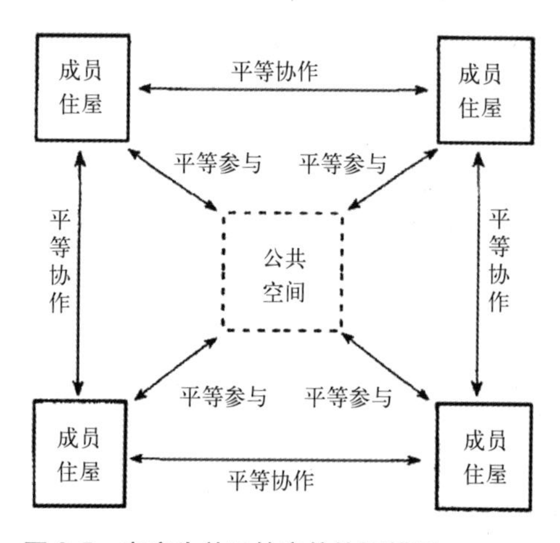

图 3-5　家庭为单元的产住协同模型

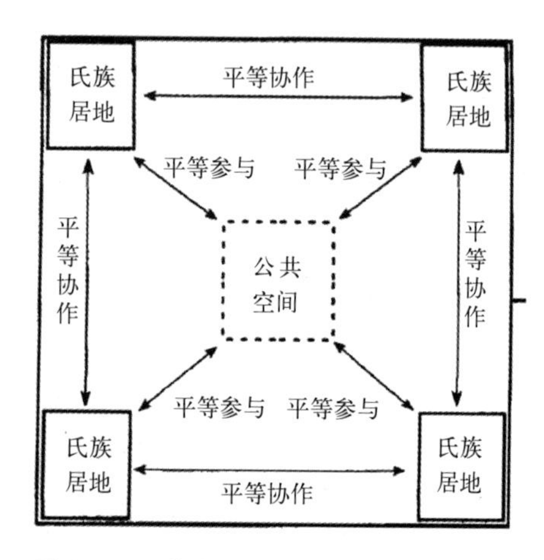

图 3-6　氏族为单元的产住协同模型

来源：王鲁民，韦峰 . 从中国的聚落形态演进看里坊的产生 [J]. 城市规划汇刊，2002（2）：51-52

[1] 戴颂华 . 中西居住形态比较——源流・交融・演进 [M]. 上海：同济大学出版社，2008：45。

[2] 马克思恩格斯选集（第 2 卷）[M]. 北京：人民出版社，1972：2。

[3] 毛泽东 . 湖南农民运动考察报告 [M]// 毛泽东选集 . 北京：人民出版社，1964：31。文中提出政权，族权，神权，夫权四大绳索。

就社会性而言，在"家国同构"的血缘集权体系下，主持生产和掌管家庭的权力主体，往往具有一体性。这一点表明，中国传统的人居发展在社群组织上，早已蕴含了产住混合的意识认同。"家庭"作为社会功能的式微，既包含了居住意义上的"家"，又包含了生产意义上的"庭"。产住二元因为服务于共同主体的利益核心而集聚。因此，无论是"家元共同体"、"族阈共同体"[1]，还是"聚落共同体"，在"家国同构"下都具有天然的功能混合性。

3.2.3 弹性交织的混合空间建构

中国传统人居空间的组织模式与原则，并非偶然形成的，而是在适应物质与社会双重因素发展下的优胜劣汰、"精明选择"的结果[2]，并在中国传统的生产力和社会形态下具有最广大的应用性。不同尺度下聚居空间的建构都需要同时满足合理的"等级秩序"和最优的"资源利用"发展目标，这就使得中国传统的人居空间建构本质必须是兼容性的，且富有充分的弹性存量。多种功能、主体和秩序在共同体内部弹性交织，形成混合增长的空间载体基础。

纵观各个人居尺度，中国传统的空间特征主要表现为边界限定下的多单元"群化"过程，其中主要形态组织原则包含：树形法则、并行法则[3]和弹变法则。以上结构分别对应于主体空间、共享空间和辅助空间的建构，三者之间相互协调，共同作用，成为特定人居单元内混合交织的秩序。

（1）树形法则

是社群等级制度的空间反映。这种结构有效地顺应了人治模式的稳定性和合法性，而树形体系的节点为生产、生活等活动的控制与监督提供了最佳对象，如北魏时期里坊监管体系为"门置里正两人，吏四人，门士八人"[4]。此外，树形体系在家庭和氏族单元内具有全方位的自组织和自生长性，最大程度地替代了制度管理。树形法则在人居建构中具有两个层面。首先，人居社群等级在纵向上被划分为多个连续性的节点，树形的空间组织存在"线性"递进模式。其次，人居社群的增长在横向上衍生出多个并列的"子群"，体现为树形组织的枝状分化特征。由此，生产或居住的单一功能，在基层尺度无法跨越"树形"的单向连接结构进行主动集聚，而在分枝节点上形成被动式混合。

（2）并行法则

是行为交往与空间共享的多元性、平等性表现。"家国同构"思想最核心的作用对象为中国传统聚居的尺度两极，而对于"家"和"国"之间广大的公共活动领域，却一直缺乏系统性的制度体系。在聚落中，建筑单元（群）之间是一种并置与联立关系，相互的边界明确，分隔性强。而公共空间由于并非"产权地块"[5]，建造与管理都难于调动居民个体参与，甚至在混乱之下被侵占。在粗放的分类与区划管束下，生产、经营与居住的开口都

[1] 张康之．论族阈共同体的秩序追求 [J]. 社会科学战线，2007(1)：193-199。
[2] 王金岩，梁江．中国古代城市形态肌理的成因探析 [J]. 华中建筑，2005(1)：154-156。
[3] 高德宏．中国传统居住形态的空间结构 [J]. 山西建筑，2005(11)：13-15。
[4] 范祥雍校译．洛阳伽蓝记校注 [M]. 上海：上海古籍出版社，2006。
[5] 梁江，孙晖．模式与动因——中国城市中心区的形态演变 [M]. 北京：中国建筑工业出版社，2007：101。

是随机和并置的[1]，如明长安的街巷格局（图3-7）。此外，在粗放的大街阔格局下，无论何种功能都无法穿越街阔腹地，尽端式的支路形态，更加强了聚落公共空间与各种类型建筑连接的并行特征，这使得产与住的行为轨迹进一步混杂。商品交易与邻里交往的外部场所相互叠加，为混合功能提供了均质的公共空间。

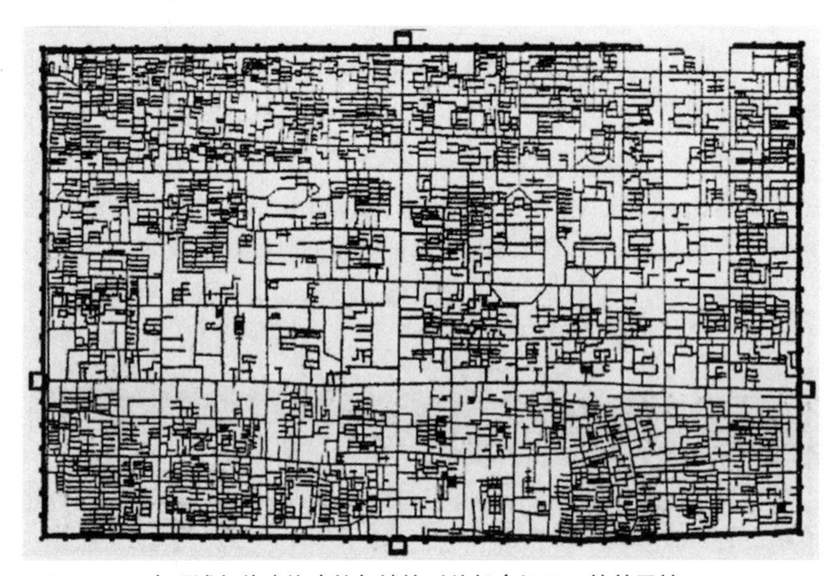

图3-7 西安明城各种功能建筑与地块对外部空间开口的并置性

来源：整理自郑炜．西安明城区城市肌理初探[D]．西安：西安建筑科技大学，2005：27

（3）弹变法则

是等级秩序下，对空间实用性与绩效性的追求，以道家思想为主要影响源。在中国传统人居空间建构下，除了等级化、树形与轴线性的主流秩序，在普通民众的居所中还存在大量“非正式”或“杂糅化”的空间构成形态，而且随着建筑等级的降低，或人居周边环境和地形的复杂度提高，或用地紧张下造成的空间挤压，都导致出多种多样富有自由变化的秩序法则。

事实上，弹性与多变的空间组织法则是对等级秩序的重要补充。如“正格”与“变格”在人居单元内部和群体之间，是相互并存的（图3-8）。[2]“变格”在形态组织秩序的拓扑关系上，同样是沿用“正格”的意义。而从承载混合功能的方式来看，“变”的对象在于两个方面：①主体空间的效益最大化，在有限边界的内向发展上，产和住都要争取空间利用效率。生产经营性空间追求最大沿街界面，而居住中心空间也尽量维持“正格”，这使得产住二元主体空间都需要“变化”来满足实用性（图3-9）；②过渡空间的界面弹性化，以家庭（族）为单位的产住活动在建筑（群）营造下是一体的，生产经营往往成为生活的一部分。在共同主体下，产住容量根据生计需求的增减变化，这使得过渡空间必须具有弹性。产住界线模糊与不确定，反过来促成功能的混质性。

---

[1] 高德宏．中国传统居住形态的空间结构[J]．山西建筑，2005(11)：13-15。

[2] 缪朴．传统的本质——中国古代建筑的十三个特点（下）[J]．建筑师，1989(40): 63。

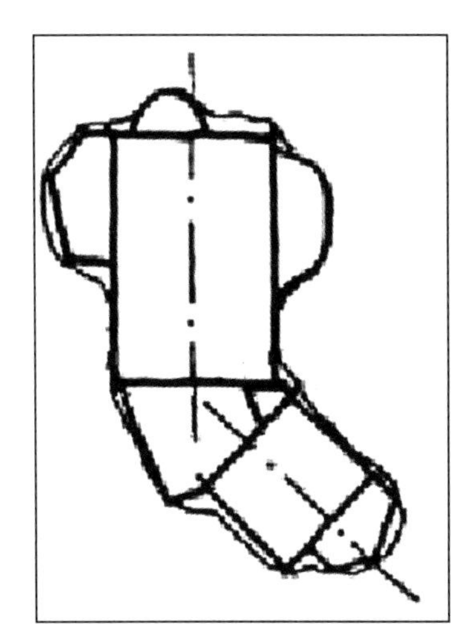

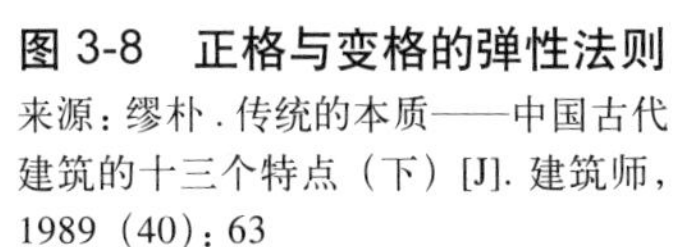

图 3-8　正格与变格的弹性法则
来源：缪朴. 传统的本质——中国古代建筑的十三个特点（下）[J]. 建筑师，1989（40）：63

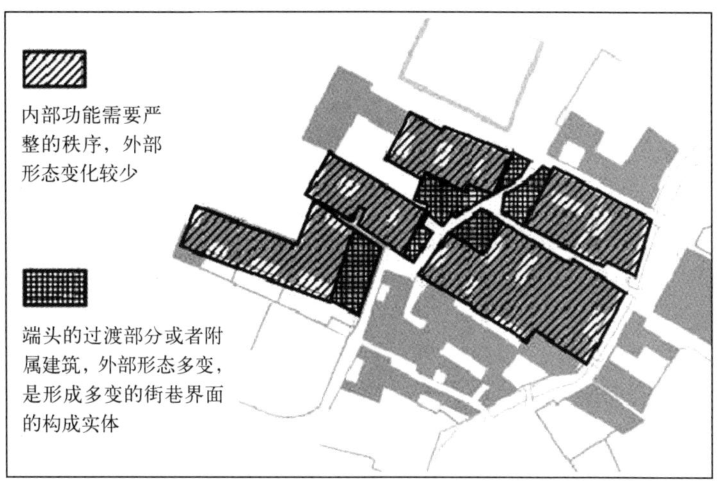

图 3-9　混合功能主体空间的实用变化
来源：改自彭松. 从建筑到村落形态：以皖南西递村为例的村落形态研究 [D]. 南京：东南大学，2004：32

总体而言，树形法则体现出等级与集权，是家元型共同体内部的产住利益整合；并行法则在公共领域提供多种功能交织运行的载体，生产流与生活流都在均质的外部空间会聚；而弹变法则从形态建构上，强调空间利用的绩效性和对多种功能活动之间的缓冲与协同作用。一方面，这三种秩序本身都为产住的混合发展提供了空间的隐含因素，这是混质建构的第一层级；另一方面，中国传统的聚居空间与建筑形体，都不仅仅受单一的秩序所控制，特别是在群体范畴和中观尺度，往往是多个秩序的并存与博弈格局，进而形成了多种混合功能动因的叠合效应，产住共同性的两次叠加，成为混合建构的第二层级。

3.3　破茧而发的混质增长轨迹

以"小农经济"为主导的经济特征，在中国传统人居体系下占据主导地位，在稳定的乡村聚落中，小型农副业生产是以"分散化"的形态存在，而劳作分工也不明显，往往以个体或家庭单元来完成。这一方式使得产住混合与共生在中国乡村人居类型中具有天然性和连续性，而不能代表主流物质与社会发展下的混合人居演进特征。因此，针对本土模式的研究则选取城市样本进行比较，以主流的经济和制度变迁，对中国体系下混合人居轨迹的研究进行论证。

与此同时，在早期发展和原始水平下，个体的安全、生存与繁衍都必须依靠群体防卫下的生产与生活共同性，由于东西方文明在产住共同组织和聚居布局上具有极其相似的形态，此处不再重复论述。而立足中西的差异比较，与西方物质性演进不同，本土体系在管控制度变革上的线索更具代表性，社会性更强。随着各个历史时期生产与生活水平的提升，混合功能增长对原有制度禁锢的不断冲击，成为自下而上的中国式混合人居轨迹。在西方模式影响之前，中国传统的混质演进以城市为载体，主要分为三个历史性节点：①扩张阶段，生产的分工促进了产住集聚与社会化，进一步要求产业对居住空间的植入；②繁荣阶段，产住混合呈现出等级化、网络化的稳定格局；③转型阶段，西方规划和建设方式引入后，造成主动与被动的混质变革。上述三个演进阶段，在中国混合功能人居历史上，都是通过打破制度来实现，具有一定抗争性和革命性。

3.3.1 从“官营”到“民需”：产住混质的扩张

在封建时代以前，生产力的水平低下造成民间交易量不足，加之战乱纷争，城市难于成为规模化的混合功能聚落。此时，聚居的建构着重于统治与防御功能，或者称为居住与军事的据点，如《吴越春秋》曰：“鲧筑城以卫君，造郭以守民，此城郭之始也”[1]，《释名》所记“房，防也”，《说文解字》亦云：“户，护也”。这一时期，手工业和商业基本都为皇家和官宦专用，虽然有“抱布贸丝”的“物-物”交换和陶器等生活用品加工，但在整个聚落的生产中都是微不足道的。[2]此外，大量生产活动多由奴隶来完成，普通自由民还不足以形成产住混合的规模。

（1）分区却邻近的功能原则

以燕下都为例（图3-10），聚落整体是一个作坊生产和皇族、贵族、平民居住相混合的共同体，城市是按照人的等级来分区的，这一点与西方原始聚落略有差别。但是自发的产住混合仅仅处于东城西南的平民聚居区，而且未见规模化的形态。[3]这一时期交易空间的存在同样是惰性的，《周礼·考工记》中所规划的“市”仅仅属于“官市”性质[4]，是高级阶层的配套设施。《周易·系辞》曰：“日中为市，召天下之民，聚会天下货物，各易而退，各得其所。”由此可见，原始状态的手工业、商业和居住之间都沿用着较为严格的产住分区原则。

然而，从城市布局的理性角度，奴隶制末期的城市布局由单一等级分区逐渐形成“等级+职业”的集聚方式，例如齐临淄的城市规划采取《管子·大匡篇》的主张，即“凡仕者近官，不仕与耕者近门，工贾近市”。[5]而在文献和考古发现中，赵邯郸、楚郢都等大量同时期的城市都有明显的职业性分区现象。在生产力、物品交易和交通水平低下的背景下，采取朴素的产住邻近原则最有利于聚居发展和区域实力的提升，也为中小尺度的产住混合进行了启蒙与准备。

（2）对“匠人营国”的突破

从“工商食官”[6]制度到民间工商的快速发展，“以政治为中心”的城市到了春秋战国时期已经无法适应新的经济需求。西周时期营国制度的性质本是奴隶主的政治和军事堡垒，并不具备明显的经济职能，特别是对民间工商业发展的支持。随着生产力增长对奴隶制挑战，城市营造的“违制”现象普遍存在（表3-2），这种突破直接促成民间产住功能的混合现象。

---

[1] 张觉校注．吴越春秋校注[M]．长沙：岳麓书社，2006。

[2] 贺业钜．中国古代城市规划史论丛[M]．北京：中国建筑工业出版社，1986：60。

[3] 河北省文化局文物工作队．河北易县燕下都故城勘察与试掘[J]．考古学报，1965(1)。

[4] 戴吾三编著．考工记图说[M]．济南：山东画报出版社，2003：122-127。

[5] 徐潜．管子译注[M]．长春：吉林文史出版社，2009：236。

[6] 西周官营手工业制度，指当时的手工业者和商贾都是官府管的奴仆，他们必须按照官府的规定和要求从事生产和贸易。在这种制度下，周王室和诸侯都有官府管理的各种手工业作坊，属司空管辖。这些手工业作坊的各类生产者称为百工，他们既是具有一定技艺水平的工匠，又是从事手工业生产的管理者。

混合功能人居启蒙时期样本比较　　表3-2

聚落样本	燕下都	赵邯郸	齐临淄	楚郢都
面积规模	约 32km² （军事占约 50%）	约 15km² （王城约 0.5km²）	约 15km²	约 16km²
手工业布局	官办手工业以冶炼、兵器为主，民间手工业较少，以烧陶、制骨等为主，靠内河	大北城的中南部与东南部，官办与民间手工业相混杂	官办比例稍小，集中在内城，民间手工业大量形成，分散于郭城	官城的东、西、北靠近河道都有手工业作坊分布，官民性质混杂
商业布局	主要集中在东城南城墙附近，靠近易水河道北侧	位于大北城中南部中轴线上，是整体规划的中心	小城北部，具有城市各阶层居民公共交易性质	城东区域，近龙桥河与城东南手工业区的两门
居住布局	按等级分区	按职业聚集	分等级，按职业	按职业集聚
违制程度	较小	中等	较大	中等
混质形态	城西南少量混合	郭城内邻近布置	郭城内邻近布置	郭城内邻近布置

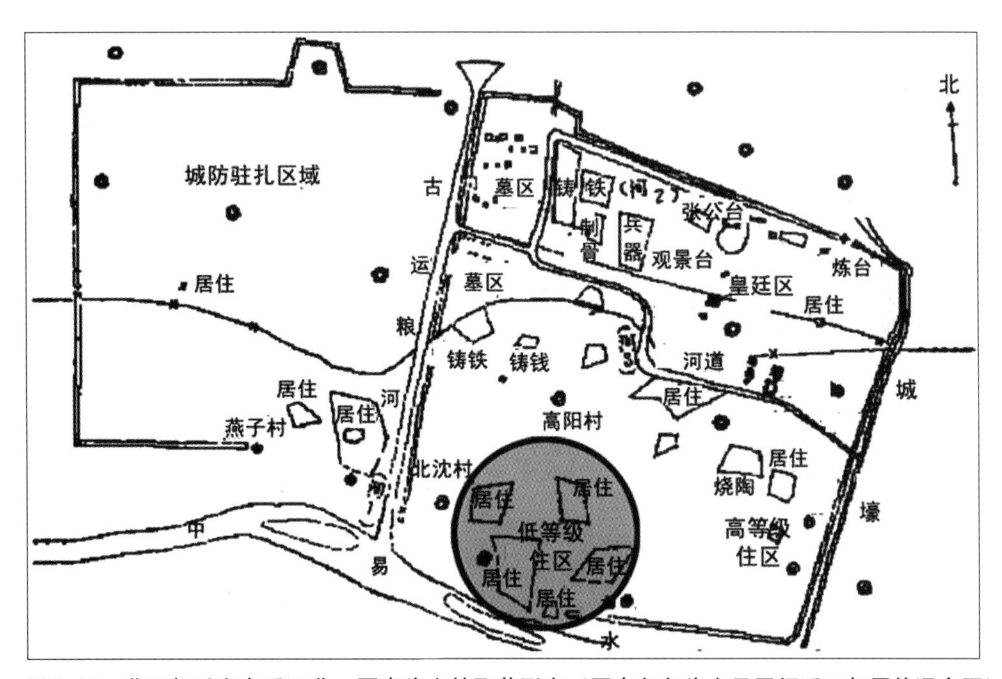

图 3-10　燕下都以官办手工业、军事为主的聚落形态（图中灰色为少量民间手工与居住混合区）

来源：贺业钜 . 中国古代城市规划史论丛 [M]. 北京：中国建筑工业出版社，1986：77

对照以上样本来看，奴隶制末期与封建初期对营国制度的突破，是中国混合人居发展的第一个历史节点，其变革性主要表现在：

1）民权增长——“混合”的提升：随着奴隶制度的破除和工商业的发展，城市中的自由民大量集聚，例如《国策》中苏秦所述的齐临淄城已达 7 万户，近 35 万人。❶这些自

❶ 贺业钜 . 中国古代城市规划史论丛 [M]. 北京：中国建筑工业出版社，1986：95。

由民除了仕和农，主要通过个体性的工商经营来维持生计，而民间的生产、经营场所，往往也是这些脱离农业的自由民的居所。

2）规模扩张——“城郭”的分区：以西周营国制度为标准，上述奴隶末期的城市样本，都在城市规模和尺度上大大超出限定标准，而且在战争破坏和民间工商自发组织的无序下，城市形态变得破碎和不规则。

郭城在老城之外形成了以平民生产、生活为主的区域。由此，以内城为政治中心，以郭城为经济中心的城市分区结构逐渐稳定，甚至出现赵邯郸的双城格局。郭城作为突破营国制度的重要标志，为混合人居演进提供了前期载体。

3）职能拓展——城与市的一体化：基于这一时期的城市样本分析，城市中工商业和居住所分布的区位，都无一例外与生产、生活的水源有关，例如楚郢都的龙桥河，燕下都的古运粮河。河流的交汇与道路的交叉，使得市贾集萃，商品融通。[1] 与营国制度相悖，郭城中的市已经不是统治阶级的“官市”，而是渗透到广大平民交易场所，例如“大市”、“朝市”和“夕市”等类型。“城”和“市”的职能相统一而成为“城市”，进一步促成产住混合在聚落中的扩大化。

3.3.2　从“里坊”到“街市”：打破束缚的繁荣

（1）产住邻近下的空间拓展

封建初期，手工业与居住的联系已经较为紧密，战国时期的“百工居肆”[2] 现象进一步扩展，并且按照专业进行了明确的分区布置。在渭北早期的咸阳城，就已经形成了宫室、市、手工坊和闾里组成的综合区。秦汉之后，到了封建中期，中观尺度下，产、住片区的邻近原则进一步凸显，“市”和手工作坊区成为城市活力的核心。以北魏的洛都为例，城市格局已经具有皇城、内城和外郭三个层次，新城建设以经济中心的“市”为核，以民众集聚的“郭”为体，扩张面积比东汉时期增大了66km^2，标志着民间产、住综合需求量的大幅提升。

受北魏“立三长”[3]、“行均田”[4] 新政的积极作用，附民从宗主束缚中进一步解放。生产、经营、居住、迁移的自由度提升，加剧了民本经济下产住一体化的需求。与此同时，城市贸易范围不仅仅局限于国内，而远达日本、高丽、西域等各国。在洛都，郭城的扩张是以“市”为核心，来支撑手工业发展和居住的集聚。规划布局在西郭设“大市”，规模最大，周回达4km；东郭设立“小市”，主要为自产自销的小工商个体，南郭洛滨设“四通市”，即国际贸易场所。

从聚居组织的宏观和中观尺度来看，产住的邻近原则是以“里（坊）”街区为基本单元，其中“里（坊）”的规模为方三百步，即方一里（约500m×500m），是自先秦出现至隋唐达到鼎盛的大街阔模式（图3-11）。北魏洛都的规划革新是里坊制的转折点，以“大市”

---

[1] 汪武庆．从聚落到城市——中国传统建筑文化内向性特征研究[J]．安徽建筑，2006（6）：31-32。

[2] 《论语·子张》中提到“百工居肆，以成其事”，其中肆是代表手工业的作坊。

[3] 魏孝文帝在太和十年（公元486年）建立三长制，以取代宗主督护制。三长制规定：五家为邻，设一邻长；五邻为里，设一里长；五里为党，设一党长。三长制与均田制相辅而行，三长的职责是检查户口，征收租调，征发兵役与徭役，这样避免了民众对宗主的依附性，提升了国家对人民的直接管辖。

[4] “计口授田”形式，即古代帝王将无主土地按人头划给小农耕作，土地为国有制，耕作一定年限后归其所有。这样可以扩大人民生产的自主性，并提高国家赋税收入。

为例，其规模占据四个“里”的网格单元。而“市”周围则邻近配置十个居住功能的“里”，作为商贾、工肆之人的居所。“小市”由于规模不大，仅配一个居“里”单元——“殖货里”，而“四通市”亦按此配置居住单元，如“四夷里”[1]，多为四海客商聚居地。

但从建构制度上来看，“里（坊）”内一律不设店铺，而商业均集中在指定的“市肆”内。[2]“市”沿袭前朝采取集中管理制，其四周与“坊”同样设有高大市垣（图3-12），只在四面临干道设市门，市内商业建筑包括“店”和“廛”两种类型[3]，即便有居，也是临时性的客宿。此外，“市”的运营受“京邑市令”严格管制，开市闭市均有定时，以图3-12右侧“旗亭”[4]建筑的鼓、旗为信号。虽然三个“市”在郭城的鼎立态势均匀集聚了手工作坊和住宅，而且“市”与“里”的规划都沿用相同的秩序，实现宏观尺度的统一性和邻近性。但“市”与“里”在中观和微观尺度，仍然被人为隔离。相对而言，随着官府手工业垄断被打破[5]，以及酒禁、盐禁的取消，民间手工业却与居住混合加剧。

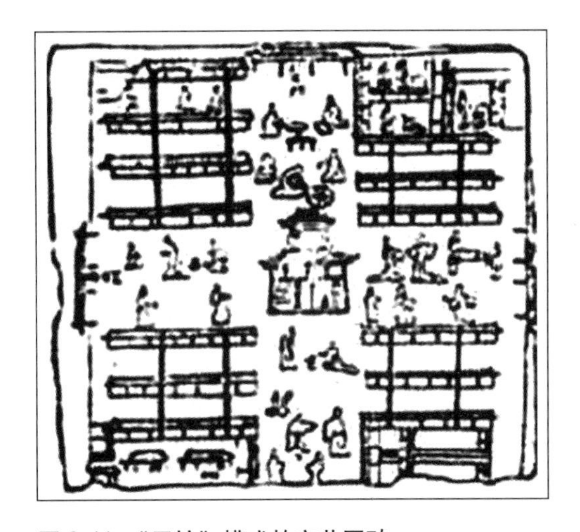

图3-11　“里坊”模式的市井图砖

来源：四川新繁出土的图砖转拓图．文物，1973（3）

图3-12　管束“市”坊的高墙与旗亭

来源：李孝聪．比较城市史：地图，城市形态与文化 [EB/OL]. http：//www.hist.pku.edu.cn/Article_Print.asp?ArticleID=773

（2）产住混合对“里坊”的瓦解

唐宋时期，封建中期的工商业和经济达到顶峰，唐德宗贞元年间产生了“飞钱”，使得经济制度进一步解放，特别是纺织业、陶瓷等商品对外贸易的繁荣，带动了民间手工业和商业的需求量，例如《太平广记》中记载定州何明远一家就有绫机500台。到了宋代，民间宅坊激增，出现“千市夜鸣机”[6]的盛景。

从制度动因来看，生产集聚与人居增长在城市聚落中相互叠合，互相渗透，特别是官与民夺利，例如宋真宗祥符元年（公元1008年），《宛署杂记》中记载郓城官吏侵占大

[1] 贺业钜．中国古代城市规划史论丛 [M]. 北京：中国建筑工业出版社，1986：175。

[2] 贺业钜．中国古代城市规划史论丛 [M]. 北京：中国建筑工业出版社，1986：177。

[3] 其中“廛”也作邸店，《唐律疏议·名例四·平赃者》：“邸店者，居物之处为邸，沽卖之所为店。”

[4] （魏）杨炫之撰，范祥雍校注．洛阳迦蓝记 [M]. 上海：古籍出版社，1978.

[5] 《魏书·高祖记》记载：“四民欲造，任之无禁。”

[6] 参见《欧阳修全集》卷十：宋景祐元年欧阳修《送祝熙载之东阳主簿》一诗。

街营建“房廊”（沿街走廊式店铺）的事件，更造成自下而上的“产住混合”的仿效现象屡禁不止。而反之，混合功能带来更多的物质经济效益，使得民富而安，不但有利于聚居的秩序稳定，而且能够增加赋税收入。这在统治阶级自上而下的视角来看，缺乏维持旧制的动因。“里坊”的瓦解成为历史的必然，也是中国混合功能人居演进最重要的节点。

图 3-13　北宋东京破墙开店现象（置换性混合）

来源：吴雪杉．张择端清明上河图 [M]. 北京：文物出版社，2009

1）破墙开店，街市形成：包括在居住里坊内部设店和打破坊墙对街开店两种形式（图 3-13），其中破坊设街店大多与市制的封闭管理有关，是破坏古典坊制的重要步骤。[1] 随着民间自发经营的繁盛，产住混合在坊制失稳后快速集聚，例如晚唐张祜对扬州的描述为“十里长街市井连”。“街”取代“坊”，成为城市经营和居住混合布局的基础。从南宋平江城布局来看（图 3-14），南城“坊格”与北城“街网”相过渡，二柱一楼的“牌坊”作为“坊制”弱化后的新标识建筑出现，都明显反映出形制解放与变革倾向。[2] 沿街设店，跨街建坊，店宅联立，是街巷制与里坊制在城市产住混合尺度上的根本差别。

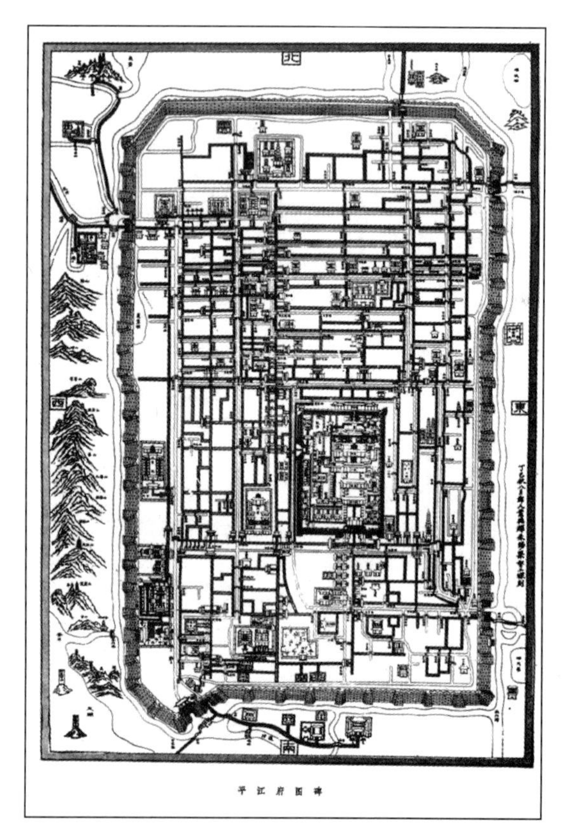

图 3-14　南宋平江城“街坊”与“里坊”混合格局

来源：南宋绍定二年（公元 1229）郡守李寿明主持刻绘，图为民国拓本转制

2）民利难阻，侵地频发：“里坊制”在城市布局上整齐划一，但这一秩序在规模化民宅附商后，大量产住合一的经营个体开始争夺和占据有利的城市界面，而为了在原有居住建筑中添加或扩出经营空间，侵街现象屡禁不绝，甚至出现“京师并河居人，盗凿汴堤以自广”[3] 的侵河现象（图 3-15）。在制度上，从《唐律疏议》提出“诸侵巷街、阡陌者，杖七十”的规定，到宋徽宗崇宁年间政府开始征收“侵街房廊钱”[4]，统治者对侵占公共界面的功利性和有条件合法化，大大降低了“住扩商”的土地违规成本，经营功能通过原有居住空间的外扩（店）

---

[1] 贺业钜．中国古代城市规划史论丛 [M]. 北京：中国建筑工业出版社，1986：202。

[2] 王謇撰．张维明整理．宋平江城坊考 [M]. 南京：凤凰出版社，1999。

[3] （宋）杜大珪．名臣碑传琬琰集 [M]. 台北：文海出版社，1969：846。

[4] （元）马端临．文献通考 [M]. 北京：中华书局，2003：186。

与附着（铺）自发形成，具有天然的产住混合性。

3）经营混杂，夜市滋生：与“里坊”格局下的管制性职业分工集聚不同，“街市”模式中不同种类的生产、经营可以混杂在同一区域，甚至同一街道上，例如清明上河图中的经营种类描述。虽然存在专业“行市”的影响，但经营项目的自由权使得产住从就近到混合成为可能。随着坊制的突破，宵禁同样失去了存在价值，北宋出现了“夜市”和“早市”，例如礬楼夜市图中描绘的场景（图 3-16），马市街一带则是“夜市直至三更尽，才五更又复开张。如要闹处，通晓不绝”[1]。由此来看，夜市的繁荣，提升了产住二元混合的时间维度。

图 3-15　北宋东京“侵街”现象（附着性混合）

来源：吴雪杉 . 张择端清明上河图 [M]. 北京：文物出版社，2009

图 3-16　北宋东京“夜市”场景（时间性混合）

来源：张孝友 . 礬楼夜市图 [EB/OL]. http：//tieba.aidu.com/f?kz=678557237

综上所述，导致“里坊制”瓦解的原因不仅是生产力增长和人口集聚对空间的扩张，更是产住一体化对制度解放与空间混合的要求，特别在中观和微观层面人居个体的自由性彰显，标志着传统混合人居体系已经进入成熟阶段。

3.3.3　从“本土”到“西化”：中西融合的变革

到了封建时代末期，民族资本主义工商业的发展和西方的殖民侵入，成为影响我国混合人居演进的重要因素。在生产方式变革和西方规划思想、技术引入后，成熟的本土体系逐渐失稳。一方面，传统建设模式根深蒂固，虽然符合中国人居的文脉基因，但不适应新生产力和居住方式的变革；另一方面，伴随着枪炮而入的西方规划建设机制，既是当时相对先进的技术体系，又在一定程度上受到地域限制和思维排斥，以租界为核心向外扩散。中西二元人居形制的博弈，使得中国混合人居发展面临转折点，或延续“中制”，或选择“西化”，中西的冲突与交融长期存在，使得近现代混合人居既富活力，又呈现出诸多不确定现象。

（1）中国传统的混质延续

从明清到近代半封建半殖民时期，传统生产力的提升和西制东渐的扩大，乃至民族早期资本主义的发展，对中国广大地区生计方式和人居组织产生了重要影响。以纺织工业为特征，在华北平原（棉）和长三角（丝）等区域形成了大量“家庭工业”型的产住混合聚落及其网络化和层级化的人居系统。在人类学研究角度，美国学者施坚雅[2]和黄宗智[3]对

[1] （宋）孟元老 . 东京梦华录 . 卷 3，马行街铺席。

[2] G. W. 施坚雅 . 中国封建社会晚期城市研究——施坚雅模式 [M]. 王旭译 . 长春：吉林教育出版社，1991。

[3] 黄宗智 . 华北小农经济与社会变迁 [M]. 北京：中华书局，1986；黄宗智 . 长江三角洲的小农家庭与乡村发展 [M]. 北京：中华书局，2000。

这一时期的产业与人居复合建构进行了调查和解读。整体来看，大城市逐步转向行政与服务职能，而大量以商贸、加工、物流为产业的新兴中小市镇则更突出生产职能，这导致本土体系下规模性的产住一体化模式增长，开始从大城市向中小市镇转移，成为封建晚期和近代中国混合人居分布的重要转移。

“市镇经济”非常发达，使得本土体系下自发形成的混合功能人居达到顶峰。嘉靖年间对盛泽的描述为“镇上居民稠广，俱以蚕桑为业。男女勤织，络纬机杼之声通宵彻夜”，“以机为田，以梭为耒”[1]。农业向经济型副业、加工业的生产方式转变，使得大量劳动力脱离田地的限制，并在血缘、宗族制度影响下与居住相结合。而到了民国时期，非农型产住混合模式是更加规模化，例如嘉兴针织业盛行“租机之制”，仅在平湖就有近万架织袜机散设于农宅。[2]

中国传统的混合功能人居系统，是在有机动力（人力、畜力）支持下生产与居住混合效益最大化的形态。在此方向的混质演进主要有以下特征：

1）资本主义萌芽式的混合状态，采取坊宅式或店宅式的产住一体化形态。由于生产规模扩大和分工协作细密，必须雇佣大量劳动力，新兴市镇中“镇民少，辄募旁邑民为佣，……二十家合之八百余人，一夕作佣直二铢而赢”[3]，苏州踹布业“每坊容匠数十人不等”[4]。但区别于西方资本主义，产住混合将雇主和雇工包含在同一单元中，带有浓重地主经济色彩。

2）产住集聚的初期专业化倾向，虽然在封建早期已经形成“行肆（按商品分类的坊与店）”，但这一阶段从大城市转向市镇的混合聚居，带有更明显的生产经营的“专业化”特征。陈学文根据明清浙江嘉兴府市镇的研究[5]，提出了 13 种专业类别。而各地市镇的专业分类，取决当地农业经济的专业性[6]。由此来看，中国混合人居的延续性还表现在业缘集聚上的“小农模式”根源。

3）产住自发生长的线性化模式，在对本土混合人居的建构延续中，基于自然系统的生产、生活供给尤为重要，产住混合必然占取道路、水源的最大界面，通常表现为市镇聚落的“一”字、“丁”字、“十”字形态，例如乌青镇从明代相邻而独立的双镇格局[7]（两个点），生成正交的直线性聚落（两条线）（图 3-17）。在市镇功能的混合与强化下，居住空间随着经营场所的扩张一并涌向物流沿线。产住混合的密集程度在交通线垂直方向发生梯次变化。

结合以上观点，本土模式的传统转型具有规模化、专业化和自发性的特征。但由于“小农”经济的技术局限，混合功能人居因子仍存在于或大或小的家庭（族）独户或联户单元中。本土体系下的混合功能增长本质是依靠个体集聚来实现的。在缺乏“社会化生产”和“集约化经营”的经济社会体系支撑下，大型集中的纯经营性建筑出现的几率不高。而以“量增”为特点的“小生产”，使得产住功能混合与一定区域内的土地经营价值成正相关性，即产住混合程度随空间开发与利用的强度高低而增减，具有本土混合功能发展的弹性特征。

---

[1] 参见嘉靖《吴江县志》。
[2] [南京国民政府] 实业部国际贸易局 . 中国实业志（浙江省）: 第七编 [M] . 1933。
[3] 许瑶光重辑 .（康熙）嘉兴府志 : 卷十五 [M]. 鸳湖书院 , 1878。
[4] 雍正朝汉文硃批奏折汇编 [M]. 南京 : 江苏古籍出版社 , 1986: 1063。
[5] 陈学文 . 明清时期杭嘉湖市镇史研究 [M]. 北京: 群言出版社 , 1993: 81。
[6] 樊树志 . 明清江南市镇探微 [M]. 上海: 复旦大学出版社 , 1990: 126。
[7] 陈晓燕 . 小市千家聚水滨——江南市镇的形制特点 [J]. 浙江档案，2005(3): 40-41。

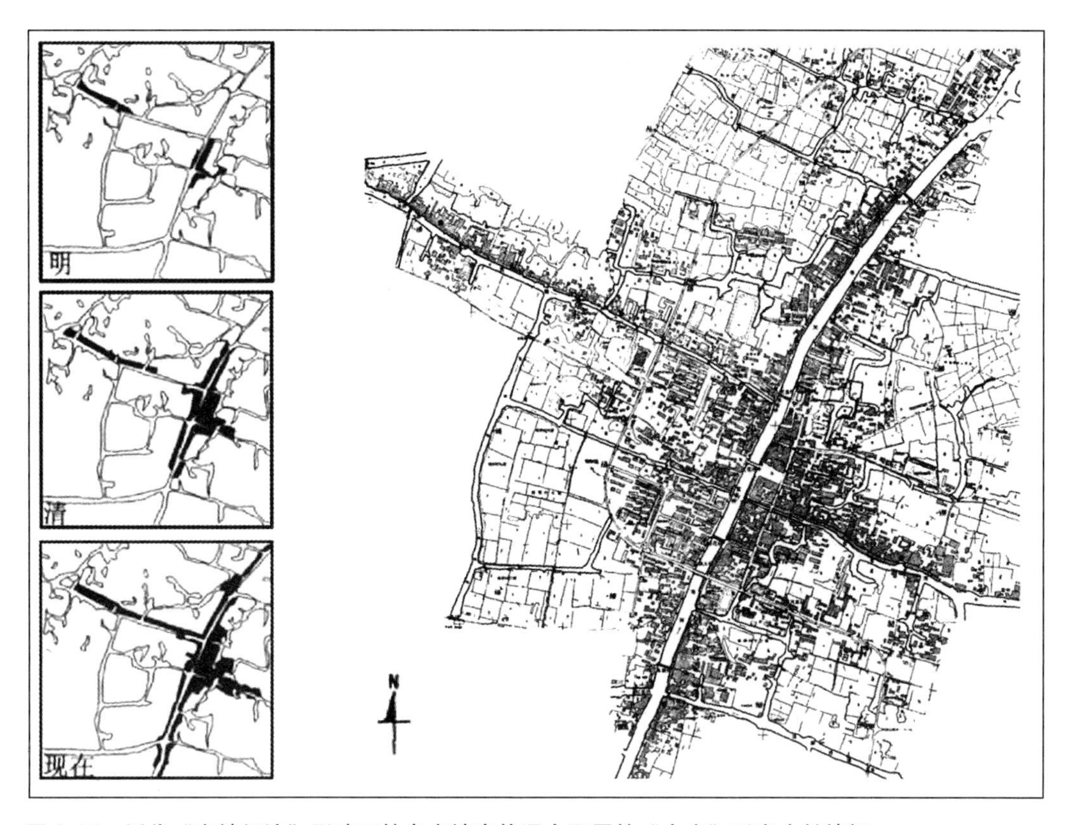

图 3-17　近代“市镇经济”影响下的乌青镇产住混合聚居的“十字”形态生长特征
来源：改绘自段进．城镇空间解析——太湖流域古镇空间结构与形态 [M]. 北京：中国建筑工业出版社，2002：211

（2）中西合璧的混质变革

随着东西贸易在殖民时期的大举扩张，传统混合聚居形态受生产和经营方式的变革而形成一系列中西合璧的发展特征。

从人居分布上来看，中西融合的混合功能聚落主要形成于开埠城市的“近租界区”和“近码头区”，维系聚落的生计方式以对外贸易为主，因而其经营与居住方式在一定程度上也受到外来体系和技术的反向影响，最终发生变革。

从人居形态上来看，这些聚落场所的建构是一种官方或民间的“主动式”、“适应性”格局，在混合聚居方式上更多表现为“本土特征”的空间使用模式，而在营造技术上，本土、西方和中西杂糅三种类型相互并存。

从人居演进上来看，在中国封建末期和近代的人居演进中，中西合璧的混合功能模式具有明显的阶段性、过渡性特征。由于这类聚落大多在经营管理上受到统治者垄断，例如广州十三行等[1]。聚居增长呈现出官方和民间的建造对立性，产住邻里常常由于官方经营而被阻断，缺乏传统自发聚落的混质连续性。

1）异质集聚的混合增长。在近代对外贸易拉动下，大量商品交易和产品加工围绕着“商品集散”中心而集聚。与中国传统的混合聚落沿自然交通线和道路生长的方式不同，中西

[1] 冷东，林翰．清代广州十三行与中西文化交流 [J]. 广东社会科学，2010(2)：113-120。

交融的混合人居是一个直接质变的过程，通过植入异质性的“核心体”产生生计基点，促使产住混合单元的向心汇集。以广州十三行周边聚落为例，其生计组织是以清末设置的英、法、瑞等十三夷馆（行）为凝聚核❶（图 3-18）。这种核心特点使开埠城市往往具有特定时期的双核特点，即行政核心与经济核心。来料加工的手工坊区（锦云里机房区）和对外贸易的专业行市（上下九地区），都以新兴的经济中心形成混合聚落，这在很大程度上延续传统“郭城”的职能和属性，只是不再设置新的防御边界。

与此同时，产住混合街区已经表现出西方形态的影响，主要有：①强调联排式格局，空间功能混合是在建构当初整体考虑的，而并非后期自发“改造”的，这在一定程度上受到西方“先划地再建造”的模式影响。从十三行核心的靖远街（图 3-19）来看，商住混合功能单元排列整齐，少有封建中期的“侵街”特征；②强调功能垂直混合，随着生产经营高度集聚，土地价值进一步提升，产住混合更强调对底层经营空间的充分利用。而中西混合聚居多采取多层式结构，在建造技术和材料引进上，又得益于对外交流的便利性，出现大量中西合璧的建筑风格；③强调行会共同体，在对外交易中，“各行商应与夷商相聚一堂，共同议价”❷。这种以生计为纽带，形成新兴的“业缘共同体”对聚落的组织管理，同样能起到重要协调作用，而且相对血缘体系更具有制度性特征。

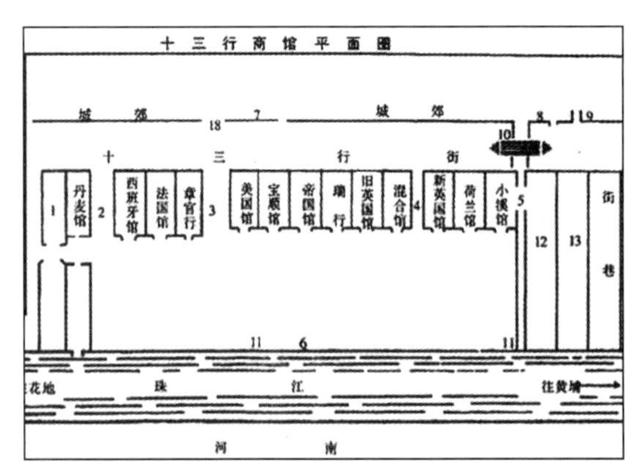

图 3-18　混合聚居的异质核——广州十三夷馆（行）

来源：广州市图书馆 . http：//www.gzlib.gov.cn/FCKeditor/Upload Files/Image/2.6（14）.jpg

图 3-19　广州十三行靖远街的商住联排格局

来源：政协广州市荔湾区第十届委员会编 . 荔湾明珠 [M]. 北京：中国文联出版社 . 1998：153

2）西制东渐的混合建构。除了西方产业要素植入模式，中西合璧对混合聚落的社群组织、产业转型与建造方式的影响同样重要。租界区、码头区、洋行区等西方经济特征的空间体植入，带来了周边传统混合聚居的建构变革。19 世纪初随着中国沿江沿海城市的开埠与殖民，新商业区的出现和经济中心的转移，中止了原有混合聚居区产业的大型化进程，这在一定程度上保留了“小农”特色的个体式产住混合经营。在武汉，“汉正街”作为传统的混合聚居区，在开埠之后转为商品的集散群落（图 3-20）。在中西交融影响下，聚居的社群逐步出现空间分异性，富人定居于上游联排式（townhouse）的坊里住宅，下

❶ 赵立人 . 论十三行的起源 [J]. 广东社会科学，2010（2）：105-112。

❷ 黄静 . 清广州十三行研究 [J]. 档案学通讯，2010（2）：49-51。

层社群则居于下游自建的中式宅（坊），但不同居住模式却都在聚居区内与工作空间相混合，“职住一体”[1]使得产住混合聚落对社群的空间分异具有相当的包容性。

随着近代中西交融的进一步扩大，租界制度下的“华洋分居”被打破，大量外商、买办开始转向高额利润的房地产开发，加快了西方建造技术和材料对混合人居建构的变革。以上海早期石库门为代表（图 3-21），规划结合西方“街坊式”与中国传统的“大街阔”形制，呈现中西混合“里弄式”布局，其外部保留商业，而内部居住[2]。一方面，引入西方体系，联排模式的应用最大程度地利用土地，并增加经营界面，而“人字拱”结构和进口洋松则在技术和材料上支撑其建构；另一方面，早期石库门的内部格局，仍旧延续中国传统居住的“合院”特征。因此，中西融合的建构形态，体现出当时混合人居的时代适应性。

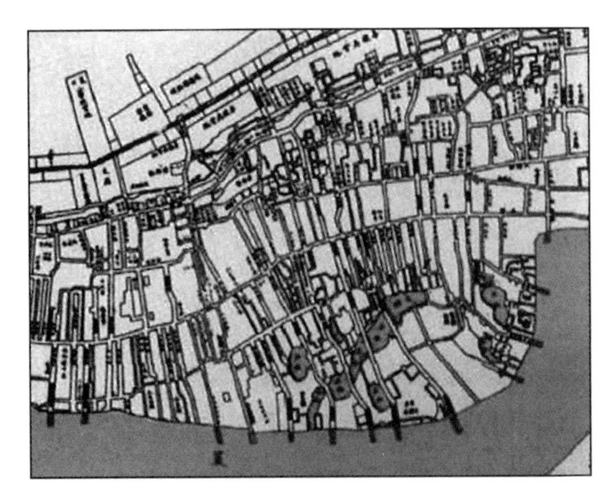

图 3-20 开埠后汉正街格局图

来源：龙元．汉正街——一个非正规性城市 [J]. 新建筑．2006（3）：137

图 3-21 上海复兴东路早期石库门的混合模式

来源：张锡昌．说弄（古建筑文化图说）[M]. 济南：山东画报出版社，2005：10

3.3.4 从“传统”到“现代”：制度引入的序化

近代中国混合人居演进既有“量变”过程又有“质变”节点。鸦片战争后，殖民化进程将西方规划与建设方式“直接而强势”地植入中心开埠城市，这其中必然也包括西方功能混合的聚居组织方式，并以“租界”为嵌入体，以贸易经营为传播途径，带动当时中国沿海沿江主要对外贸易聚居区的西化“质变”进程。这一过程涵盖了西方体系的直接楔入（一次过程），以及中国“前西化”区域向“后西化”区域的间接影响（二次过程）[3]。

事实上，早期西方体系的异质侵入，是“拓业”与“殖民”的一体化过程，其目的和行为都带有必然的产住共同性。罗兹·墨菲在《上海：现代中国的钥匙》一书中描述早期外滩的聚居景象：“最早的洋房，便是沿着黄浦江外滩，靠陆地一边，面积约二三亩场地上的一所大宅院，其中仓库和住房集合在一起。”[4]这一时期，租界内规划与建设格局基本沿用标准化的样式，便于建造。由于拓业为主和殖民为辅，居住相对贸易、经营来看，随

---

[1] 龙元．汉正街——一个非正规性城市 [J]. 新建筑，2006（3）：136-141。

[2] 黄妍妮．海派文化与租界文化的结合——谈苏州河东段近代历史文化对建筑风格的影响 [J]. 新建筑．2008（2）：79-82。

[3] 杨秉德．多元渗透同步进展——论早期西方建筑对中国近代建筑产生多元化影响的渠道 [J]. 建筑学报，2004（2）：70-73。

[4] [美] 罗兹·墨菲．上海：现代中国的钥匙 [M]. 上海社会科学院历史所编译．上海：上海人民出版社，1986：83。

着西方商人的流动而具有短期性、临时性、变动性的特征。在单体层面上看，洋行建筑单体形态往往采用外廊式两层布局，平面方形。底层为办公、贸易、会客，楼上为居住和临时性客房，而后侧一般都建造仓栈。建造过程从设计、施工到建筑材料的进口，基本都由租界国自己完成。考虑到多功能使用，标准化使得各国单体的建造样式具有高度相似性（图3-22）。经营、居住、仓储的粗放叠合，是早期西式混合功能人居的植入特征。

图 3-22　外销瓷所描绘的德国西方洋行建筑的商贸、居住、仓栈混合格局

来源：http：//www.taoci365.com/images/uploadfile/2007-3/14/200731410656215.jpg

而到了后期，租界建设不仅仅局限于国外侨居对象。“华洋杂居”引发租界土地和人口的快速扩张，例如上海国际公共租界（Foreign Settlement of Shanghai）从1854年的11662亩扩展到1915年的48653亩，大量华人涌入[1]引发“房地产”式的新一轮租界开发，这使得系统性的西方规划建设方式进一步被引入和实行，与中国传统的混合人居比较，其特点表现为以下三个方面：

（1）建设管理机构的成立

在“贸易先行，体制随后”的租界发展中，1854年上海国际公共租界区由英美领事主持，选出7人组成市政委员会（即工部局），对规划、建设进行管理。此后租界内无论是西方洋行，还是混合里弄，都将受严格的规划管束，这与中国传统自发模式相比，更有利于产住功能混合从混杂走向秩序。①整治“违建”：早期租界用地宽松，自建行为造成功能分布缺乏规律且空间混杂（图3-23）。工部局在1854年提出“责令房屋面向外滩的一些户主拆除面对他们各自房屋的一切木棚、货摊等建筑”[2]。②鼓励“混合”：随着工商集聚，里弄居住区出现大量“住改非”现象。对于这种功能转变，只要符合建筑章程，不会带来环境和安全妨害的话，工部局都会予以准许。根据1906年法租界的统计[3]，建房数量908幢，而有记录的店名（号）共384户[4]，加上未登记的小个体与日常服务等，其鼓励措施对产住混合度提升相当明显。③减避“矛盾”：早期租界区内分布大量工厂，诸多小厂混杂在居住里弄内，

[1] 例如法租界1895年为52188人，1900年为92263人，1905年为96963人，1910年为115946人，1915年为149000人。参见：罗志如．统计表中之上海[M].（民国）中央研究院社会科学研究所出版，1932：21。

[2] 上海市档案馆编．工部局董事会会议录（第1册）[M].上海：上海古籍出版社，2001：570。

[3] 史梅定编著．上海租界志[M].上海：上海社会科学出版社，2001：559。

[4] 朱国栋，王国章．上海商业史[M].上海：上海财经大学出版社，1999：114。

造成噪声、污染和消防隐患等问题。工部局对生产经营种类的控制，成为维持功能混合、协调产住冲突的重要机制。

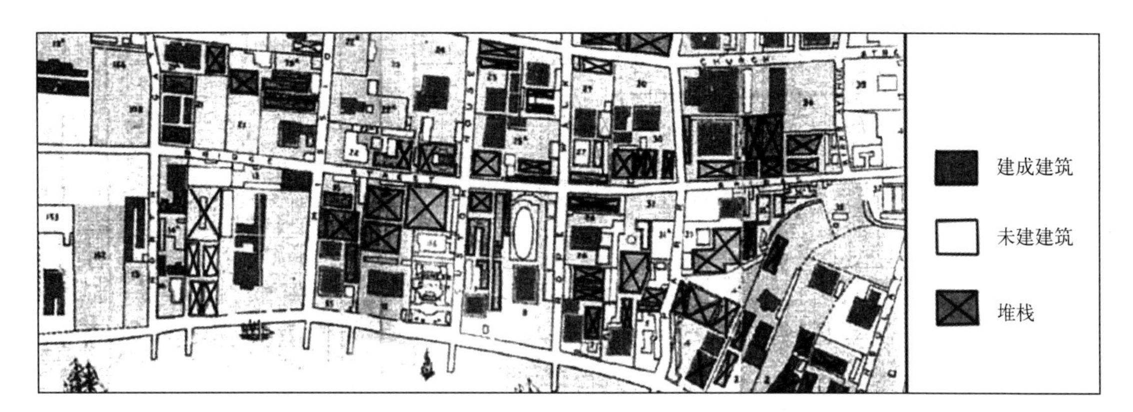

图 3-23 1855 年上海租界经营性的堆栈与居住混合景象

来源：改绘自 黄毅. 城市混合功能建设研究 [D]. 上海：同济大学，2008：149

（2）产权地块的规划模式

在中观层面，西方各国为鼓励民众前往租界进行商贸活动，尽量使租界用地的产权公平和交易便捷，同时方便规划管理和施工建设。因此，西方产权地块与中国传统"先建设，后划界"的方式不同，一般采用几何模数划分，这实质上是对土地进行批租式开发的必然产物。[1] ①小地块开发：除了汉口德租界超过 60m 之外，大部分产权地块面宽在 30m 左右，与西方独立式别墅面宽 100ft 接近[2]，进深则在 1：1 ～ 1：2 之间。规则的小地块产权模式，既提供土地开发的空间秩序，同时又形成业主经营、住居利用上的多样性，是租界混合功能增长的首要基础。②多地块重组：由于不同种类的建设对占地需求差异较大，需要通过地块的拆并来实现，广州沙面的租界可以在 1~8 个地块单元中灵活组合。产权地块组合的弹性特征，有利于多种用途的改造和再开发。[3] 与此同时，后期租界拓展地中因"筑路"而导致的产权地块分割现象也非常普遍，例如上海法租界区一地块因筑路而划分出 13 个产权地块（图 3-24），多地块的临路原则和多业主的产权分割，在客体上和主体上都形成了多样性、可经营的混合功能再开发条件。

（3）综合体的建筑引入

20 世纪初，新结构技术与新建筑材料的引入，使租界建设与西方先进水平的基本保持同步，混合功能发展在单体层面与中国传统进一步拉开距离。

这一时期，混合功能的"公寓弄堂"成为提升容积率，提高居住档次的重要形态。混合功能的"公寓"一般为 3 ～ 4 层，长廊贯通楼面，数十户比邻而居，底层全部用作经营用房，可灵活自由分割："整个公寓好似一条弄堂住宅的支弄叠架在一层层楼面上，每一层楼面又好似一条弄堂的支弄……不仅表示建筑规格的高档次，而且确实名如其屋，具有

[1] 张复合编. 中国近代建筑与保护（一）[M]. 北京：清华大学出版社，1999：344-35。
[2] 梁江，孙晖. 模式与动因——中国城市中心区的形态演变 [M]. 北京：中国建筑工业出版社，2007：35。
[3] 梁江，孙晖，模式与动因——中国城市中心区的形态演变 [M]. 北京：中国建筑工业出版社，2007：104-105。

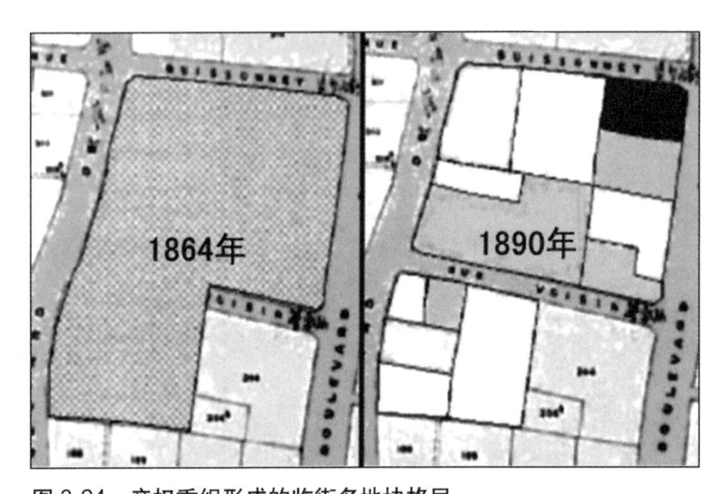

图 3-24 产权重组形成的临街多地块格局

来源：改绘自牟振宇．近代上海城市边缘区土地利用方式转变过程研究——基于 GIS 的近代上海法租界个案研究（1898—1914）[J]．复旦学报（社会科学版），2010（4）：111

图 3-25 功能混合的综合性公寓

来源：张锡昌．说弄（古建筑文化图说）[M]．济南：山东画报出版社．2005：63

公寓的特色。如楼梯合用，每层若干户……它安全、实惠、方便。”❶（图 3-25）基于以上描述，混合功能公寓式建筑已经完全不同于中国传统营造方式和空间形态，其强调不同功能的竖向分区模式，而整体规模和利用强度较大，是脱离“户”为单元的产住综合体雏形。

与此同时，大型混合功能单体的建造也为建设管理提出难题。例如 1918 年建成的上海永安公司，面积近 3 万 m^2，1 ~ 3 层是百货商店，4 ~ 6 层是娱乐场，6 楼还设置一处旅馆，包含了吃、住、用、玩多种功能，这对当时工部局的建设规章形成挑战，而大规模的经营与居住的混合项目，更对管理者提出修故纳新的时代要求。整体来看，近代西方殖民下的综合体建筑多为商业娱乐性质❷，各种功能虽然混合，但缺乏有机联系，更没有表现出混合聚居特征。但新形式的出现，仍旧为产住共同增长提供了新的载体支持。

纵观中国混合功能人居演进的脉络，从本土体系的产住基因根植，到近代的西方体系的侵入，都为现代的混合聚居方式提供了历史线索：一方面，中国文化作为连续性的文明，一直深刻影响中国各个时期的生产与生活的行为方式，并在不同的地域背景下形成了多样性的混合功能人居思想和组织形态；另一方面，西方体系的规划与建设模式，不只在殖民时期，更在当代成为中国城市化的主流。而无论是中外融合，还是东西博弈，混合功能增长必须以一时一地生产、生活的“共同体”为核心，由此实现产住功能混合协调的人居适宜性发展。

❶ 张锡昌著．说弄（古建筑文化图说）[M]．济南：山东画报出版社．2005：63-64。

❷ 王桢栋．“合”——当代城市建筑综合体研究 [M]．上海：同济大学，2008：189。

第 4 章　多维视角下的共同体解析

以多学科视角来审视人居系统，混合功能增长不只是“混合体”或“综合体”概念下的发展，而是基于人的“群化”特征最终实现生产、生活共同的演进，即以“人的社会本质——共同体”[1]为对象，来推进物质与社会一体化的混合人居，这也是本研究将“产住混合功能”与“共同体”相关联的重要因素。

从释义上来看，“共同体”（community）包含了诸多不确定的和宽泛的解释。德国学者费迪南德•滕尼斯（Ferdinand Tonnies）提出“有整体感，就是共同体”[2]，这在很大程度上造成了“共同体”概念的泛化，例如氏族共同体、政治共同体、地理共同体等等，凡具备共同意识表象的群化载体都可以称为“共同体”。但是，回归广义的建筑学范畴，“共同体”在空间组织中具有“要素共存”和“载体”双重意义，与“功能混合”和“聚落”高度对应。而“产住共同体”则是综合了物质性、意识性、空间性、绩效性的人居复杂系统，既包含实体化的自然形态，也包含抽象化的社会形态（图 4-1）。

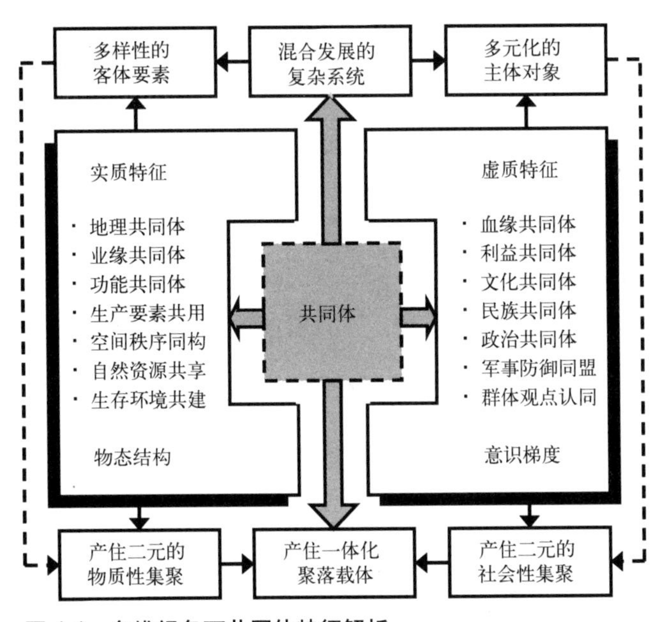

图 4-1　多维视角下共同体特征解析

共同体的形成首先是源于地理空间和资源基础的天然限定，造成一定范围内的物质的可支撑边界，是一个“实体化”的生物圈范畴，在这一点上人类聚落与其他物种群落的分布具有一定的共性规律和类似形态，或者说人居体系也是生物共同体的一种特殊类型；其次，从人居的社会性来看，共同体是产住活动的自由个体之间博弈的结果，形成防卫、劳作、

---

[1] 马克思恩格斯全集（第 3 卷）[M]. 北京：人民出版社，2002：394。

[2] [德] 滕尼斯 . 共同体与社会 [M]. 林荣远译 . 北京：商务印书馆，1999：54。

居住、繁衍的意识和认同边界，是人居共同体的“精神性”社会圈范畴。虚体要素和实体要素是“共同体”组成的二元系统，包含了人居体系的社会性认同、物质性共享、空间性并置、时间性演进。由此拓展，多维视角的“产住一体化”可以解析为：意识性的同盟体，绩效性的共赢体，功能性的综合体，空间性的承载体等多种存在形态。

4.1　共同体生成的虚体性特征

“共同体”一词最初是在社会学领域提出的。滕尼斯在1887年发表了关于“共同体”（Gemeinschaft）和“社会”（Gesellschaft）[1]的经典讨论，提出自然意志（Natural Will）和理性意志（Rational Will）的两极化概念，自然意志包含情感、记忆、习惯等以意识形态而结合的社会集体，包括家庭、邻里、国家等[2]；理性意志是基于抉择、思虑、概念等，符合主观利益而形成的社会关系，是契约性、非人格化、专业化的社会集体。滕尼斯体系直接将人居共同体的虚体特征二元化，即共同体的存在与发展的辩证统一，在人居内涵上体现出“意识认同（归属性）”和“绩效组合（发展性）”的交织性，

根据滕尼斯的观点，法国学者爱米尔•涂尔干（Émile Durkheim）进一步采用“机械团结”（Mechanical Solidarity）和“有机团结”（Organic Solidarity）的组织形态，表述“共同体”虚体特征在人与社群关系上的辩证性[3]。机械团结是指在群体成员的共同特质和共同倾向上建立起的集体，“个人不带任何中介地直接隶属于社会”[4]，是天赋性意愿；有机团结是基于社会组织功能的链接，在劳务、事业等关系建立起的相互依靠，并强调个体差别，具有选择性意愿。从虚质特征来看，无论何种划分都必须突出“共同体”在主观上的认同和接近的原则，并在人居视角上转化成“产住行为的邻近与混合”（图4-2）。

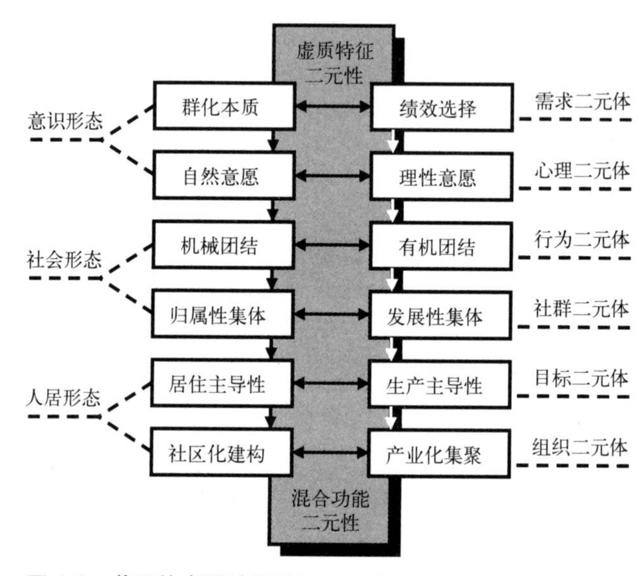

图4-2　共同体虚质特征的二元组成

---

[1] ［德］滕尼斯．共同体与社会[M]．林荣远译．北京：商务印书馆，1999：12。

[2] ［马来西亚］陈美萍．共同体（Community）：一个社会学话语的演变[J]．南通大学学报，2009(1)：118-123。

[3] 汪玲萍．从两对范畴看滕尼斯与涂尔干的学术旨趣[J]．社会科学论坛，2006(12)：8-11。

[4] ［法］涂尔干．社会分工论[M]．渠东译．北京：生活•读书•新知三联书店，2000：89。

4.1.1 共同体的自我群化本质

滕尼斯和涂尔干等人将“共同体”的存在性首先区别于社会集体的基本形态，突出共同维护的核心关系，即基于个体的某类“关联”(relevance) 要素而形成意识上的归并关系，反之，这种关系可以在群化过程中得到强化：

（1）构成主体的同类性（homogeneity）

同质性是共同体存在的基本前提，如相同血缘、相同习俗、相同信仰、相同利益等。个体在集结成为共同体的过程中，需要借助个体之间的同类性纽带作为“凝聚核”,“同质”即聚集、结合起来的个体的共性化属性。“人以群分”直接阐述了共同体在“群化”过程中的个体与所在集体的关系。

（2）个体关系的共存性（compossibility）

共同体内部个体之间是一个有序组织的结构网络。共同体在社群结构上存在纵向和横向的交叉关系。纵向关系是指共同体内各层级的单元与整个共同体系统间的关系；横向关系是指共同体内个体与个体之间，以及团体与团体间的关系[1]。任何单位都有自己明确的纵横坐标，个体关系以群化网络的形式而共存。

（3）群体行为的协作性（cooperativity）

在共同体中，个体的生产与生活行为是与团体紧密相连的，无论是原始居民的集体狩猎（生产）、集体防御（居住），还是现代社会分工协作（生产）、邻里建构（居住），人类的产住活动都是个体相互依存、相互配合的体系。共同劳作、交换分享的组织协同，是维持个体需求多样性和群体可持续的基础。

（4）集体意识的认同性（identity）

意识的认同可以说是对“共同体”同质性的抽象化、意识化表征，从个体与个体之间的观点认同、意愿认同，到团体与团体之间的契约认同、制度认同，再到整个共同体的文化认同、价值认同，为共同体内部复杂而多样的活动提供了沟通渠道，成为功能要素混合与行为协同的重要保障机制。

同类性、共存性、协作性和认同性成为共同体形成的初始过程。在人居视角，共同体是组织化了的人群聚集体，本质上区别于偶尔集聚在特定场所的人群[2]。一方面，聚居共同体有明确的关系纽带，生产、生活行为既联系紧密又受共同秩序约束[3]，并且在意识上也存在共同边界，具有一定的排他性。另一方面，共同体的群化是个体的自觉化过程，主要通过意识途径来实现，甚至体现在网络论坛等虚拟媒介（图 4-3），这同样也是共同体虚体特征的反映。

4.1.2 绩效联盟对共同体的驱动

绩效性是人居可持续增长的意识形态，即共同体系统与个体单位维持自身的安全、发展、延续、增长本能的社会化属性。与“群化”的自发式认同相比较，绩效性更突出共同体作为“利益同盟”的社会存在：一方面，在竞争的视角上，“绩效共同体”是因为共同

---

[1] Granham Day. Community and Everyday Life[M]. New York: Routledge, 2005：2-5。

[2] 胡群英 . 共同体：人的类存在的基本方式及其现代意义 [J]. 甘肃理论学刊，2010(1)：73-76。

[3] [日] 大爆久雄 . 共同体的基础理论 [M]. 于嘉云译 . 台北：联经出版社，1999：12-18。

图 4-3　某居住社区的网络虚拟共同体

来源：http：//www.wowslc.com/

性目标而集聚的群体，这种联盟关系为了共同的需求在最大程度上“趋利避害”，既包括共同体的群化利益，同时也兼顾各个层级的个体发展需求[1]，是实现人居有机体生命活力的必要条件；另一方面，在协同的视角上，“绩效共同体”是理性的集体，共同体内部的个体与个体、团体与团体之间是一种发展联动关系，是依靠社会信用和制度契约的集聚模式，而不拘泥于自然形成的“社会属性”束缚，个体与团体之间的选择自由，集散灵活，是保证人居有机体精明增长的充分条件。

对物质、社会资源的获取和使用，是形成共同体绩效的本质。利益分配格局具体规定了个体与团体之间相互认可或必须遵守的行为准则，这是推动共同体绩效性发展的基础动力。例如，产权制度可以描述为界定每个人在资源利用方面地位的一组经济（发展）和社会（归属）关系。[2] 根据绩效形成、积累、分配、再生的循环系统，产住联动的虚质人居模式可以分为“无限共同”和“有限共同”两种共同体组织规则（图 4-4、图 4-5）。

无限共同体，指个体与团体的成员之间具有多元而深刻的联系性，是一种没有具体目的，只是因为生长在一起而产生的聚居混合。[3] 在中国传统的宗族型产住共同体中，“七世共居同财，家有二十二房，一百九十八口”[4] 的现象非常普遍，而在西方“中世纪的固有特

---

[1] 美国学者马斯洛提出了人需求的五层次原则，即安全、生理、交往、尊重、自我实现，各个层级具有递进关系，其中前两个层次为物质性需求，后三个层次为社会性需求。

[2] [美]R. 科斯 . 财产权利与制度变迁——产权学派与新制度学派译文集 [M]. 上海：上海三联书店，2003：204-205。

[3] 费孝通 . 乡土中国 生育制度 [M]. 北京：北京大学出版社，1998：9。

[4] 《魏书· 节义传》记载了南北朝时期博陵人李几的氏族共同体形态：这种产住共同体形式以大家庭的家长为最高统治者，家庭成员均按尊卑长幼排定次序，另有若干奴仆家人附于其上。处于男耕女织小生产状态的普通农民，无力也无需组成几世同堂的大家族，但却能按照血缘关系组成宗族共同体。宗族共同体虽比家族共同体松散，但也具有许多经济生产职能，以及居住生活职能。

征是共同体压倒一切”[1]，共同体将它的意志强加于个人，带给他们各种权利和义务[2]。内部成员的个体需求和绩效，在很大程度上需要服从集体，或由集体来决定绩效的分配格局，例如图4-4中的绩效运行路径。

有限共同体，则是为了完成某个任务或为了实现某种共同需求而形成的人居联盟体。区别于自然共同体中个体的无限责任和规范遵从，有限共同体的边界更加模糊，网络更加复杂，单体成员可以隶属于多个不同属性的共同体圈层而存在[3]，而在图4-5的路径中，个体是依靠整体社会制度和关系链接而构建的，聚居复杂性系统的结构性和时间性都不稳定。[4]

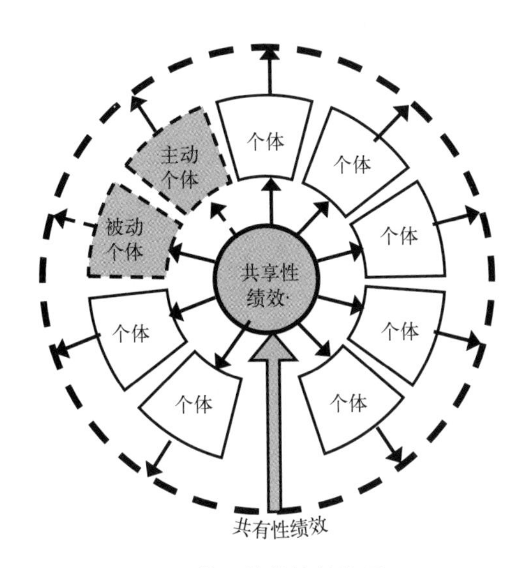

图4-4　无限共同体的绩效格局

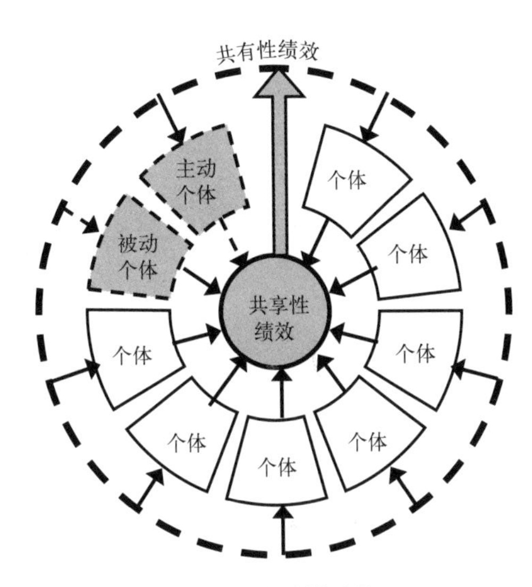

图4-5　有限共同体的绩效格局

“无限”与“有限”的概念，明确表达了人居共同体对绩效组织的“狭义性”和“广义性”范畴，是在产住二元驱动聚居可持续增长的两股动力，而现实中，特定的产住共同体聚落往往是“有限”和“无限”绩效的并存体系，甚至随着人居的过渡与转型，出现“流动共同体”、“移植共同体”等诸多分形。

4.2　共同体建构的实体特征

根据图4-1来看，实体要素与虚体要素是建构“人居共同体”的辩证体系。“空间性”与“物质性”作为共同体的实体属性，既为群化关系建立实态载体，又为绩效需求提供实质支撑。而反之，共同体的实体组成，则必须是社会化了的空间与物质要素，带有明确的情感认同色彩和产住价值属性。按马斯洛观念来看，主要体现个体需求的前两个层级，即安全和生

[1] 滕尼斯．新时代的精神[M]．林荣远译．北京：北京大学出版社，2006：235。
[2] 滕尼斯．新时代的精神[M]．林荣远译．北京：北京大学出版社，2006：235。
[3] 李斌．空间的文化——中日城市和建筑的比较研究[M]．北京：中国建筑工业出版社，2007：127。
[4] [英]齐格蒙特·鲍曼流动的现代性[M]．欧阳景根译．上海：上海三联书店，2002：2。

理。这正如齐格蒙特•鲍曼所言:“共同体是一个‘温馨’的地方，一个温暖而又舒适场所。它就像一个家，在它下面，可以遮风避雨；它又像一个火炉，在严寒日子里，靠近它可以暖和我们的手……在这个共同体中，我们可以放松起来——因为我们是安全的。”[1]

4.2.1　共同体的空间载体形态

（1）社区（community）——空间联系性

共同体的整体系统与内部个体，都存在着天然的空间领域感和场所识别性。传统的生产和居住单元，许多都采用场主、店主或业主的姓名来命名，例如日本现在仍然保留着以业主姓氏来标注的经营或居住社区地图（图 4-6），而独立式住宅的院门边都必有写着住户姓氏的“表札”（名牌）[2]。空间对于区域共同体的联系性，成为整体性意识的地理归属。

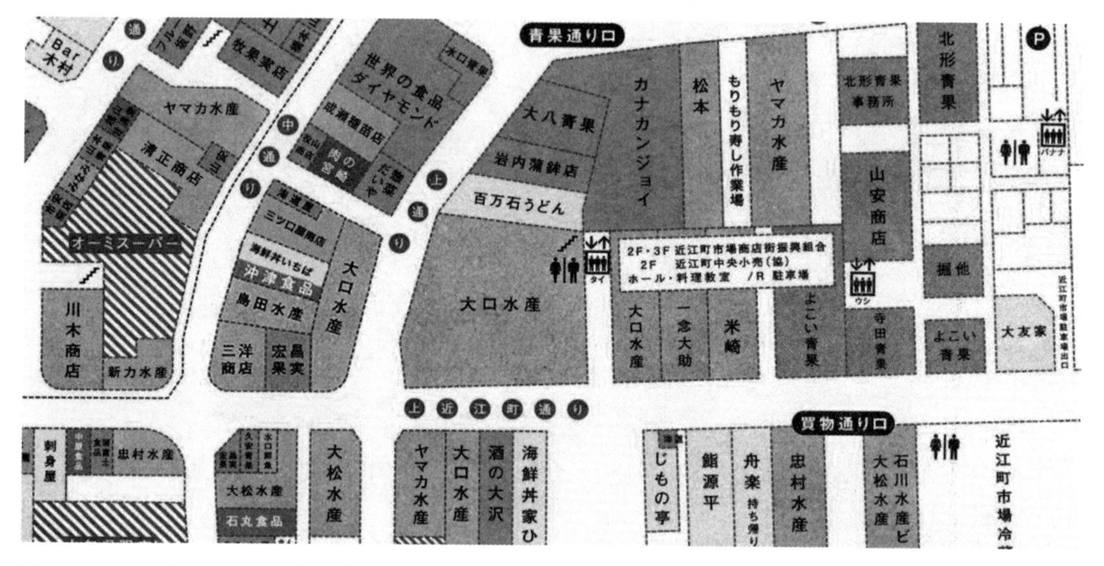

图 4-6　日本近江町市场商住混合聚居空间的姓氏识别现象

来源：改绘自 http：//ohmicho-ichiba.com/

基于滕尼斯和涂尔干的研究拓展，人文生态学最初从空间性角度突出共同体的具体范畴。帕克将共同体归纳为[3]：①以区域组织起来的人群；②他们程度不同地深深扎根于居住的地盘；③生活在多种多样的依赖关系中，这种相互依存关系与其说是社会的，不如说是共生的。以区域为限定原则，对“共同体”转译为中文的“社区”一词，具有深刻影响[4]，其中“区”直接体现了“共同体”社群组织的空间联系性。在地缘的实体表征下，费孝通认为“社区”的范畴明确包含了“它有一定的区域界线”和“具有该社区共同体的地方或乡土观念”[5]，社区的建构，促成了地缘共同体从“空间”到“场所”的属性转变。

---

[1] [英]齐格蒙特・鲍曼流动的现代性 [M]. 欧阳景根译 . 上海：上海三联书店 , 2002：2。

[2] 李斌 . 空间的文化——中日城市和建筑的比较研究 [M]. 北京：中国建筑工业出版社 , 2007：62-64。

[3] 帕克 . 城市社会学 . 宋俊岭等译 . 北京：华夏出版社 , 1987：1。

[4] 参见费孝通 . 学述自述与反思 [M]. 北京：生活・读书・新知三联书店，1996：212.。费孝通在回忆中提到，帕克提出的“community is not society”迫使中文对共同体的翻译，必须强调其空间实质性特征。

[5] 费孝通等 . 社会学概论 [M]. 天津：天津人民出版社 , 1984,：213。

（2）容器（container）——空间载体性

如本研究的导论所述，人类聚居共同体是以产住功能混合为特征的，包括内容（人与社群）和容器（有形的聚居场所及其周边的空间环境）。在西方体系对聚居物质构筑的阐述中，道萨迪亚斯充分表达了共同体作为空间的容器属性："是人类为了自身的生活而使用或建造的任何类型的'场所'，他们可以是天然形成的（如洞穴），也可以是人工建造的（如房屋）；可以是临时性的（如帐篷），也可以是永久性的（如花岗石的庙宇）；可以是简单构筑物（如乡下孤立的农房），也可以是复杂综合体（如现代的大都市）。"[1] 而在此基础上，西方研究对人居共同体容器突出了空间的层级特征，根据人口规模和土地面积的对数比例规律，可以将其划分为15个层级[2]，各个"容器"单元在规模上大致呈现出1∶7左右的数理关系（表4-1），承载梯度是共同体空间组织的扩展秩序。

中国城市化水平的预测　　表4-1

人居空间单位	单元名称	共同体等级	人口数量范围	空间尺度范围
1	人体		1	1.5~2m^2
2	房间		2	6~30m^2
3	住所		3 ~ 15	80~500m^2
4	住宅组团	I	15 ~ 100	0.5~4hm^2
5	小型邻里	II	100 ~ 750	4~30hm^2
6	邻里	III	750 ~ 5000	30~400hm^2
7	小型城镇	IV	5000~30000	5~15km^2
8	小型城市	V	3~20万	15~100km^2
9	中等城市	VI	20~50万	100~500km^2
10	大型城市	VII	50~100万	500~1000km^2
11	小城连绵区	VIII	100~500万	1000~5000km^2
12	大城连绵区	IX	500~1000万	5000~30000km^2
13	小型城市洲	X	1000~3000万	3~10万km^2
14	城市洲	XI	3000~5000万	10~50万km^2
15	普世城	XII	5000万以上	50万km^{2}以上

从容器的组成来分，空间的载体性既包括上述各类有形的物质限定（或共同体的空间边界），又包含容器的空间价值，二者在中国传统思维中有着明确的表述，即"埏埴以为器，当其无，有器之用。凿户牖以为室，当其无，有室之用。故有之以为利，无之以为用"。中国传统聚居建构下的街、坊、里、巷、墙，都着重体现着共同体的"边界"和"领域"

[1] C. A .Doxiadis. Ekistics:An Introduction to the Science of Human Settlement[M]. London：Oxford University Press,1968:188.
[2] C. A. Doxiadis. Action for Human Settlement[M].Athens: Athens Publishing Center. 1975: 26.

特征。特定边界围合出特定的人居单位，而单元限定则是共同体空间建构的集聚途径。

综上而言，“利”与“用”正是共同体虚体“绩效性”和实体“空间性”的二元辩证系统[1]，从容器的本质上来看，共同体空间是物质性的，不带任何功能分化的色彩。在共同体单元内部，“利”作为绩效需求的多元性和集聚性，使得“用”作为空间承载的适应法则，具有天然的功能混合性。

4.2.2 物质基础对共同体的支撑

共同体物质组成分为生命体和非生命体两种类型：生命体是以“人”为要素的有机体群落，非生命体则是以“物”为要素的无机体环境。在共同体自然属性关系上，一方面，生命体是共同体物质构成的核心，包括个体人，物缘化（血缘、地缘、业缘）的族群，以及社会化网络，组成共同体的人群特征是衡量其性质、规模、绩效和发育水平的标识体系；另一方面，人以外的自然要素作为共同体所拥有的基础资源，通过物质的合成、转化、交换来供给生命系统和个体的存在、增长、演进。反之，包含在共同体属性中的物质要素区别于纯自然状态的存在，这些“被共同体化”的物质在意识认同和绩效驱动下形成了价值[2]，并具有优劣好坏的需求判断。共同体的自然属性是带有价值意义的物质性。

因此，生命体作为共同体存在方式，是一种物质的本体基础，而非生命体提供有机体发展的物质支撑，共同体的物质性最终表达为以“人”为主体，以“物”为客体的生存与生计形态。进而，主体与主体的博弈协同，主体对客体的经营性利用，都要求物质要素对共同体的动态支持。

（1）存在（existance）——物质的本体基础

共同体的物质性，首先是基于“人”的生物性的放大。在机体的存在方式上，共同体与生物群落演进具有特殊的类比性（图 4-7）：

1）共同体具有多层级的物质因子结构体系，即共同体中的个体与团体单元，具有其自身的物质与空间核心（core）、边界（boundary），每个共同体因子都是通过与外界环境的物质交换，或者与其他元胞之间的物质交流，来维系其自身的“新陈代谢”。因此，因子个体必然是一个包含产住协同功能的自然“存在体”（entity），高层级的元胞单元往往由低层级的因子集合来组成。

2）共同体具有多样化的物质群落结构体系，共同体外部和内部都充满了不同属性的物质组成关系，这包含群落的组成及结构，群落的性质和功能，群落内的种间关系，群落的发展及演替，群落的丰富度，多样性和稳定性，群落的分类和排序等等[3]。与此同时，“community”一词的范畴也从社会学领域拓展到物质性和空间性领域，例如其另一个英文基本注释为“a group of animals or plants living or growing in the same place”（在同一区域生活或生长的动植物群落）[4]。群落系统是共同体自我增殖、扩张，以及元胞相互依靠、协同的物质网络。

---

[1] 谭长流 . 空间哲学 [M]. 北京：九州出版社，2009：47-52。

[2] 李德顺 . 价值论 [M]. 北京：中国人民大学出版社 . 2007：34-41。

[3] 赵志模，郭依良 . 群落生态学原理与方法 [M]. 重庆：科学技术文献出版社（重庆分社），1990：4-5。

[4] 牛津高阶英汉双解词典 [M]. 北京：商务印书馆，1997：331。

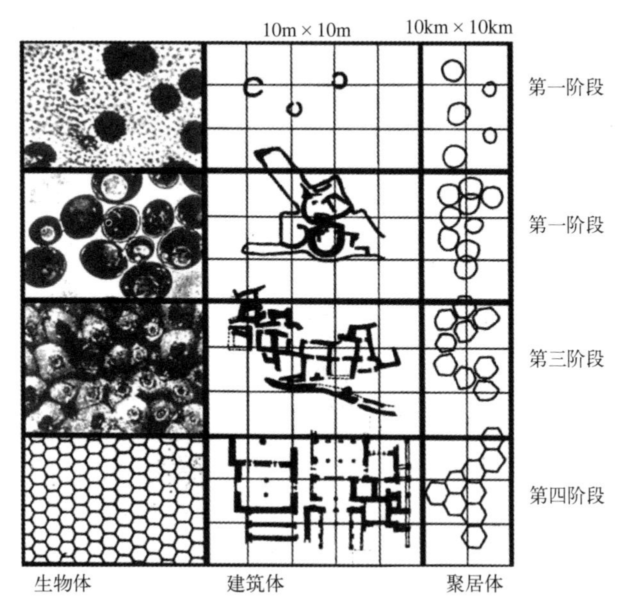

图 4-7　生物体、建筑体与聚居体的演进类比特征

来源：吴良镛 . 人居环境科学导论 [M]. 北京：中国建筑工业出版社 . 2001：255

由图 4-7 共同体的个体与系统作为"生物体"和"生物群落"的类比规律，在区域和城乡聚落的研究中已经广泛被应用。埃罗 •沙里宁（Eero Saarinen）在聚落建构方法上提出："同自然界任何活的有机体的生长过程相似，而且既然活的有机体的基本原则，彼此之间并无不同，那么我们完全可以采用一般有机生命的原理进行研究 [1]。"道萨迪亚斯同样将人类聚落定义为地球上最高级的生物形态，共同体的本质是作为物质生命体的有机存在。

存在性是共同体主体的物态表达原则、物质协同原则以及物理秩序原则，体现着主体与主体之间的自然联系性。然而，共同体存在"绝非简单的物质现象，绝非简单的人工构筑物，……而同其居民们的各种重要活动密切地联系在一起，它是自然的产物，而尤其是人类属性的产物" [2]。共同体的存在性是人类聚居的一种特有形态，也是多主体与多功能并存的复杂适应系统。

（2）生计（sustaince）——物质的环境支撑

生计要素作为支撑主体存在的物质条件，是共同体存在的物质性客体系统。在同一共同体中，主体与客体的辩证关系可以表述为"自然人"与"自然环境"的二元化特征。《辞海》对"环境"的释义为："围绕着人类的外部世界，是人类赖以生存、发展的社会物质条件的综合体。" [3] 从生态学的物质视角来看，环境与人是相互交融和相互对立的关系，在自然环境上是生物主体周围一切的总和，它包括空间以及其中可以直接或间接影响有机体生活和发展的各种因素，并包括物理化学环境和生物环境 [4]。不同层级的聚居共同体，在物质环境的支撑体系上（图 4-8）与生物群落同样具有明显的类比规律。

---

[1] [美]E. 沙里宁 . 城市 : 它的发展、衰败与未来 [M]. 顾启源译 . 北京：中国建筑工业出版社 , 1986：9。

[2] R. E. Park. The city: Suggestions for the investigation of human behavior in the city environment[J]. Amerieian Journal of Soeiology, 1915 (20) ：577-612。

[3] 辞海 [M]. 上海：上海辞书出版社 ,1999：3418。

[4] 孙儒泳 . 动物生态学原理 [M]. 北京：北京师范大学出版社 , 2001：21。

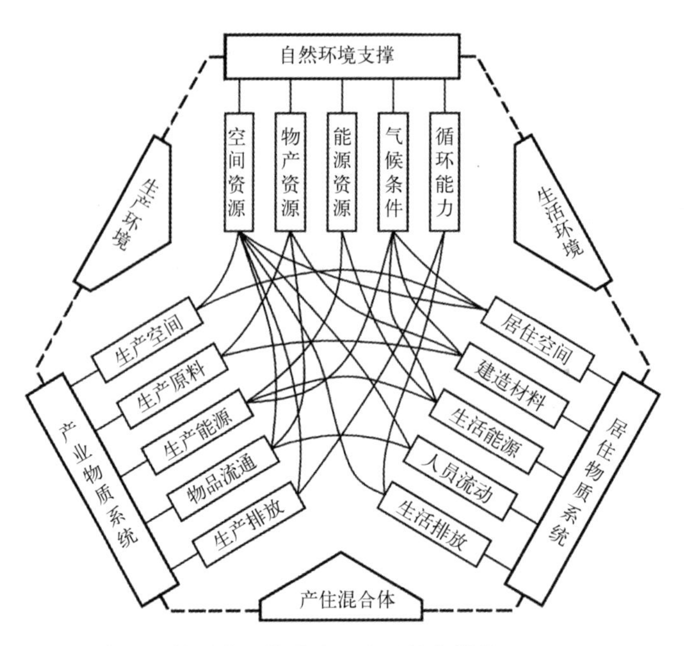

图 4-8　物质环境对共同体生产、生活的支撑体系

1）共同体的生产环境支撑。区域环境是建构特定共同体的决定要素，在小农经济等粗放生产模式下，“靠山吃山，靠海吃海”体现着朴素的自然环境决定论❶；而在“社会化大生产”下，自然环境对聚居共同体的影响则通过产业分工来实现。例如在市镇体系中，施坚雅认为基层“市场共同体”并非现代化的虚质经济，更多表现为地区性的产品交换平台❷。以近代乌镇为例（表 4-2），区域物产特色支撑了“专业化”生产，并由共同体的“物流”网络而实现产业绩效。

近代乌镇自然环境资源对产业的支撑（以手工业、物流业最具特征）　　表4-2

行业类型	数量	行业名称
手工业	14	竹器业、藤业、冶业、造船业、油车业、糖坊业、染纺业、碾米业、磨坊业、浇造业、香作业、铜锡业、印刷业、银楼业
物流型商业	16	桑叶业、桑秧业、丝吐业、丝业、茧业、绵业、绵绸业、茧壳业、米业、布业、烟叶业、猪羊业、羊毛业、烟业、羊皮业、茶叶业
服务型商业	29	木业、竹业、桐油业、窑货业、颜料杂货业等
		衣业、绸布业、洋广货业、鞋帽业、茶酒肆业、菜馆业等
		电器业、西医业、钟表业、照相业、煤油业、西药业等

来源：包伟民，黄海燕．“专业市镇”与江南市镇研究范式的再认识 [J]. 中国经济史研究，2004（3）：10。

❶ 在文化地理学意义上，环境决定论更强调地理环境对人的决定影响作用。它萌芽于古希腊，希波克拉底（Hippocrates）认为人类特性产生于气候；柏拉图（Platon）认为人类精神生活与海洋影响有关。公元前 4 世纪亚里士多德（Aristoteles）认为地理位置、气候、土壤等影响个别民族特性与社会性质。近代美国地理学家亨丁顿（E. Huntington）在 1920 年《人文地理学原理》一书中，进一步认为自然条件是经济与文化地理分布的决定性因素。虽然在现代地理哲学角度看，决定论已非地理学的唯一基础，但是基于自然环境来阐释区域人文地理和聚居特征的研究方法，仍然是必要的科学手段和理性的分析要素。

❷ W. G. Skinner. Chinese Peasants and the Closed Community: An Open and Shut Case in Comparative Studies[J]. Society and History,1971,13(3):65.

2）共同体的生活环境支撑。人居共同体是区域自然生态系统的一部分，必须依靠内部与外部其他资源和物种的支持，并利用周边物质环境来建构自身场所。“一方水土养一方人”，物质环境需要提供安全、生理、交往的共同体生活需求。从聚居建构对物质的主动关系来看，可以分为5个方面，即防御自然（抵御灾害、隔热、防寒等）、顺应自然（选址、堪舆等）、利用自然（采光、自然通风等）、改造自然（供水、筑路等）、保护自然（退耕还林、减排等）。共同体的生活模式同样也决定着物质环境的可承载力和可持续性。

基于生产环境和生活环境的物质支撑，共同体物质性的客体与主体联系性组成了一个“生计体”（sustainity）系统。而受共同体的空间性影响，聚居场所具有集约特征，产住二元环境往往在地理分布上具有同一性、毗邻性、交织性，这更促成了生产、生活的物质要素在不同尺度上的天然混合性。

4.3 共同体的混合增长特征

混合性、多样性和复杂性，是维系共同体“新陈代谢”的基本条件。在自然有机体的视角上，聚居的共同体组织同样具有生命特征：①共同体是一个不断自我生长、调节和复制扩张的机体；②共同体与外界存在物质、能量以及精神层面的交换特征，并受环境影响；③共同体是一个智能机体，具有自我意识、决策的机制。而区别于其他生命有机体的出生、发展、成熟、衰老，“人类聚居是自然的力量与自觉的力量共同作用的产物，它的进化在人类的引导下，不断地进行调整改变”，从而避免衰败和死亡。[1] 而这种调整与改变的动力，则是源于共同体的组织、建构与适应法则，具有个体和整体的增长演进性。

由此，根据对人居共同体的组织性模拟（图4-9），功能、结构和系统的构成模式与自然生命机体存在高度相似性，而产住协同在其中表现如下：

（1）产住要素是共同体的构成条件，源自于混合功能增长的因子；

（2）产住行为是共同体的活力源泉，在需求下形成混合形态的多样格局；

（3）产住载体是共同体的存在基础，混质秩序依赖于对聚居结构的控制。

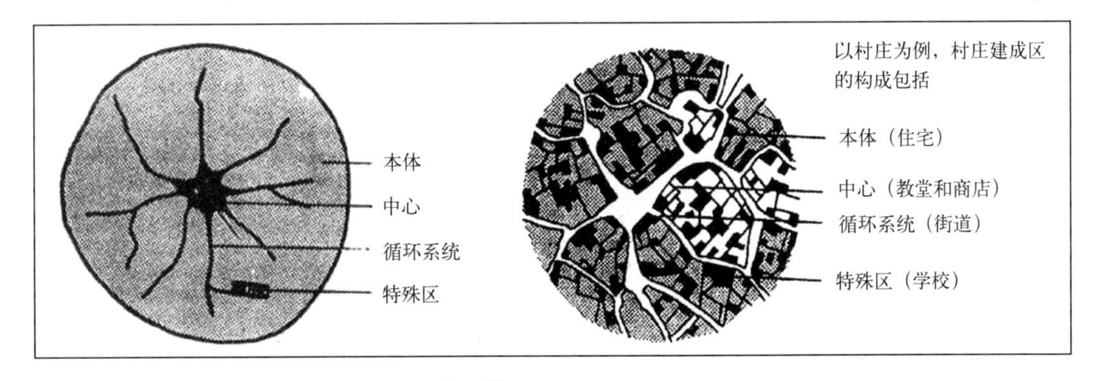

图4-9 共同体的混合发展特征的“有机体”模拟

来源：C. A. Doxiadis. Ekistics：An Introduction to the Science of Human Settlement [M]. London：Oxford University Press，1968：52.

[1] C. A. Doxiadis. Ekistics: An Introduction to the Science of Human Settlement[M]. London: Oxford University Press, 1968: 42.

在此基础上，对任何单一组成要素的轨迹分析，都不能推断、评价和预测出人居有机系统的整体机理和特点。“聚居的基本特征，来源于物质结构（或容器）和人类本体（或内容）因素间的融合及其相互作用，对人类聚居的合理研究必须围绕这两种因素进行动态平衡地分析。”[1] 进而，在引入时间因素后，混合功能、多元结构、复杂系统则成为“产住共同体”的三大特征。

4.3.1 多样组织的共同体功能

“混合性”（mixed），指多样性组织（diversity-organization）和混合用途（mixed-use），“体验多样性意味着场所应具有多样的形式、用途和意义。多元的功能展开了多样性的另一个层次”[2]。混合性作为区域人居共同体的功能整合、要素关联、绩效增长的重要原则，在生产、生活多种模式的协同与交织下，包含着多要素、多关系和多目标的人居发展内涵（图 4-10）。

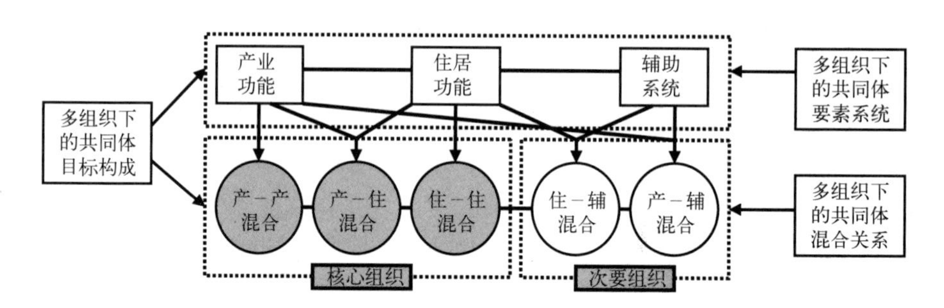

图 4-10 混合组织的共同体要素、关系与目标

（1）要素多样化

要素多样化是共同体构成中主体和客体要素类型的多样化特征，其中包含共同体社群组织中多主体特征，以及共同体物质空间中各种载体和功能流的混合状态，主客体相互协调和组合。共同体是人居发展到一定阶段的产物，是人类群化过程中不断融合的各种要素，也是不断复杂化的系统过程。共同体作为区域稳定的有机体系统，在实体和虚体上都存在组成要素的多样性格局。

1）物质层面，以生物体为类比关系，共同体要素多样性表达具有生物学、生态学和生物地理学三个基本方面的含义[3]。一方面，人本差异性（基本特征）、环境功能性（价值特征）和空间形态性（模式特征）是构成共同体物质多样性的重要因素，在静态体系上对应于共同体实质的主体要素、客体要素和载体要素。另一方面，在动态体系上，物质层面的多样性更体现在人口、自然物质和能源、技术、人工设施等要素的流通网络和交互方式上。

2）社会层面，共同体虚体内涵的构成是群化的意识元素。从意识的自觉性来看，共同体包含经济、文化、信息、观念、风俗等多种虚质形态，是个体思维的多要素集合，既体现血缘、地缘所限制的封闭圈层内不同集体意识的差异性，也存在社会化、网络化的开

[1] C. A. Doxiadis. Ecumenopolis: the Inevitable City of the future[M]. Athens: Athens Publishing Center，1975：7.

[2] [英] 伊恩·本特利等. 建筑环境共鸣设计 [M]. 纪晓海，高颖译. 大连：大连理工大学出版社，2002：18。

[3] 马克平. 试论生物多样性的概念 [J]. 生物多样性，1993，1（1）：20-22。

放体系下主动价值认同的分化性。

在理查德·雷吉斯特（Richard Register）观点看来，多要素、巨量化的人居系统是"以物种及活动多样性为首要发展原则"[1]。客观上，多元要素是满足了多个共同体之间，以及共同体内部的多种需求；而主观上，共同体绩效性意识形成了价值识别的要素多义性。因此，对共同体构成要素多样性的理解，是一个广泛的范畴。根据最基本的人类活动划分，共同体的功能要素，可以分化为图4-10中产业、居住、辅助三大要素系统的多样组合与模式衍生。

（2）关系多样化

共同体内部是多种要素的集合，同质要素之间和异质要素之间，都存在这非单一性的关系链接。以城市"系统"为例，其多样性的重要内容之一为城市空间网络的多样性，即城市各物质要素之间的联系程度，它反映了城市系统的整体状况[2]。在不同层级和类型的共同体内部网络中，都具有个体与个体、个体与团体、团体与团体、个体与系统、团体与系统的多样性关系法则，其基本属性可以表述为：

1）混合且相关性，多个要素之间能够融合，且相互支持与促进；

2）混合不相关性，多个要素之间不发生关系，是简单并置状态；

3）混合却排斥性，多个要素之间相互冲突，但能够混合与并存。

以混合功能关系的社群网络来看（图4-11），完整的共同体多元关系特征除了矢量正负相关的关系链接之外，还存在关系节点（relation node）、关系廊道（relation corridor）和关系网络（relation network）的多元化属性。图中只表达了两个团体（130个单体要素）的简化网络形态，而事实上，混合功能的人居共同体的关系多样性，更取决于组成要素的种类和团结程度。

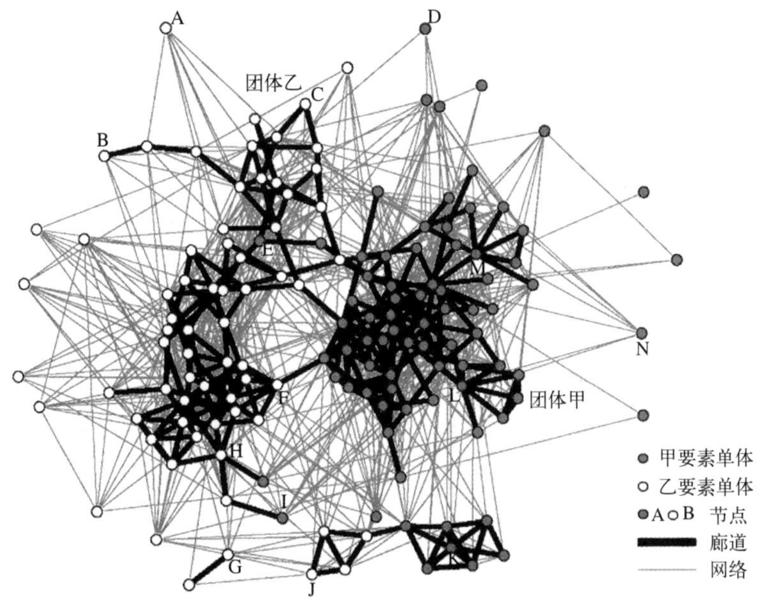

图4-11　共同体多元关系网络形态

来源：调研数据整理

[1] R. Register. 生态城市伯克利——为一个健康的未来建设城市[M]. 沈清基译. 北京：中国建筑工业出版社,2005：96。

[2] 沈清基，徐溯源. 城市多样性与紧凑性：状态表征及关系辨析[J]. 城市规划，2009(10)：25-34。

4.3.2　多元发展的共同体结构

从虚体与实体的形态来看，共同体结构（community structure）同样是多元分化的，其中包含社群组织的复合性与物质空间建构的复合性，二者相互交织，形成具象化尺度、等级、梯度、路径的有机体形态与格局，并融会了多种物质流、能量流、人口流、信息流。混合结构是承载混合功能要素、关系与目标的必然性载体。而功能的混合组织决定其系统结构与建构方式的多元化，由此带来共同体混质表征的多形态、多层级、多路径现象。

（1）形态多样

因借生物形态学（Morphology）[1]概念，反映人居有机体的多样化的形式（form）与结构（structure）表征（图4-12、图4-13），而拓展到共同体范畴，则表现为群落形态学（Synmorphology）的体系。具体到人居共同体，根据“形式随从功能”（Form Follow Function）[2]的观点，多形态是在特定区域与阶段下，人居单位在产住共生下的自我发展和主动调节机制。

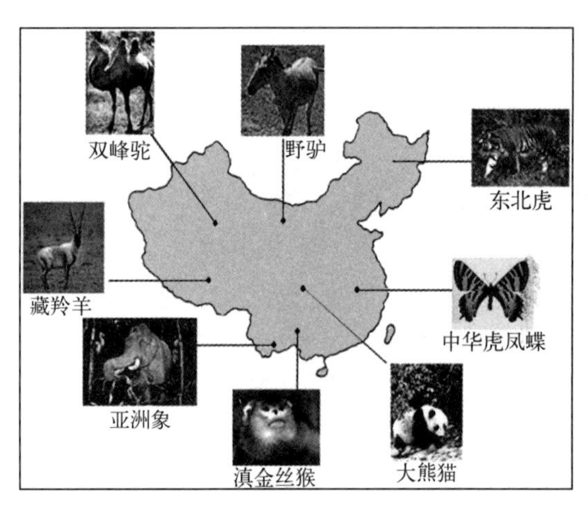

图4-12　地域差异下的生物多样形态

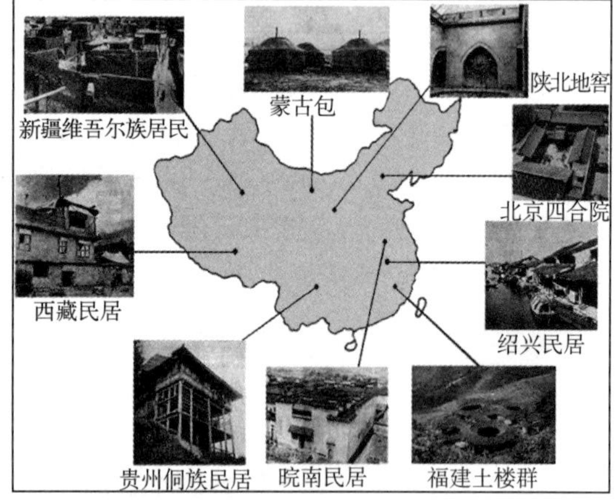

图4-13　地域差异下的人居多样形态

来源：刘莹，王竹．绿色住居“地域基因”理论研究概论 [J]. 新建筑，2003（2）：22

根据外部适应和内部增殖的作用，可以具体为生长型形态（growth form）和生活型形态（life form）的动静二元性[3]。在显性形态上，混合结构的多样性需要通过聚居单元的物质特征来进行识别，包含了空间建构的拓扑学（topology）和类型学（typology）的分析；在隐性形态上，结构多样性同样存在于混合功能活动下经济、社会、文化、意识的复合性建构与交叉性组织。

（2）层级多元

建立在共同体形态与结构的时空多样性上，即混合功能组织所作用的尺度层级与阶段

[1] 在《韦氏词典》中的解释为：① 研究动植物外形的生物学分支；② 生物体或其任意局部的“外形”和结构；③ 对结构和形状的研究；④ 结构、形状。

[2] 1907年美国芝加哥学派建筑师沙利文（Louis Sullivan）提出了“形式随从功能”的口号，并成为现代主义设计的经典原则，强调形态组织对功能的实用性、忠实性。

[3] 以生物群落形态的研究划分，对共同体自我增长和环境适应两种存在特征进行类比解析。

梯度特征。每个不同层级下的产住单位具有各自的完整系统和边界识别性。在空间层级上，道萨迪亚斯根据要素集聚规模将共同体从个体到全球城市分为12个尺度单位（见表4-1中列3“共同体等级”）；而在时间演进上，芒福德以城市聚落为对象，将共同体系统从生成到死亡分为6个阶段单位❶。多层级模式对共同体结构的影响特征为：

1）嵌套与包含格局（图4-14），即多个层级之间具有特定的排序秩序，高等级单位包含若干低等级单位及其子系统。共同体结构层级的包含性，是系统的显性关系❷，相互嵌套的单一层级都具有比自己更小层级的结构体系，通过单元的边界形成同层级下的要素之间的并置、交融和分离格局。

2）突破与跨越现象（图4-15），随着共同体层级深度增加，要素的数量和网络复杂程度呈几何关系提升，而在游离于层级间的要素和链接影响下，不同层级形成特殊的“结构洞”，为共同体关系的非树形结构，提供跨越通道。

3）自相似与演进性（图4-16），由于共同体层次的多级嵌套，形成自我组织和生长的分形（farctal）格局❸，即不同尺度、时间维度单元中，共同体单元层级演进的同质性。从人居共同体来看，产住混合是各个层级单元的建构共性，这使得共同体在结构维度上也必然反映出载体的相似特征。

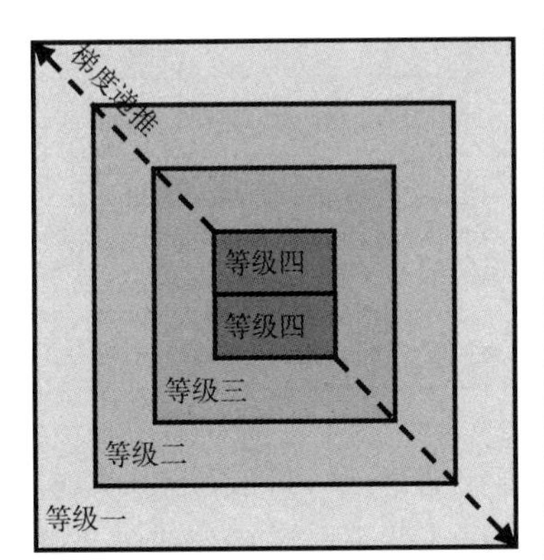

图4-14　多层级嵌套与递推

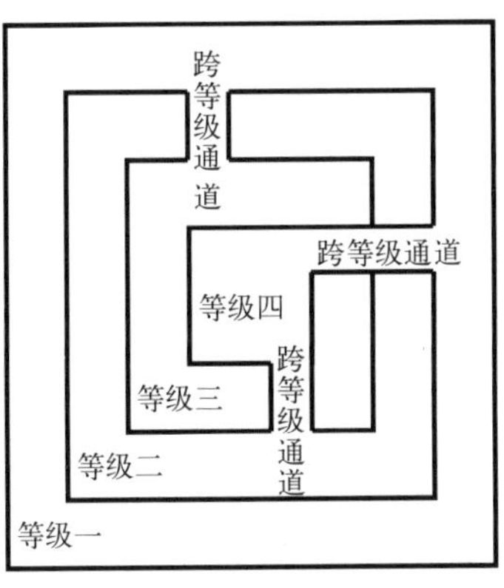

图4-15　多层级突破与跨越

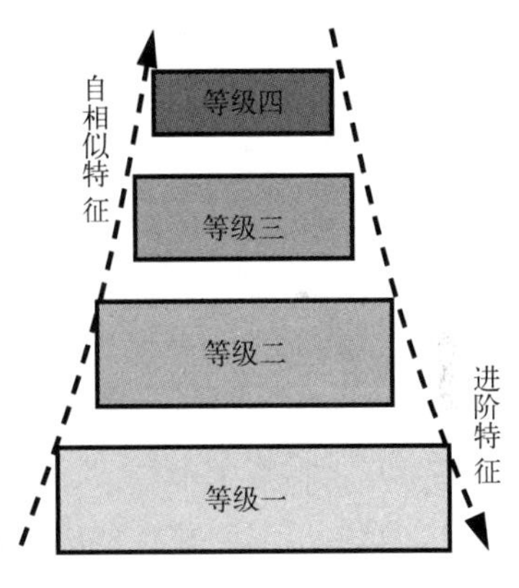

图4-16　多层级自相似与进阶

由于混合功能是对区域生计的动态适应，产住交织的形态、程度表现出空间跨越性和时间不定性。一方面，混合功能的生成必然会打破单一层级的共同体；另一方面，在混合功能的演进过程中，混合结构非线性、跨层级的生长导致诸多亚结构体系，这又进一步导致层级多元化。

❶ 美国城市规划理论家刘易斯·芒福德将城市聚落的发展层级概括为6个阶段：①原始城邦阶段：早期的小型社区或群落；②城邦阶段：基于宗教和血缘的联合的聚落群体形态；③中心城市阶段：从均质型的村庄或村镇群中分离出来的具有复杂职能的聚居体；④巨型城市阶段：中心城市的集聚和扩散作用明显，并形成区域网络化的聚落肌理组织；⑤专制城市阶段：形成权力和经济的垄断，充满了虚泛的利益主义气息，道德沦丧；⑥死城阶段：城市发展的最后，城市有机性瓦解，成为一片废墟。

参见：刘易斯•芒福德.城市发展史：起源、演变和前景[M].倪文彦等译.中国建筑工业出版社，1989。

❷ 崔宗安.分层次、分尺度的城市规划形态[D].南京：东南大学，2006：28。

❸ 陈联，王俊生.分形学在区域与城市规划中的应用[J].东南大学学报，1996，26，(4):78-83。

4.3.3　多维实现的共同体绩效

（1）目标多元

目标多元，是共同体存在的价值基础。从意义上来看，目标的多维统一是共同体形成凝聚力的灵魂，目标的多样分化是确定共同体建构路线的基础，目标的多元评价是衡量共同体发展绩效的标准。共同体目标体系的内容既包含混合功能下，多要素组合的共同效益，也包含不同要素主体的个性效益，以及小圈层、小团体等子系统的目标群。共同体作为需求体和执行体双重身份，其目标的多元性随着社会化生产、生活功能的分工复杂化而加剧。由此，共同体目标的多元性构成可表达为多种类型[1]（表4-3）：

共同体的多目标分解与特征　表4-3

目标类型	目标特征	服务对象	实例
主要目标	混合功能发展	共同体的主体系统	阿姆斯特丹混合功能开发计划
次要目标	单一功能增长	共同体的主体局部	瑞士家庭工业发展计划
短期目标	单个要素优化	主体或客体的局部	广州棚户区、城中村改造计划
长期目标	多功能绩效可持续化	主体与客体的系统	英国大伦敦地区规划策略指引
均衡目标	社会与自然要素平衡	主体与客体的系统	台州“城市绿心”控制性规划
改进目标	优势增加或缺陷补偿	主体与客体的局部	北京798艺术区工业遗产利用
显性目标	正式性、限定性机制	共同体的主体系统	美国精明土地用途指引（正规法）
隐性目标	非正式、非强制机制	共同体的主体局部	新加坡白色区段规划法（弹性法）

在人居有机体中，单一功能目标和局部组织目标存在着不均衡特征，形成了单一目标之间、单一目标与整合目标之间的相互影响机制，表现为或促进或冲突，或融合或分离的现象。从博弈观点出发，共同体是绩效导向下的主体、客体与信息综合体，在本质上形成了面对群目标的战略组合（stratergy profile）[2]。

而由于要素的属性不同，共同体绩效实现可分为群体选择（group selection）、亲缘选择（kin selection）、直接/间接选择（direct/indirect selection）、空间互惠（spatial reciorocity）等目标合作的多种机理[3]，而这些目标的整体绩效是积极性还是消极性，则成为共同体能否可持续增长的重要依据。

（2）路径多选

体现在混合结构对绩效实现过程的“开放性”。由于“非树形”的层级特征，共同体系统的正常运行，需要各个部分之间的兼容。因此，共同体结构需要依靠单元或要素之间链接路径进行架构，形成近似分子链式的结构关系骨架（图4-11）。各种路径链接的强度

---

[1] 于显洋．组织社会学[M]．北京：中国人民大学出版社，2006:97-100。

[2] 张维迎．博弈论与信息经济学[M]．上海：上海三联书店，1997:1-8。

[3] 王龙等．演化博弈与自组织合作[J]．系统科学与数学，2007（6）：330-343。

和有效性，是保证整个共同体“分子体”绩效性和稳定性的关键。

1）多类型的流变（图 4-17），人居共同体内部要素的存在是动态易变的，在产住非平衡的“势能差”下，功能流变的基本属性可以形成“产—产”、“产—住”、“产—辅”、“住—住”、“住—辅”的矢量路径。物质流、资本流、人口流、信息流通过产住二元网络循环，实现要素的流动性和集散性绩效。[1]

2）多规则的映射（图 4-18），共同体路径在两个节点之间是矢量性映射[2]，即流从组群 A 向组群 B 的运动规则。在产住混合过程中，各种要素的流变并非遵循单一规则，而是根据“路径网络”格局，动态化地映射到目标区域。

3）多选择的链接（图 4-19），由于要素流的多样性和映射规则的变化性，共同体的组织网络是一个交错链接的结构，在每个集散节点中，要素流可以选择不同的流程进行转移、分流和会聚。而跨层级的链接关系，更使得流具有更多的运动可能，多选择性是共同体绩效路径环通度和弹变性的反映。

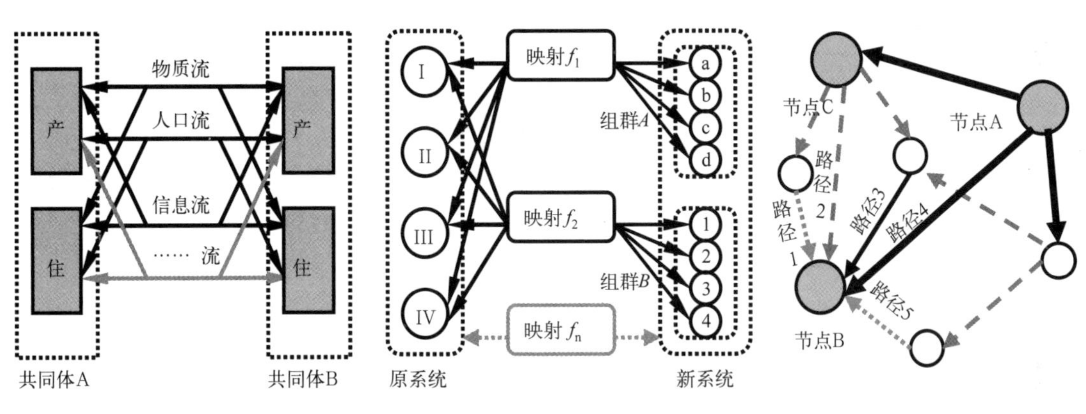

图 4-17　多类型流变　　图 4-18　多规则映射　　图 4-19　多选择链接

4.4　共同体的复杂适应系统

共同体混合功能和多元结构的生成、增长与演化过程，都统一在独立完整的有机体中，其要素、形态、目标、路径等组织性状呈现出“复杂适应系统”（Complex Adaptive System，简称 CAS）[3]特征。一方面，产住混合规律是共同体内部纵向演进的内涵；另一方面，对环境体系的适应与改造则是共同体外部横向联系的拓展。混合功能发展（MXD）是人居共同体系统的复杂适应性根源。在此基础上，交互性、混沌性和适应性作为产住共同体的建构法则，既提供产住要素渐进发展的动力，又保证了共同体多元结构的稳定性。

[1] 张勇强．城市空间发展自组织研究——深圳为例 [D]. 东南大学，2004：28。

[2] 映射具有数学函数的概念，是集合体 A 对应于集合体 B 的法则 f，如果对 A 中任一元素 x，依照法则 f，B 中有某一元素 y 与 x 相对应，就称 f 为一个从 A 到 B 的映射。

[3] 参见：[美] 约翰·H. 霍兰．隐秩序——适应性造就复杂性 [M]. 周晓牧，韩晖译．上海：上海科技教育出版社，2000。霍兰提出复杂适应系统的七个基本点，即聚集（特性）、标识（机制）、非线性（特性）、流（特性）、多样性（特性）、内部模型（机制）、积木（机制），这些表征在不同研究对象下划分方式不同。

4.4.1 共同体因子的交互关系

交互性是共同体混合增长的基本动力。产住二元发展的时空分布非平衡性，是推动各种功能要素之间流动的“势能”，并形成共同体混合增长的动态过程。在整体绩效原则下，共同体各部分的产住交互导致了混质要素在“区位”上的集散、转移。同时，各“要素流”的互动在跨越层级的界线时，产生对共同体内部单元的解构、重构作用。由此，要素流的交互与碰撞产生了新的共同体形态和结构，这一过程成为推动系统跃迁的基本动力。

（1）关联原则

共同体复杂系统的组织方式受到人的意识支配和自然选择的双重作用。事实上，共同体产生复杂性的原因，不仅仅由于要素单位和结构单元的规模大小和数量多少，而更主要的是源于要素和结构组合方式的可能性和变化性，好比搭积木过程中对各构件的并置、穿插、叠合、链接的交互性机制[1]。

与此同时，积木构件的交织、组配受到共同体绩效原则的导控，被人为地或先验性地区分，并根据符合各种利益的程度被意识所标记（tagging），进而影响之后的构件相互之间组织与建构的交互性规则。积木原则在人居建构实证中非常普遍。以产住功能混合关系为例，同户关系的个体商业与居住的混合被标记为“+”（正效应），而污染加工或其他干扰性生产空间与居住的结合，则被认为是“-”（负效应）。在积木原则下，人居功能系统的交互是“有选择性”的，这更增加了共同体内部与外部关系网络的复杂性。

（2）开放原则

是支撑共同体可持续发展的基本条件。在人居有机体的视角，共同体的整体系统与内部个体都必须“新陈代谢”，这就必然要求与其他系统、要素或环境之间进行“流”的交换，其结构开放性决定着系统的活性程度。

首先，共同体的开放性，随着系统层级的提升而不断加大。在共同体内部的网络链接上，低层级系统结构，例如小团体、个体之间往往是有限链接的，例如 3 个元胞可交互链接有 3 条，4 个元胞可交互的链接有 6 条，……在共同体从低层级向高层级发展的过程中，基础元胞和圈层数量的线性增加，带来系统交互链接的几何程度扩展，共同体层级跃迁则创造出更多的开放接口。其次，共同体的开放性，是在自我独立前提下的相对开放[2]。共同体系统及内部个体单位除了具有同质性，还具有各自的个性特征。因而，特定的边界、领域是系统、圈层、团体和个体维持自我存在的基础。任何提供要素流通的结构体系都是有限开放的。局部封闭下的交互依赖关系，是共同体形成集聚效应的根本。

（3）博弈原则[3]

共同体复杂适应系统内的交互关系是竞争与协同的统一体。不同层级的主体（subject）、客体（object）与规则（rule）是形成博弈关系模型的三大要素。主体需求差异的差异性，

---

[1] 霍兰将复杂适应系统的基本单位定义为“积木”，突出要素交织度与关联度分析的重要性。

[2] 张勇强 . 城市空间发展自组织研究——深圳为例 [D]. 南京：东南大学 ,2004：27。

[3] 博弈论 (Game Theory)，是研究决策整体行为之间发生直接相互作用时的决策以及决策的均衡问题。人居共同体的发展是主动选择和被动反馈的交互影响格局，多元绩效目标导致系统演化路径的复杂性。

客体空间与资源的不均衡性，以及规则的多样性，都在共同体交互格局上造成复杂的博弈特征。从开放系统的交互来看，竞争性博弈一方面造成系统远离平衡的自发展条件，另一方面提供了系统演化的活力机制；协同性博弈则通过集体性的协调合作或联合行动，来建立共同绩效，这也是复杂系统组织后期的序化表现[1]。

对人居共同体而言，产住二元各个层级的交互都是相互博弈的。各功能行为系统的分化机制、空间与场所选择的离散机制是竞争性动机的反映，具有个体性的扩张、入侵和更替趋向[2]；而单个社群的内部集聚机制、环境资源的外部导控则体现为集体性的选择、结合、共生的协同性交互过程。多样需求和有限开放、有限资源的矛盾是共同体博弈的根源所在，即竞争性关系原则打破稳定性，实现单一功能和局部体系的优化与发展；协同性关系原则趋向稳定性，推动混合功能和整体系统的秩序化与可持续。

4.4.2　共同体组织的混沌状态

混沌性是共同体混合增长的基本表征。各类型功能单位和个体要素在追求“最优化”和“稳定性”过程中，形成了聚居载体混质建构与表达的复杂动因、复杂行为、复杂形态和复杂结构。通过混合增长隐含秩序[3]，要素与载体之间的多维度交互关系造就了整体混沌性（图4-20）。混合增长包含了多功能要素、多关系链接、多层级组织、多绩效目标、多利益边界等内容。在共同体组织中，主体、客体与载体的交互具有时空的复杂性[4]，进而产生聚居混沌状态下的巨量因子、多变关系、共同运动的特征。

（1）因子巨量化

如图4-20中，道萨迪亚斯将5个聚居组成要素，15个聚居空间单位，10个时间维度，10个评价因子（规则）组成了有近亿个节点的系统结构[5]。在某种意义上来看，巨量因子下的混沌态是多层级积木模型的嵌套与集合。因此，首先要确定巨量化的对象是共同体最低级的基本元胞单位，不同构成项下的因子分布与组织，是反映共同体混沌形态的重要特征。

1）巨量化的元胞个体为共同体不同层级的要素集聚，提供“量”的支持。以共同体系统的热力学规律来看，巨量要素通过有限区内自由分散运动[6]，彼此吸引、相互靠拢，最终通过集聚过程，建立起共同体最简单最低级的元胞单元。而在人居混合功能的共同体生成过程中，最首要的增长模型就是在不同层级下，以产住共同中心为目标，大量物质和社会因子的空间堆积作用。

---

[1] 王颖，孙斌栋．运用博弈论分析和思考城市规划中的若干问题[J]．城市规划汇刊，1999(3)：61-63。

[2] 綦伟琦．城市设计与自组织的契合[D]．上海：同济大学，2006：36-38。

[3] 约翰.H.霍兰．隐秩序——适应性造就复杂性[M]．周晓牧，韩晖译．上海：上海科技教育出版社，2000：24-32。

[4] 同上。

[5] C. A. Doxiadis. Ekistics:An Introduction to the Science of Human Settlement[M]. London：Oxford University Press,1968：247。

[6] 耗散结构（Dissipative Structure），是源于物理热力学原理，提出系统远离平衡态时内部分子单元发生自由运动现象，例如布朗运动等。并由此拓展到生物学、社会学、经济学、人居学等复杂适应性系统的无序和序化演变研究。在复杂系统下，巨量要素因子发生耗散的条件包含：①开放性的系统网络，即与外界有持续的物质、能量、信息交换，提供要素因子运动的动力基础；②非平衡的系统格局，系统各部分必须是相互之间具有差异和矛盾性，能够促成系统从无序向有序的演化；③非线性的系统作用，体统因子都具备突破性运动可能，具有改变现有层级和秩序的建设性因素；④涨落化的系统建构，巨量因子驱使系统由与原来的稳定分支演化到耗散结构分支的原初推动力。

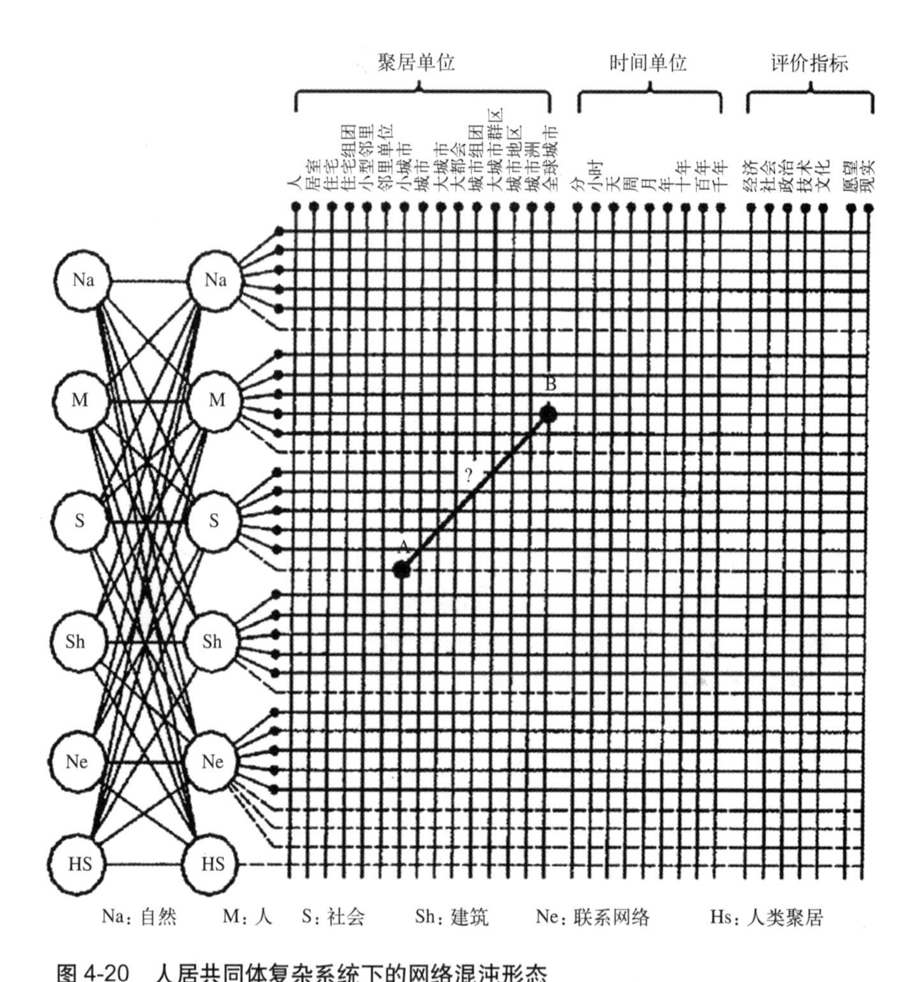

图 4-20　人居共同体复杂系统下的网络混沌形态

来源：罗志刚．高级复杂城市系统的新结构特性实证及层级进化理论研究 [D]. 上海：同济大学，2006：10

2）巨量化的关系链接造成共同体因子间的复杂影响，提高“流”的环通。以图 4-20 中网络为例，从因子 A 到因子 B 之间可能的影响路径为 10^6 数量级，巨量因子直接与间接作用关系的复杂性，造成共同体“点—轴”结构的混沌性。在人居共同体系统中，巨量化因子间“流”交互方式，将单个因子或局部体系的变化结果，以类似蝴蝶效应[1]的机制在整个混合功能网络中蔓延。

3）巨量化的因子趋势形成共同体的群化运动合力，提升“序”的参量。从协同学（Synergetics）领域来看，共同体内部巨量因子的运动既有无规无序的自我运动，又有通过“流”交互网络形成的协同运动关系。事实上，共同体复杂系统的混沌性是显性无序与隐性有序的综合体，受序参量[2]（order parametre）的导控，整体和局部系统的有序结构取决

[1] 蝴蝶效应（The Butterfly Effect），由美国马萨诸塞理工学院气象学家爱德华・洛伦兹（Edward Lorenz）于 1963 年最早提出，它是指对初始条件敏感性的一种依赖现象，即输入端微小的差别会迅速放大到输出端，而这一过程的形成，正是由于巨量因子的间接作用和复杂传递而最终导致系统变化。

[2] 序参量，是反映系统有序程度变化的状态参量，是微观子系统或者要素集体运动的产物是其合作效应的表征与度量序参量，并支配因子的共同行为形成系统的整体演化。

于内部巨量因子的运动趋势。

（2）状态不定性

共同体是介于有序运动和无序运动之间的某种平衡状态，即“秩序与混沌边缘”❶。巨量因子是在同一时间不存在且相互影响的，这使得共同体在宏观上的生成、发展、演化等行为在微观上表现出诸多不确定性。随机性、突变性、偶然性成为共同体混沌状态的重要特征。而人居共同体是自然和社会相结合的有机体，生产、生活混合功能除了受自然要素网络的不定性影响，在人个体和群体自觉性的主观支配下，更增加了意识支配的复杂与不可预测性，总体而言，混沌状态的不定性主要体现在“流”、“力”、“场”三个方面。

1）“流”的非连续。在混沌状态下共同体要素“流”是网络化的映射关系，即要素的传递、分流、转化过程不只是点对点的链接，而是网络对网络的聚散。网络局部的封闭性或特定时段的阻滞性，都可以导致“流”矢量运动的非连续，这不仅发生于“实体流”（图4-21 中的人流集散），同样也在“虚体流”中形成演绎，例如产住共生模式发展在“里坊制”、“功能主义”的强势体制下被遏制，出现了混合人居发展轨迹中非连续的“断流”现象。

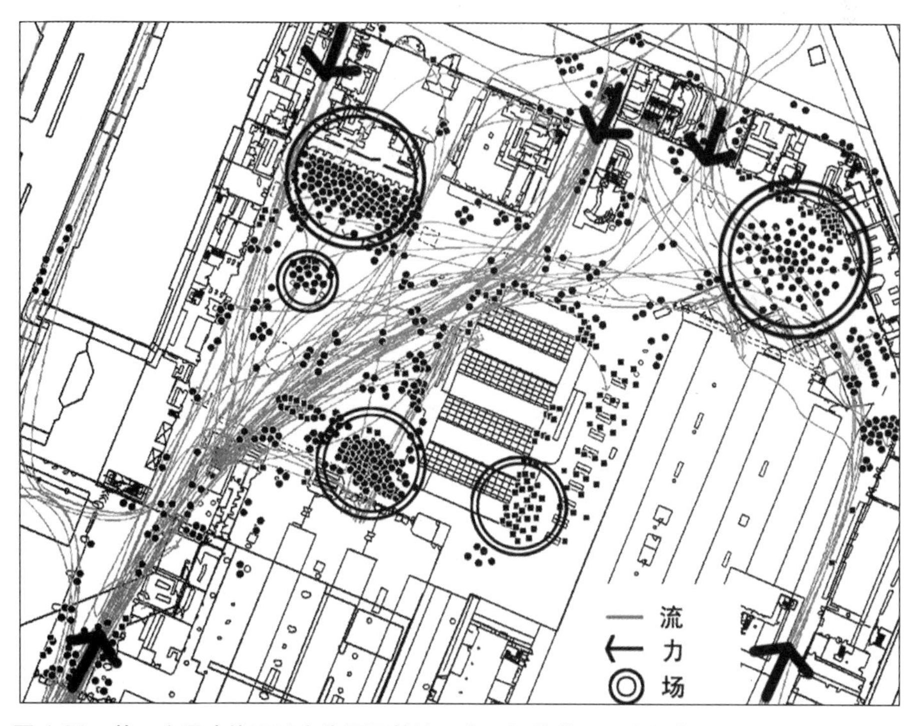

图 4-21　单一交通功能下以人为因子的流、力、场的微观不定状态

来源：根据希利尔（Bill Hilier）对维多利亚（Victoria）地区的空间句法解析改绘（www.spacesyntax.com，2001）

2）“力”的非线性。共同体系统中对要素流的作用，可以分为推力和拉力两类主导力系，以及阻力、损耗力等辅助力系。这些力相互之间的矢量叠加和时间叠加是复杂而非线性比例关系的，同时，力系的大小和矢量征是随着共同体网络结构而非线状分解的。以图 4-21 为例，在场所周边 5 个主力作用下，人流运动的主导路径明晰，而单条轨迹仍然充满变数。

❶ 米歇尔·沃尔德罗普．复杂——诞生于秩序与混沌边缘的科学 [M]．陈玲译．北京：生活·读书·新知三联书店，1998。

3）“场”的非平衡。由于“要素流”和“作用力”在共同体复杂系统中是确定性和不定性相共存的混沌法则[1]，巨量因子在共同体局域结构中的不均衡分布现象非常普遍。非平衡的“场”作为非连续“流”和非线性“力”的显性化载体，最直接体现共同体混沌状态。图 4-21 中“场”形态源于单一功能的人流集散规模与持续差异，而功能混合将更加剧场的非平衡格局。

4.4.3　共同体发展的适应性

适应性是共同体混合增长的基本目标，即系统在环境条件发生变化后，通过要素重组、结构调整，或以参数、路径的控制策略，继续发挥作用或扩大功能。同样，对适应性程度的评价，则取决于共同体静态结构和动态组织对各种功能的承载绩效。由于复杂适应系统的高维度、巨系统、多变量属性，一方面，共同体演进过程被预测、被解读和被组织的难度很大；另一方面，这些属性将系统内的各种独立因子都转化成适应性主体（adaptive agent）[2]，即主体在它与外界环境的互动过程中，具有最基础的“刺激—反应”活性机制[3]。而上升到系统层面，个体的活性机制汇集成了共同体自我组织的智能。在复杂动态的环境背景下，外部环境的刺激可以引发共同体的内部连锁反应。进而，通过个体间主动协同来寻求“最优化”和“稳定点”，成为系统整体的有机适应特征。

共同体适应性、非适应性及其组织、序化概念关系　　**表4-4**

一级概念	适应性（自组织或自序化）			非适应性（他组织或无序化）	
内含	共同体自身朝最优化、稳定点方向演化			共同体自身无法朝向平衡态	
二级概念	环境自识别	要素自增长	系统自建构	他组织序化	无组织非序化
内含	共同体主体通过自身的学习过程来作出环境的判断与策略	共同体因子依靠内部的力与场调整形成有组织集聚与涌现	共同体结构根据环境的变化对自身进行调整性优化和重组	在自身调节缺失下依靠外部导控的力量实现对环境的应对	缺乏内部与外部的组织机制而导致共同体无法适应而瓦解
聚居例证	风水选址 产住邻近	产业集群 城市蔓延带	新家庭工业 农家乐村落	城中村改造 历史区更新	污染企业关停 棚户区拆迁

（1）**环境自识别**

环境自识别，是共同体对外界环境适应的第一环节。作为有机组织体，共同体对环境变化和条件的认知包含：①信息共享，复杂系统中不同层级下的因子都依靠与系统整体的链接，实现局部信息在整个网络中的传播性；②状态传递，基于要素流类型、强度和流向等属性，共同体内部因子之间的交互作用将环境影响共同体的参数改变反馈到相关主体；③经验试错（try out）[4]，是采取反驳法进行探寻认知的方式，通过共同体对未知环境或黑箱情景进行解读的趋近性实践，以失败代价获得整体经验，是一种主动认知法则。

[1] 仇保兴．复杂科学与城市规划变革 [J]. 城市规划，2009（4）：12-26。
[2] 滕军红．整体与复杂适应性——复杂性科学对建筑学的启示 [D]. 天津：天津大学，2002：23。
[3] 陈禹．复杂适应系统理论及其应用——由来、内容与启示 [J]. 系统辩证学学报，2001（4）：35-39。
[4] 孟彤．试错与自组织——自发型聚落形态演变的启示 [J]. 艺术设计论坛，2006（4）：43-44。

就人居系统的意识性而言，产住共同体对环境识别区别于自然生物群落，复杂聚落系统在适应环境时，自身结构和行为的改变过程与个体学习现象相同[1]，即具有成熟的学习性组织（Learning Organization，简称LO），是个体“经由经验引起的潜在行为发生”的集合。反之，共同体对环境识别是组织学习的过程，其模型包含：①学习主体（共同体内部个体、团体、小圈层）；②引发学习的条件（经验与信息）；③学习发生的标志（判断、决策的形成）[2]。主动性调整与被动性应变相结合，是共同体识别性的基础。

（2）要素自增长

要素自增长，是共同体形成各种功能和产生系统绩效的重要条件。复杂系统根据外界环境的变化特征，以局域某些要素因子的集成化组织来建立有目的的功能与形态适应性，表现为同层级或同类型单元的作用机制：①自我生长与复制，适宜性系统通过导控各种有效“流”的输入，提供微观因子的发展支持，并引发因子在过剩资源下的增殖效应[3]；②对内集聚与密实，要素集聚动因是形成合力、群力的方式来提高环境适应性。大量因子在系统核心的影响下通过相互堆积运动而形成邻近绩效，这必然也造成中观层面集聚区的因子密度提升；③对外蔓延和扩散，是共同体增长的宏观机制，主要体现为系统边界的拓展。随着共同体所占“场所”空间的增加，系统对环境的适应是一个主动性过程，即采取对“空白区”的侵入占据，以及对“异质区”的同化更替。

基于不同的发展过程，人居共同体空间形态具有点轴状、块域状、圈层状、网射状、星云状等格局，正如沙里宁提出的城市形态生成模型[4]，聚居系统增长是超循环（hypercycle）过程。以生产共同体集聚为例，要素与活动的初始汇集，在系统适应过程中具有随机增长的区位优势，如灯具街、五金城等。进而，随着小范围区位条件的改变，更多要素被吸引过来并生成更大层级范围的集聚效应，如产业集群等。只要在环境允许范围内，跨层级的规模绩效将不断循环。

（3）系统自建构

系统自建构，是共同体在应对外界环境和满足自身绩效的双重目标下，对复杂要素的载体生成，以及对混合功能的形态组织。从广义建筑学来看，适宜性建构的重点在于形式组织对功能需求的承载关系。在系统自我组织过程中，混合功能显于表，混合结构隐于内，多要素、多链接、多目标间相互协调，混合增长，其适宜性原则包含4个方面[5]：①产住混合要素的多样协同；②混合空间形态的互动适配；③混合聚居结构的演进有序；④混合绩效体系的涨落寻优。在具体方式上，自建构体现于系统组织的维稳补漏、完形趋整、进化升级。

---

[1] 原献学．组织学习动力研究[M]．北京：中国社会科学出版社，2007：6。

[2] B. E. Ashforth, R.H. Humphrey. Emotion in the Workplace: A Reappraisal[J]. Human Relations,1995(48) :97-125。

[3] 在复杂适应系统和自组织理论中，借鉴生物学现象，将系统中各种同类单元因子的复制、量增的过程，与生物细胞的遗传、繁衍进行类比，这也是复杂适应系统作为有机体的重要特征。

[4] [美]伊利尔·沙里宁．城市：它的发展衰败与未来[M]．顾启源译．北京中国建筑工业出版社，1980:169-170。
文中以水滴为类比，给出聚落要素增长下的“流”、“力”、“场”的四种关系模式：①在自然状态下，水滴由于内聚力而形成了一个具有明显边缘的圆点，要素增长竭力维持在圆形边界内，如需要集中防御组织的中世纪城堡；②以指尖轻按水点，水点边缘向外膨胀但仍保持其原先的形状，如打破强制边界后，聚居体向外扩张，但需要在维持在特定的功能距离范围内；③随着指尖压力增大，水点向外扩展成了一个多角的星形，如外推力量加大，形成轨道交通线为基础的放射式蔓延格局；④指尖猛点水滴，水向外飞溅在周围形成许多大小不同的小水珠，即在快速增长下形成的跨越式扩散。

[5] 魏宏森，曾国屏．系统论系统科学哲学[M]．北京：清华大学出版社，1995：287。

事实上，生产、生活共同体的自建构是表达一个积极演进的过程，在空间和功能结构上产生“量变”或“质变”的正向绩效。在建构的量变上，共同体具有有机体的逾渗效应[1]（Percolation Effect），即要素因子在区域空间内达到密度临界阈值时，会自我交织密实，最终形成完整连绵的结构体，是人居共同体在同层级下，以量变方式实现系统结构完整性、稳定性和消除结构洞的自组织机制，例如多条商业街交织成均质的专业市场区，多中心城市区形成城市绵延带等现象。在建构的质变上，共同体增长具有系统的涌现效应[2]（Emergence Effect）。当系统结构从低级向高级，或从局部向整体的发展过程中，出现前一个状态所没有的新对象。就自组织而言，涌现是突变性而非渐变性，是质变性而非加成性。在共同体系统建构中包含整体涌现和个体涌现。例如随着混合开发强度的增加，大量功能因子在混合维度上出现水平向竖向，空间向时间的突破，呈现共同体的整体涌现特征，而大型综合体建筑的出现，则是适应局部建构的个体涌现机制。

综上所述，本部分混合功能发展和共同体机制的解析，均为理想化和通用性的理论模型。在不同背景和条件下产住混合的人居共同体建构，存在着更多靠纯理论推演无法被发现和被解读的影响机制，以及诸多非理性现象。因此，深化对产住共同体形态生成、结构组织和秩序演化的切实分析，需要选取大量特定对象进行类型归纳和规律归纳，进一步反馈产住共同体理论体系的建构。

---

[1] 逾渗效应是复杂系统建构中对要素连接程度的自组织量变描述，其强调结构中要素的临界密度对形态的影响，在不同空间矩阵模型下临界密度的阈值不同，例如三角形、正方形、六边形、星形网络的逾渗阈值分别为0.5、0.593、0.698，0.5，以卫星城为例，当建成区超过总面积一半时，即发生逾渗效应。

[2] 魏巍，郭和平．关于系统“整体涌现性”的研究综述 [J]. 系统科学学报，2010（1）：24-28。

第2部分

产住协同机理与“共同体”格局探究

第 5 章　释因：产住混合的“共同体”驱动

基于前文论述，中西方产住混合共同体发展路径及其背后的机理，差异明显。在西方，中世纪时期“重商”导向下的细密化混质格局，与二战后混合功能复兴改良，是产住共同繁荣的两大里程碑，并同时反映出西方自上而下的驱动特征。而与之相对照，混合功能模式在中国人居演进历史上长期存在、自我演进，衍生出差异较大的地域性产住复合形制，更体现出小圈层下的共同体特征[1]。由于影响本土聚居的背景多元交叉，产住混合动因复杂而缺乏梳理（图 5-1）。

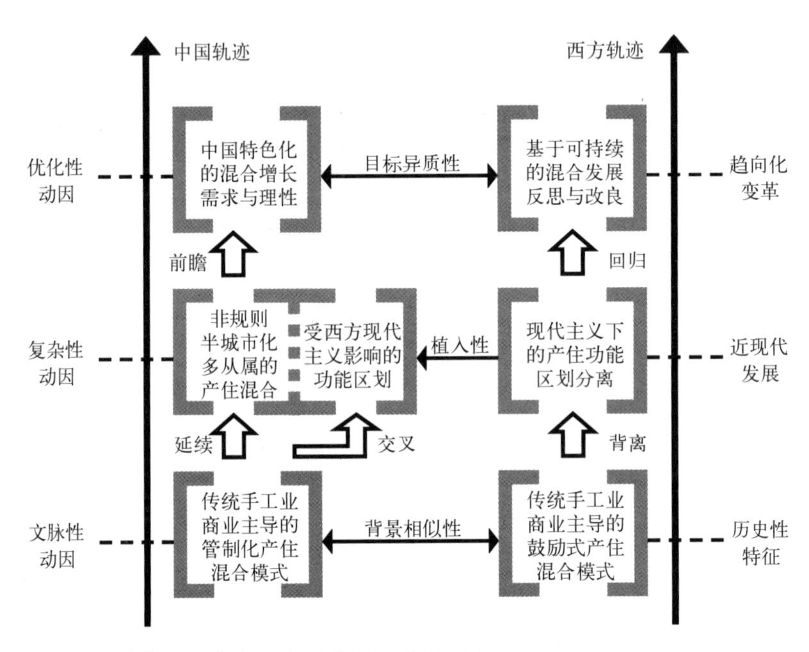

图 5-1　产住混合的中西发展比较与动因组成

在混合需求驱动上，当代西方混合模式发展是源于对现代功能分区的纠偏，而中国式混合聚居则突出“生产、经营为主，住居为辅”的功用特征，空间组织强调民本“生产”（work）与“生活”（live）二元性；在空间价值上中西方模式均突出产住在行为上的一致性和利益上的一体化，即产业活动与居住活动具有相同或相关的发生主体，并被组织在有明确空间边界的单元下。

在混合发展路径上，中西二元并存，是我国混合功能人居发展的主导体系：

---

[1] 费孝通 . 小城镇 大问题 [M]// 小城镇四记 . 北京：新华出版社，1985：48-49。文中提出“离土不离乡”和“离乡不背井”是解决我国聚居增长和产业发展的重要途径，强调生产和生活方式转变都需要以维持聚居共同体的凝聚力为原则，这其中“乡”、“井”都表达着聚居共同体的空间边界意义。

1）传统延续型：即在社群组织和空间关系上，根植于传统的血缘和地缘混质内核，而在生产和生活方式上转向现代技术。例如改革开放至今，大量存在的乡村“家庭工业”（传统手工业延续）、市镇“市场社区”（传统街市延续），具有本土背景下经济和人居的高度活力。

2）西化植入型：基于西方成熟的城市规划和建设技术为指导，自上而下地进行土地混合功能开发，以及空间混合功能利用，其行为更突出量化标准的导控作用，主要分布于大中型城市和发达乡村，例如SOHO街区、新产业村落等形态，这些均是外组织机制下的产住混合探索。

上述两个大类仅是粗略归纳，而由于中西人居建构文化不同和地域经济社会背景的差异，混合功能人居存在诸多个性鲜明、结构稳定的地方体系，特别是在以民本经济为特色的中小城镇与发达乡村，经济增长方式主要依靠规模化的“小生产”驱动[1]，这使得原本分散性、个体化的混合功能因子，逐渐演化成社会化、群体性产住共同体。自组织、自建构成为当前混合聚居生成的最重要方式，因而中国长期以来的产住混合动因，呈现“一体化”、“内生性”、“类型化”属性，并成为混合功能人居体系的重要组成和地区范式。

5.1　功能一体化增长的发展背景

承第3章的分析，本土体系下的人居建构理性机制，无论是在社群组织还是在空间布局上，都是重在社会管制，例如严格的氏族秩序、营国制度等；而对于人居发展则缺乏长期、稳定和规范的引导机制，往往任由民众自组织、自增长。而薄弱的功能导控又缺乏限定性，各种功能要素叠加，便如同多种色彩调和一样出现“灰色化”[2]，这种现象正是产住混合“不定性”特征的写照。

在主体层面，产住混质秩序的消极特征，表现出功能体系建构的不定性法则；在客体层面，产住混质形态的混沌性，成为空间组织的不定性载体；在关系层面，产住混质圈层的复杂关系，结成社群组织的不定性网络。

5.1.1　功能非定性聚居体的理性之辩

在聚居的自发增长过程中，其功能往往缺乏或难于进行计划式设定，例如在20世纪60年代提出的非正规聚落（Informal Settlement）[3]，就是在一定程度上对人居功能非定性现象的表述之一，尤其在发展中国家产业和居住增长的自组织模式上给出地区人居特征。根据联合国人居发展中心（UNCHS）数据，自发性聚落容纳了发展中国家30% ~ 80%的人口[4]。而在东南亚地区，功能非定性城市比例达到50%，而非正规聚落甚至达到70%以上。

---

[1] 杨建华．社会化小生产：浙江现代化的内生逻辑[M]．杭州：浙江大学出版社，2008：63-85。

[2] 灰色化表达了功能和要素类型的不确定特征，组合与布局关系的非秩序性，是源于区域人居自组织状态复杂、交织与非规则、非稳定。20世纪80年代，在控制论的基础上形成了灰色系统理论（Gray System Theory），其中黑色代表“未知”，白色代表“明确”，而灰色是表达一种非确定的信息状态。灰色理论其主要内容包括以灰色朦胧集为基础的理论体系，以灰色关联空间为依托的分析体系，并在分析、评估、建模、预测、决策、控制、优化等技术层面，建立了灰色模型（GM）。

[3] J. F. C Turner. Uncontrolled Urban Settlements: Problems and Policies[J]. International Social Development Review. 1968（1）：107-130；J. F. C Turner. Housing by People：towards Autonomy in Building Enrironments[M]. London：Marion Boyars，1976.

[4] UNCH. The Habitat Agenda：The Istanbul Declaration O Human Settlements[R]. United Nations Conference on Human，1996.

与此同时，在区域发展中，除了主流的规划性聚居演进，功能非定性的聚居建构也在自我优化，迅猛发展，具有高度活力，其产住应变性相对于正规聚落更为隐蔽和无形[1]。

在聚居体的界定上，功能非定性是指聚居功能增长不受外组织（政府等）的规划控制，主要表现为缺乏规范化、标准性的功能计划，或依靠自身组织体系和力量实现功能布局和调整。通过非正规性和正规性的聚居建构比较（图5-2），二者在发展路径上的步骤相反。功能非定性规模式具有自发性和偶然性特征[2]，以实体化的需求导向产住功能布局，体现出“由人及物”的实用性逻辑。

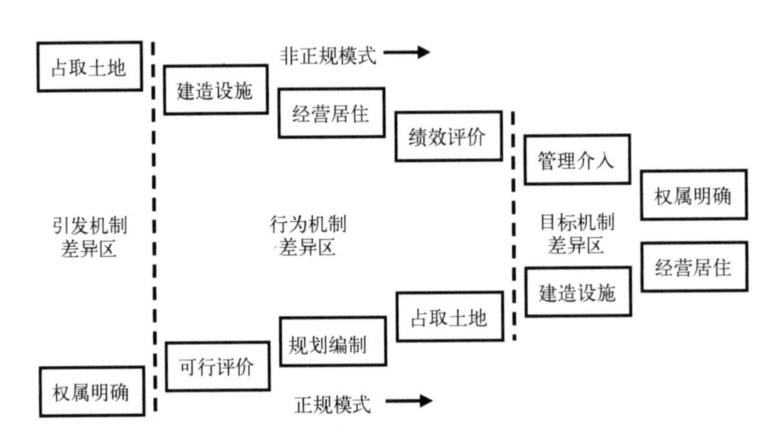

图5-2　非正规与正规聚居发展模式比较

来源：改编自赵静，薛德升，闫小培．国外非正规聚落研究进展及启示[J]．城市问题，2008（7）：88

结合上述分析，产住的非定性在功能及社群组织上，同样也存在以下问题：①经营与居住的产权不定性，非定性聚落缺乏明确的土地与建筑利益权属，多在聚居形成初期，是以业主之间或与政府的博弈结果[3]，存在较大的产权安全和管理难度；②聚居共同体的社会融合度差，非定性聚落内部社群构成同质性较强，相互关系紧密，其产住行为和关系方式不同于受制度管控的正规社群，与外界社会存在明显的边界；③聚居物质环境落后，由于产住空间形态与功能权属不明，聚居整体难于吸引大规模建设投入的动力，尤其是在产住功能混杂的公共场所和设施上，更加面临着规范化管理的难度，只能依靠社区内部的自我协调。由此来看，功能非定性与定性的分歧在于是否存在外组织的控制。

而笔者则认为，功能“非定性”是以外组织建设模式为对照的提法，但在本土体系中，混合功能人居建构却有着自身理性，其内在逻辑缺乏对产住功能进行外部性分离的动因：一方面，非定性生产、非定性经营、非正规居住是在聚居建构过程中形成的因地制宜的实用法则，事实上在产住非定性的表象下，实则功能模糊性的智慧。另一方面，“非定性”相对于计划性、标准式建设模式而言是一个混沌状态，系统的导控过程并不是非理性的，而是具有复杂和隐性秩序的，这一点成为非正规聚居下产住混质繁荣的支撑（图5-3）。

---

[1] 冯革群．全球化背景下非正规城市发展的状态[J]．规划师，2007(11)：85-88。

[2] 非规范化，是主体通过经验加工和需求表达，直接把握客体的方式，以经验理性区别于科学理性。参考戴颂华．中西居住形态比较——源流·交融·演进[M]．上海：同济大学出版社，2008：55-56，65。

[3] 王晖，龙元．第三世界城市非正规性研究与住房实践综述[J]．国外城市规划，2008（6）：65-69。

实际上，任何聚居体都存在计划性与非定性的产住混合现象，只是计划程度不同。根据图 5-1，在我国快速城市化进程中，功能非定性的产住共同体区别于当前被西化了的城乡发展模式，在人居脉络上既提供了自发性的产住混合增长动力，又显现出其对本土城镇化的非正规性影响。

图 5-3 非正规聚落下的产住混质繁荣

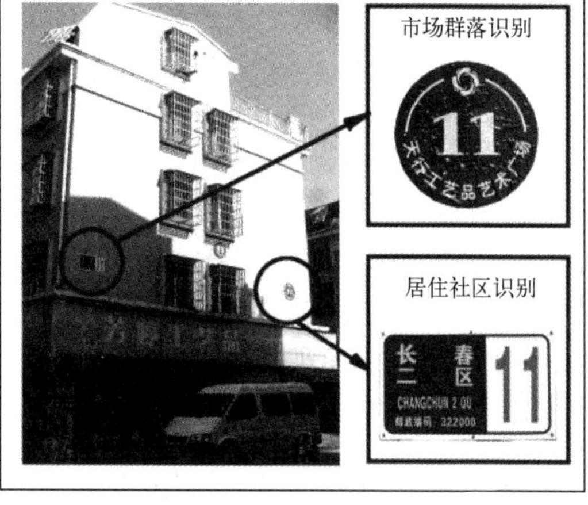

图 5-4 非正规聚居的产住空间意象混合

在产住混合的共同体构成上，功能非定性聚居具有以下特征性：

1）非定性社群与产住混合主体，非正规聚居内部社群组织大多具有明显的自发性组织格局。聚居群体的“非特定性”，区别于“固定性”的职业分工、收入分层等社群同化模式。聚居的生成、增长都是依靠社群之间血缘、地缘、业缘关系为准则，形成以人为主体的产住共同化需求。

2）非定性功能与产住混合需求，由于聚居主体对功能需求的一体化特征，生产和居住两套系统相互叠加、交织，在同一个区域或建筑上往往产生正式的和非正式的名号[1]，或具有不同功能的多个称谓，如图 5-4 中经营市场和居住社区标识的共同出现。非定性聚居系统表现为功能识别的多义性。

3）非定性空间与产住混合载体，非定性聚居体包含经营空间、居住空间和公共空间三种类型。在个体层面，空间单元的产住比例随主体需求而灵活变化，处于非稳定状态；在群组层面，对产住共用的公共空间和设施的管理，更多地是依靠非正式机构（informal sector）[2]的多元协调与磨合。

综上，功能非正规聚居与西方式的主流规划建设体制相矛盾，但与中国传统背景却一脉相承，呈现功能一体性思维的混合增长法则。从传统经济型市镇，到现代非农化集落、市场社区、城中村等，这些产住混合现象都适应于非定性法则。功能一体化的地区人居发展机制，逐渐生成动态混合的聚落空间状态。

---

[1] 龙元．汉正街——一个非正规性城市 [J]. 时代建筑，2006（3）：136-141。

[2] A. Skuse，T. Cousins. Spaces of resistance：informal settlement，communication and community organization in a Cape Town township[J]. Urban Studies，2007（5）：979-995。

5.1.2　城乡过渡的土地性质兼容

根据功能性质不同，道萨迪亚斯将聚落分为乡村型（rural）和城市型（urban）两大类别[1]。乡村聚落由于土地生产的区位限定，具有天然的产住一体化的空间载体特征，但城市聚落由于工作方式对相应土地的依存度弱化，趋向于打破空间束缚的生产分工与重组。而由于产住活动最终是以家庭单位来承载的，随着产业等级的升级和经营规模的增大，特定地域内的产住混质性具有明显的程度变化。从乡村到城市，存在着尺度广大、人口众多、功能复杂、活力旺盛的中间状态，半城市半乡村的过渡区域，成为兼容多种类型产住共同体的重要载体。

在西方以农村向城市集聚为基础的工业化、城市化理论体系下，城市与乡村之间被视为两种对立的聚落模式[2]。但中国的快速城市化模式具有和西方不同的“非农化”机制（表5-1），在东南沿海地区尤为突出，2009 年浙江地区非农化率甚至达到近 70%。①推力：在人口“过密化”的背景下，生产力提高和人均耕地减少迫使大量农民从事非农业生产活动，从而打破“无发展性增长”[3]的窘境；②拉力：非农业性就业机会大量增加诱使大量农民离开土地生产，例如进城务工、就地从事第三产业等。“非农化”相对于“城市化”更加迅速，成为驱动区域产业和居住土地密致交错的核心力量。

中国乡村从业人员情况（年底数）　　表5-1

年份	农业人口（万人）	非农业人口（万人）	总从业人口（万人）	非农化比率（%）
2000	80837	16893	48934	34.52
2001	79563	16902	49085	34.43
2002	78241	17688	48960	35.06
2003	76851	17587	48793	36.04
2004	75705	17956	48724	36.85
2005	74544	18711	48494	38.70
2006	73742	19459	48090	40.46
2007	72750	19949	47640	41.87
2008	72135	20398	47270	43.15

来源：中国国家统计局编. 2009中国统计年鉴[M]. 北京：中国统计出版社，2009。

笔者认为，中国现代建设发展的城乡二元对立，在一定程度上是源自当前建设制度对传统聚居组织的冲突。而在城乡过渡区的人居模式上，西方与本土体系碰撞形成的地域性半城市化（peri-urbanization）聚落，通过土地用途兼容、产住功能混合、产住社群交错的增长法则，成为打破城乡壁垒、协调城乡分工、过渡城乡肌理的核心途径，同时也是中国本土城镇化的重要载体。

[1] C. A. Doxiadis. Ekistics：An Introduction to the Science of Human Settlement[M]. London：Oxford Unirersity Press，1968：81.

[2] 许学强，周一星，宁越敏等 . 城市地理学 [M]. 北京：高等教育出版社，2003：35-48。

[3] 黄宗智 . 中国农村的过密化与现代化：规范认识危机及出路 [M]. 上海：上海社会科学出版社，1992：60-65。

从分布来看，城乡过渡区域处于城乡之间，既非城市区域，也非传统意义上以农业活动为主的乡村区域。在高度活跃的非农化生产和居住活动下，土地性质相互转换、空间功能和结构交互增长[1]。在城乡过渡与联系过程中，土地职能的灵活性和易变性较强，既在城镇化初期阶段推动乡村向城市的就地式转变，又在城镇化高级阶段推动城市向乡村的有机分散和外扩。

城乡过渡体提供了区域产住整合的土地兼容性条件，且具有自组织和他组织的双向促进因素：①在主动机制上，由于城乡过渡区的中介特征，使得城镇化转型的经营和居住既有相对较低的土地成本优势，又有便捷的市场和物流网络；②在被动机制上，半城市化是就地、分散城镇化途径的代表，就地发展不仅只是产业的就地转型，同样也必须包含和依靠聚居社群就地发展的稳定性。

根据以上背景，经由“发达乡村—中小城镇—都市边缘区”的递进格局（图5-5），涵盖了城乡过渡的产住共同增长载体类型。而在土地景观格局上，非稳定的肌理、职能和管控机制，则形成了功能非定性的聚居空间特性。

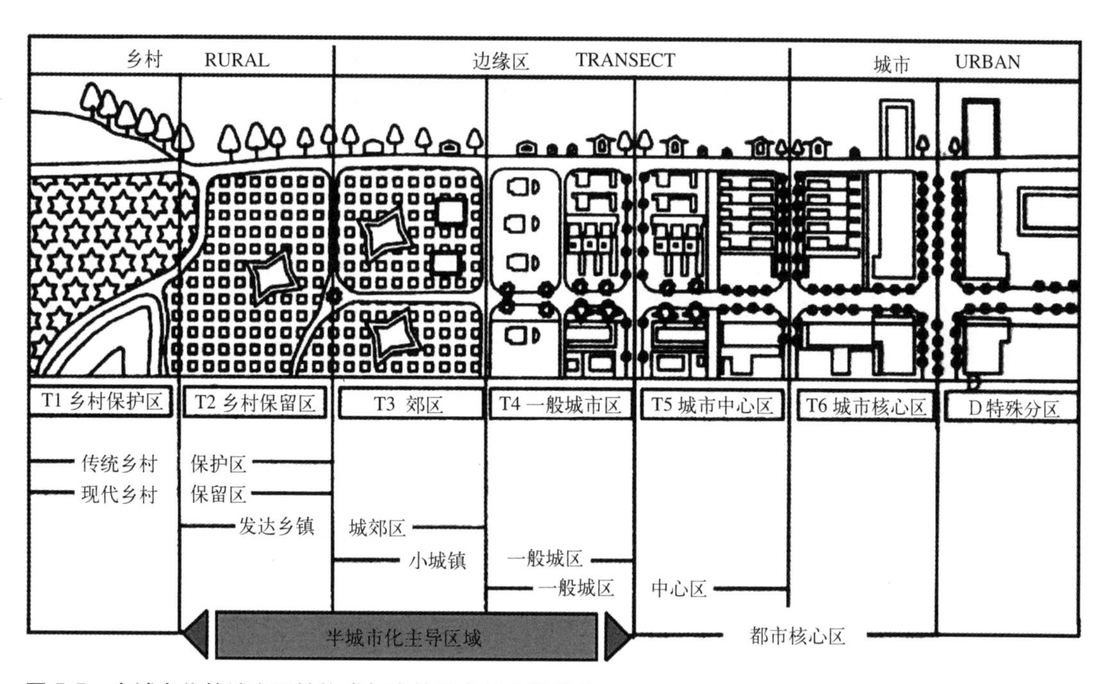

图5-5　半城市化的城乡属性构成与产住整合的土地载体

来源：改绘自 John Punter 等. 控制城市形态的可持续发展原则. 国外城市规划，2005（6）：31-37

（1）模糊化的混质空间肌理

城乡过渡区的形成源于农村工业化和城市产业化扩散两种类型的增长模式，而加拿大学者麦吉针对此种现象提出了 Desakota（灰色区域）模式[2]，即基于城乡连绵的人居空间，依靠经济和人口流通网络进行拓展的土地格局，其非农化人口密集程度高，城市化发展相

[1] DFD，London. Literature Review on Peri-Urban Natural Resource Conceptualisation and Management Approaches[R]. London：DFD，1998：10-30.

[2] 刘盛和，陈田，蔡建明. 中国半城市化现象及其研究重点 [J]. 地理学报，2004，59（S）：101-108。

对分散，比较典型的例如长三角中小城镇群与发达乡村网络。产业结构的多样性和聚居体的密集性，使得非农型建设用地迅猛扩张，呈现“村村像城镇，镇镇像农村”[1]的景象。进而，土地利用的耗散格局直接导致宏观产住空间的混质肌理。

（2）动态化的混质空间职能

图5-5显示城乡过渡主导区域为发达乡村和中小城镇连绵区，以及城乡结合带。在城市化的正向和逆向推动下，不同阶段的经济和人居形态在同一地域不断发生转型、升级和跃迁，形成自发的城乡一体化格局[2]。土地的兼容性造成局部空间职能分布的非均衡性。同时，非农性产业和非正式产业的普遍发展，要求空间功能具有多样性和可变性。半城市化的独特模式促使人居形态从“城乡二元”演化成为“城乡三元”[3]，快速而动态的空间职能转换，在时间维度上促动产住的混合增长。

（3）多元化的混质空间管控

由于半城市化发展的聚居过渡性、动态性特征，功能和空间组织难于统筹在稳定的规则之下。而城乡过渡区又是产住增长最快速的区域，管控政策必须提供足够的自由度来维持发展动力：一方面，传统农村的土地管理体制和现代城市的土地开发模式多样并存；另一方面，开发投资主体和政府管理主体形成多种组织。多种力量的交叉增加了城乡过渡空间的复杂性[4]。事实上，产住混合空间的建构多由基层团体（行会、村组）实际协调，而分散性、小规模的空间组织更体现朴素的产住一体化需求。

5.1.3　多元从属的社群网络交织

功能和空间的弹变性虽然是产住共同增长的物质层面特征，但在聚居实证中却反映出社群组织的社会多缘性。由于城乡差别和行业差异，产住混合化的社会群落结构比较多样，社群人员的类型比例存在较大差异。产住个体类型包含原有产住户、农转非户、外迁经营户、流动个体户等。在社群组织上，就地转型居民和异地转迁人群相互交织，同一圈层大多从事相同行业，既竞争与合作，往往又是生活邻里，兼具传统封闭型和现代开放型社群属性。

源引费孝通的观点来看，血缘、亲缘、地缘、业缘成为社会关系的“缘动力”。而业缘作为非人格化要素，对产住社群组织具有特殊性。科尔曼（J. Coleman）进一步提出，家族产住单元的生成源于内部延续性（internal-spontaneity），但共同体的运行则是外组织(hetero-organization ）的过程。人格化和非人格化两种动因在产住社群中同时存在，社会组织状态产生了层次化与交织性的混合（图5-6）。

（1）差序化的群体组织法则

由于产住共同增长的“社会化小生产”背景，人格化和非人格化因素对聚居社群产生的影响相互交织，即产住共同体是以半封闭半开放的圈层方式而存在。在中国传统的宗族社群特征中，聚居组织包含四个要素：“血缘系统的人员关系（产住主体）；以家庭

---

[1] T. G. McGee. The Emergence of Desakota Regions in Asia：Expanding a Hypothesis[M]// N. Ginsburg. The Extended Metropolis：Settlement transition in Asia. Honolulu：University of Hawaii Press，1991.

[2] 石忆邵，何书金 . 城乡一体化探论 [J]. 城市规划，1997（5）：13-19。

[3] 于北溟，郭东明 . 中国半城市化现象溯源及其存在价值研究 [J]. 理论观察，2006（4）：6-16。

[4] 曹国华，张培刚 . 经济发达地区半城市化现象实证研究 [J]. 规划师，2010（4）：78-83。

为单位（产住单元）；聚族而居或相对稳定的居住区（就地化的产住载体）；有组织原则、组织机构和领导人，进行管理（非正规、隐性化的产住秩序）。”[1] 但在现代社会化趋势下，规模性、制度化发展又必然要求产住社群打破边界，融入外组织因素。在图 5-6 中，圈层 I ~ IV 社会关系的紧密性呈现梯度层次。而共同体的组织形态，则取决于产住社群的级差构成。

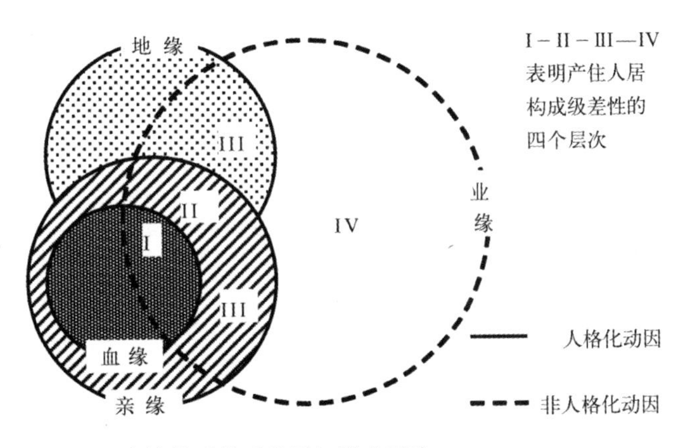

图 5-6　产住社群关系类型与梯度层次

（2）多元化的个体从属特征

群体层面的产住圈层团体具有不同功能的属性和目的，因而个人或家庭单元需要同时从属于多个不同种类的圈层团体，才能满足聚居持续发展的各项活动。在产住社群建构的微观尺度中，个体一直处于复杂的社群共同体中[2]。以图 5-7 来看，个体的社群从属方式，必然建立在以个体单位为核心的多链接、交叉性的网络基础上。从属关系的多元化，使得产住各种功能通过个体进行交会与混合，并以个体与个体、单元与单元之间的关系“亲疏”作为决策依据。在浙江等地的“家族制”模式中，聚居体系直接反映在经营组织中。同样，任人唯亲、乡邻化的产销网络[3]，对非正规和半城市化地区的产住混合过程影响深重。

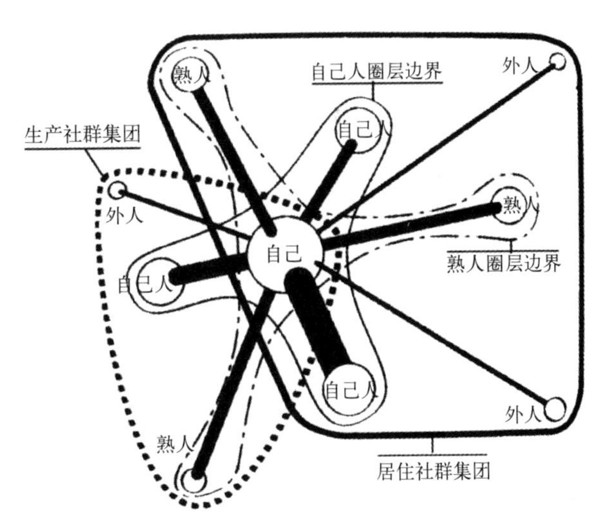

图 5-7　产住个体的多集团从属特征

来源：改绘自李斌．空间的文化——中日城市和建筑的比较研究 [M]. 北京：中国建筑工业出版社，2007：128

[1] 冯尔康．中国宗族社会 [M]. 杭州：浙江人民出版社，1994：7-11。

[2] 李斌．空间的文化——中日城市和建筑的比较研究 [M]. 北京：中国建筑工业出版社，2007：127。

[3] 参见：李明华，杨超，张本效．村落的技术 [M]// 杨建华编．经验中国——以浙江七村为个案 [M]. 北京：社会科学文献出版社，2006：124。

5.2 产住内生协同的局域动因

产住混合是由局部到整体的过程，其形成与发展需要基于特定的空间单元。从实证来看，产住共同的空间载体范畴包含自然、人文、经济以及行政 4 种区划类型（表 5-2）。当前，农村工业化和农业人口非农化发展，是中国城镇化发展的主要动因和途径。因而，区域空间增长立足于传统农业和自然聚落的转型，同样也包括地区性建设的意识转变。在产住混合的地域因素比重上，民本性需求要远远高于行政和制度的推动[1]。这同样导致原有各形各类的地区聚落的自我跃迁，成为产住功能转型和升级所依赖的空间增长点。而在内源性动因上，聚落不仅是产住活动的空间载体，更被视为是产住经营的物质与社会对象。

产住协同的空间区划类型与特征　　表5-2

空间单元	内聚动因	外斥动因	增长绩效法则	与聚居叠合性	案例样本
自然区划	地理空间共在性	山水自然地形阻隔性	人与自然协调与可持续	天然载体的混合性	水网市镇、海岛渔农村等
人文区划	传统与文脉共同性	社会文化与观念差异性	社群稳定导向	自组织混合	浙东学派、永嘉文化等
经济区划	区内产业分工与协作	区域之间竞争与博弈	利益与效率导向	自组织为主与他组织为辅	绍兴柯桥轻纺产业群落
行政区划	区内资源调配与统筹	管辖权力分属与限定	规范、合法与公平导向	他组织区划	台州三区二市四县行政格局

以不同尺度下的共同体为基础，区域化产住协同的内生性动因通常具有 3 个层面。首先，宏观尺度的内部要素集散，主要发生在以多个中小城镇及其乡村腹地组成的产住绵延带，内含 1 ~ 2 个区域中心城市或乡镇，能够提供区域性产住共同组织的肌理性动力；其次，中观尺度的内生模式建构，以聚落组团或者产住片区为基本单位，其空间布局和建筑营造遵循区内特定的形态方案，并被产住活动的实践所检验，人居适宜性较好；再者，微观尺度的聚居社群组织，能够建立有效的信用和契约机制，可以对以乡邻、家族、家庭为单位的经营性主体产生直接影响，形成具有特定归属的产住共同意识和行为准则。

5.2.1 块状城乡统筹的宏观集成特征

在农村工业化和城市扩展化的双向发展中，“混合性增长”成为我国新一轮城镇化的重要特征（表 5-3）。以中小城镇为核心，城乡交融区域形成大量空间斑块体，产业集聚与人居增长在地理单元上高度叠合，呈现出宏观空间尺度下的“块状化”景观格局。以浙江为例，受世界人均水平 1/3 的土地资源制约，88 个市县区有 86 个形成了块状的产住混合群落[2]（图 5-8）。进而，以聚居单元为载体，形成规模大、层次多、分布广的产住一体化现象，并在根源上推动了特定区域的经济、人文地理演进与生产、生活模式跃迁。

---

[1] 韩淼．城市群中人类聚居活动中聚集型问题综述 [J]. 知识经济，2010（4）：50。

[2] 浙江省发改委课题组．推进经济空间集聚：主线、布局与路径 [J]. 浙江经济，2010（10）：28-29。

块域化混合增长的路径特征比较　　表5-3

城镇化类型与途径	产业结构与经济基础	发展机制与增长动力	人口属性与从业特征	空间结构与土地利用	基础设施与公共条件
农村工业化模式与导向	农业与非农业生产高度混合，非农业化加速	内向型，其实质是农村聚落的就地转型趋势	人口相对稳定，非农劳动力的女性比例提高	以原有村落为载体，混合布置生产、居住用地	基础设施依靠区域网络支持，产住互补共享
城市扩展化模式与导向	经济相对发达，城乡融合渗透，外向经济为主	外向型，其实质是城市活动向外围扩展趋势	人口流动性强，从业格局明显转向第三产业	大城市为中心，产业、居住、设施用地混合	基础设施接近城市水平，满足现代产住需求

1）块状化的产业集聚，是农村工业化和产销一体联盟的必然格局。块状化产业集聚在各自地理单元下形成同质化的聚集形态，不同的产业圈层通过分工与协作而集聚成宏观地理的经济网络体系（图 5-8）。以波特簇群理论来看，块状城镇化的宏观增长是基于“企业—市场—聚落”的群落化（cluster）现象[1]。产业发展依赖于区域独特的增长极，即地源性的独有资源要素。

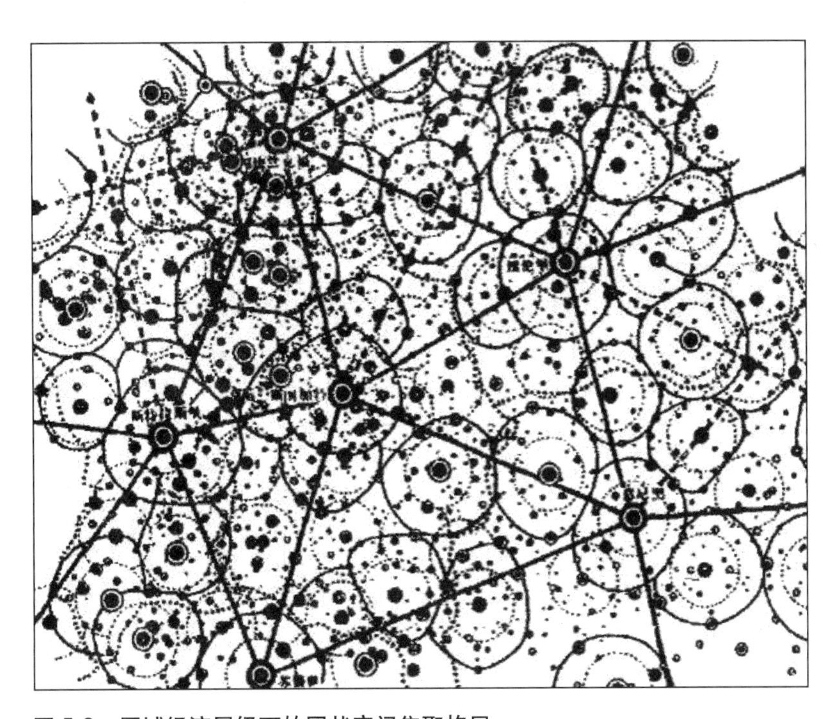

图 5-8　区域经济层级下的团状空间集聚格局

来源：W. Christaller. Central Places in Southern Germany[M]. New Jersey：Englewood Cliffs，1966：180

2）块状化的人居增长，在一定程度上归因于产业块状发展对原生聚落体的嵌入、分割和重组作用。在图 5-9 中，产业集群的块状化和网络集聚程度，与地区的城镇化和聚居

[1] M. E. Porter. Clusters and the New Economics of Competition[J]. Harvard Business Review，1998（11）：77-90.

发展呈现正相关性❶。产业集聚区在原生聚落中，快速导致非农化进程，而对城市扩散性区域则吸引了大量外移人口。产业密度的块状提升，带来了聚居人口密度的块状增长，并表现出宏观尺度上的，产业经济体斑块与人居空间体斑块，形成“马赛克”状的形态特征。

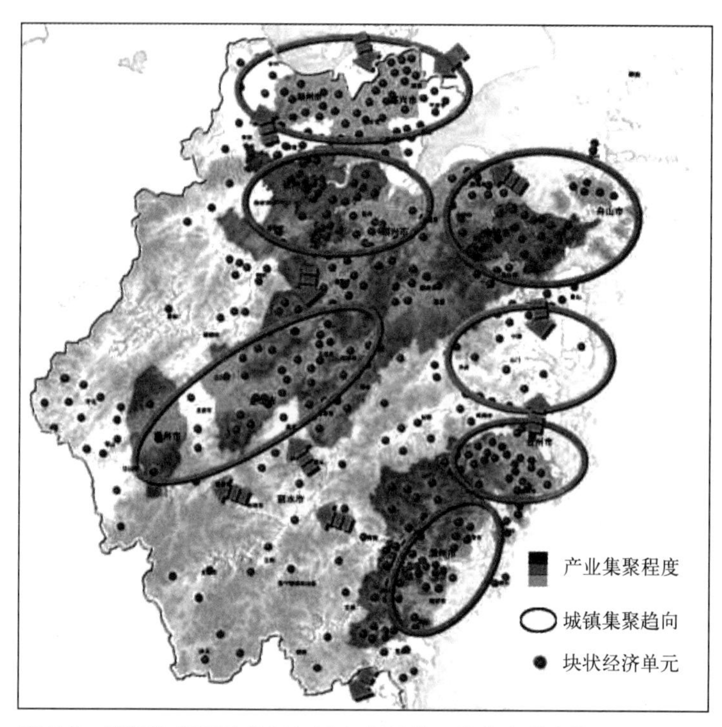

图 5-9　浙江块状经济单元与城乡人居单元的宏观整合格局

数据和底图来源：浙江省经济贸易委员会 . 浙江“块状经济”发展报告 [R].2008

产住二元的区域块状化集聚与整合，本质上是对聚居地资源优势的自组织过程，在宏观对象上包含：①实体性资源，即强调土地资源、公共设施、物流体系的区域单元集约；②虚质性资源，建立资本网络、人脉资源、社会认同在原生型和嵌入型聚居地的内生性循环与增殖。因此，块状功能混合的宏观背景作为产住共同体生成的“土壤化”动因，具有以下主要特征：

1）地域性锁定原则。“块状共同体”是一种社会组织上形成的地域性圈层。产住个体活动经验绩效通过邻近效应、信用机制，形成地域内部“连锁效应”❷，呈现出类似“多米诺骨牌”式的传递特征。同时，土地权属与分配，资金流通与循环，聚居认同与共享，都以特定“社会体”为核心。产住要素与地区内向性，直接导致块状化的空间扩张形态。

2）集群式竞争原则。块状集聚包含了两种社会共同组织模式：即外来流动人口为主导的从业型空间集聚，和以原有稳定人口为主导的居住型集聚。从对外竞争视角来看，同类型产住单元更趋向依靠共同平台而形成集群联盟。产住单元既具有个体的独立性，又形

❶ 朱英明 . 我国城市群地域结构特征及发展趋势研究 [J]. 城市规划汇刊，2001（4）：55-57。

❷ 韩淼 . 城市群中人类聚居活动中聚集型问题综述 [J]. 知识经济，2010（4）：50。

成整体的邻近性。产住单元经过内部的群化协同，建立整体的外部竞争优势，并在聚居成本上符合“规模递增”[1]原则。

3）混质化共享原则。块状的生产扎堆和居住集中，源自于对内的开放法则。通过区域内多种方式的开放，产业发展所需求的信息得以传播和扩散，产生整体效益。而聚居的集中布局，使得区内基础设施共享利用和邻里效应得以充分发挥。块域的产住共享平台，提高了生产、生活行为的应变速度，进而降低了资源耗散和重复建设的成本，但共享对象需要符合“共同体”意识认同的范围。

5.2.2 邻近组团效仿的中观拓张格局

根据第 4 章对人居共同体特征的解析，聚居复杂适应系统存在智能化的组织效仿能力。在中观尺度的聚居空间上，块状化集聚背景提供产住个体的群化基础，产生组团化的邻里单元；个人、家庭和家族的意识集中又支持了组团“精明趋优”。结合二者，中观聚居单元增长兼有组织性和学习性特征；而功能混合模式在聚居组团内部的传播性，则成为产住共同体重要成因。

共同体在组团层级表现为“团状”空间、“团体”组织和“团结”意识三个重要性状。聚居共同体组团作为有机体，对环境具有显著的适应性。在产住功能增长的过程中，分散性的个体通过不停的“试错”来寻求和检验现有聚居组织和载体的绩效，并不断“去劣趋优”，最终形成聚居组团整体的内生性“优胜劣汰”的可持续演进机制[2]。基于共同体的共生、共享、共荣原则，通过实证检验的新适应性形态，则演化成群化的学习与效仿对象[3]。

产住聚居构形的空间过程，很大程度上是共同体对混合功能绩效认同的意识反映。本土人居背景的“多元从属”人际圈层特征，进一步表现出其建构行为的同化过程。根据法国学者加布里埃尔• 塔尔德（Gabriel Tarde）观点[4]，产住混合在中观聚居体内部的效仿性规律如下：

1）向下传递性。组团内学习是下层个体向上层个体的模仿路径。由于组团内部的邻近原则，混合功能聚落形成初期的个体绩效增长，成为推动其他单功能个体转变的动力源，特别是经济上“先富带后富”具有明显的下降传递格局。以“能人效应”[5]为特色，图 5-10 台州工业村样本中最先获得产住混合利益的个体（混合度≥ 80%），直接引发自下而上对混合功能的群化效仿行为。

2）几何增长性。组团内的模仿一旦开始，所影响和改变的单体数量便按照几何倍数增长。组团学习方式，不只是一对一模仿，而是群体性的散播，这使得产住混合方式

---

[1] 在经济学理论上，规模递增（increasing returns to scale）是指要素规模达到一定规模程度后形成专业化的分工生产，从而降低了成本。同时，要素规模化使得要素之间可以共享、共用、循环利用的条件和机会大幅提升。综合二者因素，形成规模与绩效的正比例增长特征。

[2] 李浩 . 城镇群落自然演化规律初探 [D]. 重庆：重庆大学，2008：56-58。

[3] 原献学 . 组织学习动力研究 [M]. 北京：中国社会科学出版社，2007：17-21。

[4] [法] 加布里尔· 塔尔德 . 模仿律 [M]. 何道宽译 . 北京：中国人民大学出版社，2008：36-42。

[5] 能人效应，是指在城镇化过程中出现的精英型个体。在聚落组织中，可以分为政治精英（制度能人）、经济精英（产业能人）、社会精英（非正规组织能人）等，多数精英在聚居体制内外往往是相互交融和重叠的，对其所在区域内的产住共同发展起到了“传、帮、带”的重要示范作用。

在每个传递步骤，都形成更多的下一级影响源。以空间线为依据，图 5-10 聚居样本在 1999 年混合度大于等于 80% 的个体数为 16 户，到了 2001 年增至 33 户，而仅在一年后这一数字甚至达到 72 户，为原先的 4.5 倍。在时间线上，第三年扩展速度是第一年的 4.8 倍。

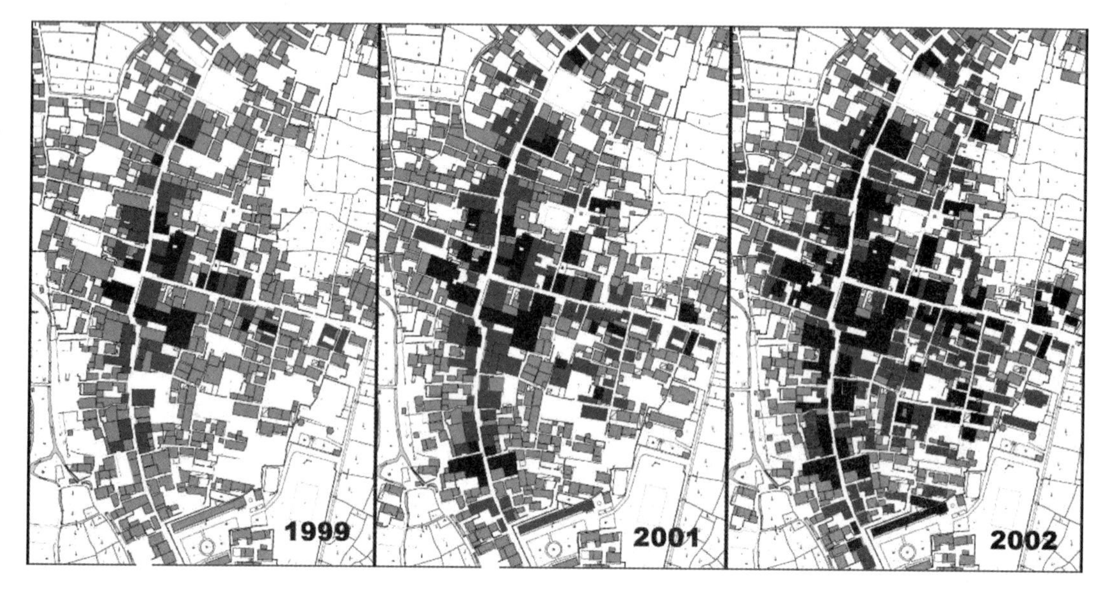

图 5-10　小生产混合功能聚落中产住单元传播与扩展（产住混合度分布：■≥ 80%，■≥ 50%，■≤ 30%）
来源：调研自绘，底图来源：台州建设规划局 . http：//map.tzsjs.gov.cn/DesktopModules/map/

3）先内后外性。与聚居邻里效应一致，组团式学习过程同样遵循邻近原则。样本图中的混合功能模式传播，以原先高混质度的单体户为核心，由内向外递推。其功能混合程度同样具有向心递增的发展规律，其中公共性、共享性的资源设施平台是组团学习由内向外的空间途径，例如图中聚落的“T”形中心道路，成为混合功能建构的重要传播渠道。除此之外，在社会关系亲疏上，产业信息和建构技术的传授同样遵循着“由内而外”的圈层规律。

综上，中观组团尺度效仿性的混合功能增长，同样强调明确的地方化色彩，即离开原生的聚居空间，产业和居住则失去了混合与增长的基础动力。而无论是经济诱因，还是信任机制的作用，群化的个体学习过程，在组团内部促成了产住功能混合从“星星之火”到“燎原之势”的增长❶。

5.2.3　基层社群认同的微观共同意识

当前，中国城镇化通过中西交融和地域化根植的特色路径，深刻影响着人居基层尺度的社群建构方式和组织形态。传统族群单元与现代社会化产住发展体系对接过程中，出现多元视角下的社群组织变革（表 5-4）。

---

❶ 朱友华，陈修颖，蔡东 . 浙江省现代工业型村落经济社会变迁研究 [M]. 北京：中国社会科学出版社，2007：197-200。

中国城镇化过程中社群组织变化的背景　　表5-4

背景要素	城镇化初期（20世纪80年代初至90年代末）	城镇化加速期（20世纪90年代末至今）
制度格局	国家主导的等级化集权式	地区权力放大，自主性加强
经济视角	由无组织转向自组织经营	自组织与他组织经营相结合
管理形态	等级化纵向管理体制	扁平化横向网络管理
产业方式	集中化、规模化的大生产	弹性化、精细型、个性化生产
劳力因素	粗放性体力劳动为主	技术性体力劳动和脑力劳动主导
市场体系	面向直接消费群，交易周期长	面向专业需求对象，交易周期短
竞争特征	地方/区域非充分竞争	全球开放和区域充分竞争
社群特征	族群较封闭，壁垒明显	族群范围扩大，圈层半开放

首先，由于经济块状化集聚，产业驱动了以地区利益集团为基础的增长格局。随着区域内社群分工与协同关系的强化，传统家族化的小生产共同体与现代社会网络组织相互结合，转向并扩大成为亲缘、地缘和业缘交织体为纽带的共同体，即地域性和半开放的“小族群”模式，这正如费孝通对此状态的定义为：“新型的正从乡村性社区变成多种产业并存的，向着现代化城市转变中的过渡性社区，它基本上已经脱离了乡村社区的性质，但还没有完成城市化的过程。”[1]“小族群”在基层人居单元的生成，是产住混合社群建构的第一次跃迁。

其次，组织生产、经营的行业体系和现代制度的植入，改变了社群公共核心的居住单一属性。原先服务于群体的共享性社会资源，融入共同体内产业要素的流动社会网络。来自多样化、不同城镇化程度的产住社群外部竞争，使得局部的“小族群”跨越了传统城镇化的粗放集聚阶段，直接进入有机分散式协同水平[2]。在形态上看，高级阶段的产住社群不只强调聚居的向心组织，而更加注重在产业要素流动向下的网络联系。共同体中心核的功能拓展与升级，成为产住聚居社群动态稳定和自组织平衡的第二次跃迁。

考察城乡不同的产住共同社群样本，“小族群”边界及其有效影响范围因素，包含传统性、正规性和非正规的三种组织机构，可具体表现为广义的家族体内核，自发式的联盟体边界和制度化的社团体系统。

（1）**广义化的家族体**

在生成和集聚期，一方面在家族原则下，生产、生活关系通过树形亲缘结构来形成等级体系，以传统“家元”和“族阈”为核心[3]，建立社群划分和归类标准。另一方面，在生产组织“效益”原则的社会关系下，经营性实体以亲族成员中的骨干点为中心形成集聚网络。因而在两种社会体系影响下，父辅助子，弟带领兄，近亲依托远房的情况非常普遍。通过

---

[1] 费孝通．小城镇　大问题[M]//小城镇四记．北京：新华出版社，1985：68-72。
[2] 王自亮，钱雪亚．从乡村工业化到城市化——浙江现代化的过程、特征与动力[M]．杭州：浙江大学出版社，2003：30。
[3] 张康之．论族阈共同体的秩序追求[J]．社会科学战线，2007（1）：193-199。

组团效仿性传播，基层“家族体”多元利益认同，在聚居建构的维稳意识中逐渐形成了产住混合增长的“诺斯路径依赖”[1]。通过调研早期农村工业化的社群样本，家庭型和亲族型的产住混合主体比例占到聚居社会构成一半以上，而温州上园村的样本数据可以达到68%（图5-11）。但随着产住聚落的成熟，亲缘比例过大在一定程度上成为生产效率提升的阻碍，逐渐被现代社会网络所剥离与更替。在2008年对义乌福田市场社区的调研中，家庭和亲缘比例总和为47%（图5-12），已经与非亲缘的社群比例相当。

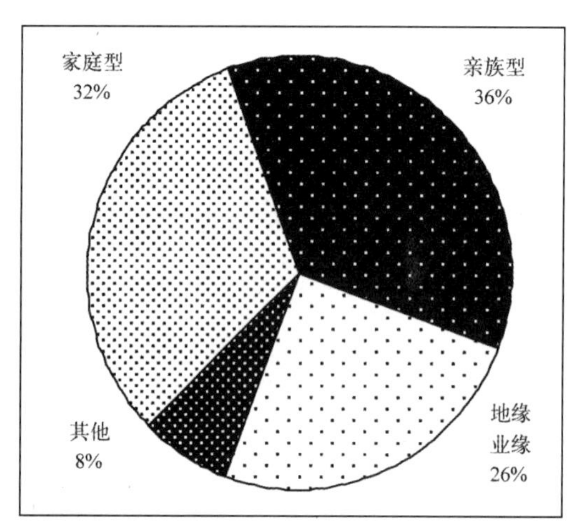

图5-11 （温州柳市上园村）工业村产住社群构成

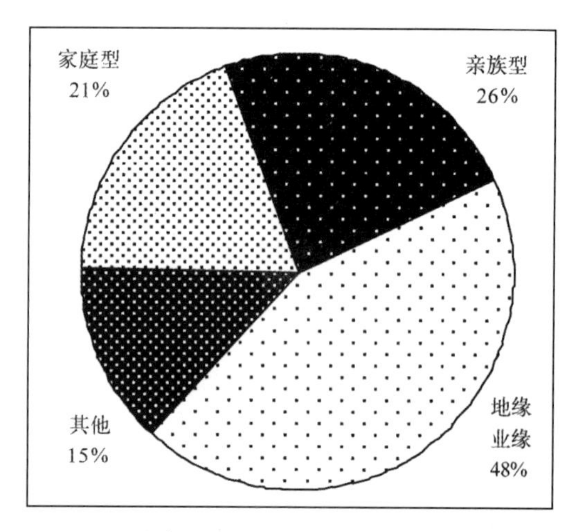

图5-12 （义乌福田饰品城）市场聚落产住社群构成

此外，与西方资本市场发达的多元化财富储存与流通形态不同，中国背景下区域化家族群对财富使用的主导意识，仍然趋向于区内生产与居住资产的锁定性特征。在农村聚落中，生产与经济所获得的利益，大量被转化成再投资（产）和购地造房（居），而中小城镇同样表现为置业与买房行为。受传统思维影响，“家族体”在财富积累观念上再度形成了产住混合的实体化认同。

（2）自发式的联盟体

根据美国学者施坚雅对长三角等地区的实证观点，基层经济体是生产共同体和交易（市场）共同体的结合。地域性产业分工和城镇化需求，是产住混合范式生成的内源拉力。与西方机制相比较，中国城乡过渡模式的产住混合增长背景，并不是直接从自然经济形态进入现代市场经济体系，基层性产住共同体具有联系城乡二元的社会结构和组织实体，内生性的产住联盟对功能组织制度影响颇深。而反观外在的组织作用力，“自上而下”的制度规划建设体系，却仍然处于粗放管理和无章可依的状态。因此，大量自发式的产住共同营建机制充满活力，同样产住建设的管理与协调，也需要依靠多样化的产住联盟组织来实现：

[1] “路径依赖”最早由美国学者道格拉斯·诺斯（Douglass C. North）提出，类似于物理学中的惯性，事物一旦进入某一路径，就可能对这种路径产生依赖。对组织来说，一种制度形成以后，会形成某种既得利益的压力集团。他们对现存路径有着强烈的要求，他们力求巩固现有制度，阻碍选择新的路径，哪怕新的体制更有效率。因此，从产住混合的泛家族共同体组织来看，以家族和亲缘体系建构的有效聚居建构机制是对中国传统农耕文化思想的一种延续，对区域产住物质配置同样具有锁定效应。

1）行业联盟表现为：门槛低，锁定当地资源，家庭所有制企业，小规模经营，劳动力密集和自有技术，事业经验和朴素经济观念影响决策，不受政府管制的竞争的市场[1]。组织与成盟过程为自下而上，自愿组建，民主决策。

2）居住联盟体具备中介性、民间性、服务性、互助性特征。居住自组织性机构多为从业、居住或需求相同的群体。联盟的运行往往跨行政区域、跨家族、跨建设模式，在高级阶段能够协同政府职能，对内发挥引导和自律作用。

（3）制度化的泛实体

除了完全的自组织社群形态，现代产住聚落建构逐渐趋向民间联盟性组织与政府机构的结合。事实上，多样化的联盟体在很大程度上都需要有共同意识的合法而权力化的代表，在基层聚居单元中，一方面，政府机构（街道、村委会）往往权力集中，职能多元整合，且自主性强；另一方面，基层小团体内的非正式组织都由自下而上的选举而成，甚至相互交叉。此外，在基层，行政机构往往与民众组织有较多的利益交集，并促成政民一体的共建共营机制。

以温州上园村产住社群为样本，村两委会（党委、民委）作为村民经营代理，在1992年通过决策引入了电器城项目，以工商兴村[2]。至2008年，全村356户在村集体机构引导下注册家庭工商户200家。如图5-13所示，村落肌理中产住混合单元星罗棋布，形成内部集中、密致混合的商住界面。

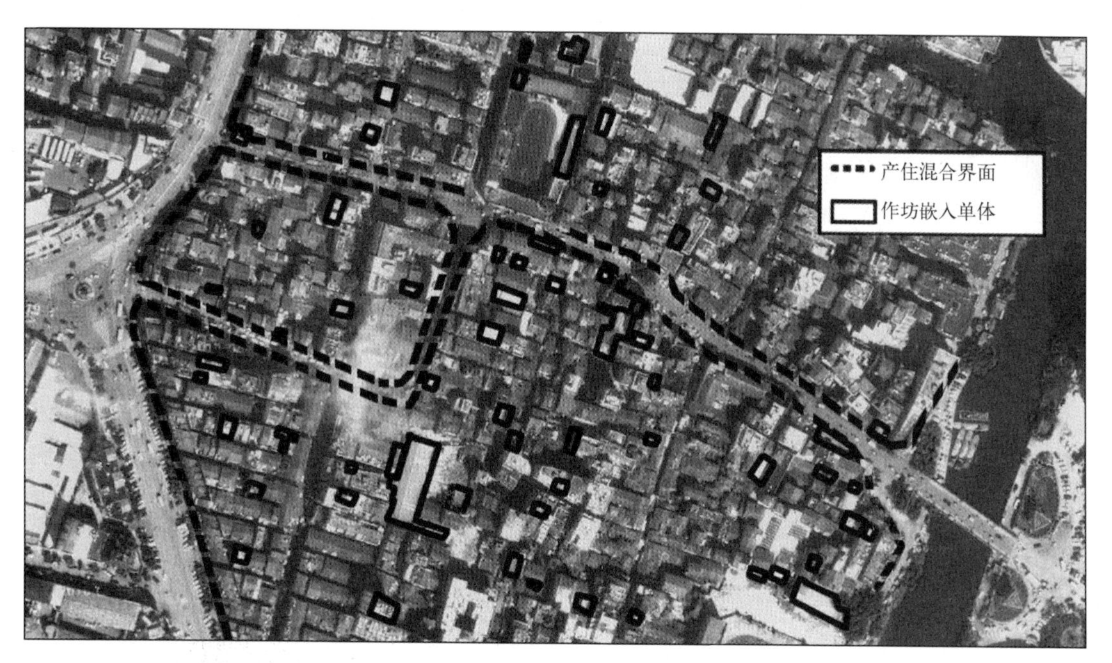

图5-13　温州柳市上园村产销实体对聚居空间的嵌入格局

[1] E. Louis. The informal sector revisited[J]. The Brown Journal of World Affairs，2005，6（2）：91-99。

[2] 陈修颖，朱友华，于涛芳. 浙江省市场型村落的社会经济变迁研究 [M]. 北京：中国社会科学出版社，2007：79-83。

5.3　产住共同体的衍生与类型化

透过聚居历史比较，当代西方混质人居在规划建设体系中的演进并非线性，存在着导向上的反复；而反观中国产住共同聚居，组织特征因循重等级、轻功用的观念，在社群关系上强调层级划分，功能空间上却偏向多元聚合。以中式思维为背景的产住共同体形制具有明显的历史连续性。长期以来，空间混合使用模式在人居增长和城市化进程中一直存在，量大面广，并衍生出复杂多样的时代性和地域性的建构范式[1]，例如浙江通天房、闽粤竹筒屋、台湾透天厝等，以及受到中国聚居营造体制影响的日本传统町家和现代街屋模式（图5-14）。

浙江台州通天房

广州近代竹筒屋

台湾商住透天厝

日本福冈长条街屋

图 5-14　区域多样化的产住混合宅形范式

对应于人居现象发生动因的内部性与外部性关系，复合化的生计方式和紧缩的土地配置特征，构成了产住混合形态直接而显性的动力；而多缘的社会结构则作为间接性动力，隐含于产住聚落的组织运行中。总体来看，类型化产住模式的生成既是空间定型过程，又是社会稳定过程。在单体、组团、块域的尺度分层下，生计方式、物质要素、空间载体和社会结构的支撑体系，对产住共同体范式建构具有最直接的影响力。除此之外，地方文化传统、政策组织、营造技术等方面，也间接成为区域产住共同体的属性塑造机制。

从混合功能人居发展来看，范式演进的连续性与变革性相互作用[2]。一方面，各种动因在空间和时间上的作用不均衡，形成了产住共同体范式化的丰富类型；另一方面，多样化的产住共同体范式在组织要素、结构、层次上的衍生与分化，则在很大程度上探索和提供了人居建构的地域适应性。

5.3.1　我国产住混合模式的当代发展

在当代，除了传统营造观念和西方建设模式交叉影响，国家政策的跌宕起伏成为产住共同体人居“存”与“兴”的时代背景。自从1949年新中国成立以来，产住混合范式所依赖的个体私营业态，一直处于制度与民情的博弈往复状态，并随着生产力和人居水平的涨落，

[1] Amos Rapoport. House Form and Culture[M]. New Jersey：Prentice-Hall Englewood Cliffs，：122-125。

[2] 李立. 乡村聚落：形态、类型与演变 [M]. 南京：东南大学出版社，2007：38-42。

形成中国特色化的产住混合人居的发展轨迹。

（1）生长阶段（1949 ～ 1957 年）

建国初期，个体私营经济受到国家政策的鼓励和扶植，1950 年土地政策改革明确了小工商经营者、富农等个体的土地、工具、财产和经营所得的权属。❶ 大量“单干”的产住一体户形成了以家庭户为单位的生产群体，促进和恢复了国家经济和城乡建设。而在 1953 年以后，从农村互助组、初级社到高级社，聚落单位被划分为集体性的生产单元，区内成员劳作、食宿等行为都高度集中 ❷，在中观尺度提供了产住聚落的雏形（图 5-15）。

（2）变革阶段（1958 ～ 1961 年）

随着市镇工商业的社会主义改造，大量私营手工业、商业转为公营主导。1958 年“大跃进”的开展，全国各地大办工业，造成人口向新兴工业区集中。一方面，生产规模的扩大化造成原有聚落的产住共同单元被打破，产住分离开始显现；另一方面，城镇工商业改造成公私合营形态 ❸，而农村人民公社 ❹ 更限定了农民自由经营权，产住的个体混合度大幅降低。

（3）萎缩阶段（1962 ～ 1978 年）

国家政策导向从恢复“小自由”（恢复自留地，提倡正当的私营工商业、个体家庭副业）转向限制“小自由”。从 1962 年开始，全国的城镇化率从 19.26% 下降到 17.33%，非农化人口减少了 1048 万 ❺。在“文革”十年间，1976 年全国城镇个体工商业者只剩下 19 万人，仅为 1966 年初的 12.2%。中小尺度的产住混合发展基本停滞，丧失活力。

（4）复兴阶段（1979 ～ 1987 年）

改革初期国家对私营性质经营活动管制依然十分严格，但在东南沿海等地已经出现私营行为的萌芽和制度变相松动。例如在温州，虽然私人无法取得合法经营权，但可以通过集体企业名义“挂户经营”❻，这种个体家庭生产具有 20 世纪 80 年代的“专业户”性质。1982 ～ 1985 年间，个体工商业的户数和从业人数年平均增长 64% 和 77%。加之农业全面实行包产到户，农民的兼业模式 ❼ 也相当普遍（图 5-16），恢复了产住混合自发增长格局。

（5）徘徊阶段（1988 ～ 1991 年）

受国家宏观政策的调整和政治形势的变化，私营和个体性质的经营出现较大下滑和停滞现象。在宏观政策上，国家关于货币和银行信贷的紧缩，大幅提高了个体经营的融资门槛。这一时期，私营企业资金困难和原材料限制，造成“三角债”等大量问题 ❽。其中，1989

---

❶ 中国共产党中央委员会 . 关于土地改革问题的报告 [R]. 1950。

❷ 中共中央文献研究室 . 新中国成立以来重要文献选编（第 8 册）[M]. 北京：中共中央文献出版社，1994：403-407。

❸ 20 世纪 50 年代末中国工商业社会主义改造分为两个步骤：第一步是把资本主义转变为国家资本主义，第二步是把国家资本主义转变为社会主义。在工业方面，私营企业多数已经通过股份改革方式转变为公私合营属性；在商业方面，国家掌握一切重要货源的情况下，通过使私营商业执行经销代销业务的方式向国家资本主义商业转变。以北京为首，全国 50 多个大中城市实现了全行业公私合营。

❹ 1958 年 8 月中共中央政治局扩大会议通过了《关于农村建立人民公社的决议》，决定在全国农村普遍建立政社合一的人民公社，提出要逐步扩大公社的规模，并且在并社过程中实现“自然变为公有”。

❺ 根据中国经济信息网统计数据，此部分数据为户籍统计。

❻ 挂户经营，是指没有取得独立的经济法人地位的个体或联户经营体，挂靠在国有或集体企业下，以挂靠单位的名义，从事生产经营活动的现象。参见：黄加劲 . 温州的挂户经营及其完善问题 [J]. 浙江学刊，1986（5）。

❼ 农民的兼业现象很大程度上源自乡镇企业的招工制度，乡镇企业所具有的浓厚地方色彩，使得招工原则需要保证招工名额平均到村镇的家庭，家庭型兼业方式成为最主要的产住共同体的聚居支撑。

❽ 凌四立，欧人 . 1989—1991 年个体私营经济徘徊的政策性因素 [J]. 重庆大学学报（社科版），2004（4）：45-49。

年个体经营户在持续十年增长后，首度出现户数 14.15% 和人数 15.77% 的下降。同时，受时局影响，过度强调个体私营的负面性，也加剧了产住混合发展的徘徊状态。

（6）加速阶段（1992 年至今）

邓小平南巡讲话稳定了私营个体企业的发展制度和策略，产住混合聚居发展进入快速增长期。2003 年，我国城镇化率首次超过工业化率，国家政策提出了“发展小城镇”、“中国特色城镇化”、“城乡统筹”等建设导向。在民本经济发达地区，产业业态和城乡聚居的类型被进一步丰富，以“浙江模式”为代表，形成了多样化产住共同体范式（图 5-17）。

图 5-15　20 世纪 50 年代末集体生产与居住并置景象

来源：Duanfang Lu. Remaking Chinese Urban Form：Modernity，Scarcity and Space，1949-2005. NY：Routledge Taylor & Francis Group，2006：109

图 5-16　改革开放后家庭个体私营经济的复兴

来源：李立 . 乡村聚落：形态、类型与演变 [M]. 南京：东南大学出版社，2007：57

图 5-17　2008 年产住一体化社区组团景象

来源：作者自摄

5.3.2　产住混合组织形态与维度

城镇市场社区和乡村产业聚落，是当前混质人居增长与范式化的两个基点。反过来，城乡产销分工的聚居协同，也为“浙江现象”、“苏南模式”等民营经济业态的多样化衍生提供了经济地理渊源。产住复合的关系具有明显的类型化组合规律可循。根据前面第2章英国学者阿兰• 罗利对混质功能空间的划分方法，我国混合功能聚居的现状同样可以归纳为时间性混合、共享性混合、水平性混合、垂直性混合四个基本维度(mixed-use dimension)。随着混合建构形制从初始期、增长期到成熟期的变化，产住二元通过空间共同性界面相互过渡、转换、复合，这必然依赖于混质维度的多样性与灵活性（表5-5）。

产住共同单元的范式维度特征　　表5-5

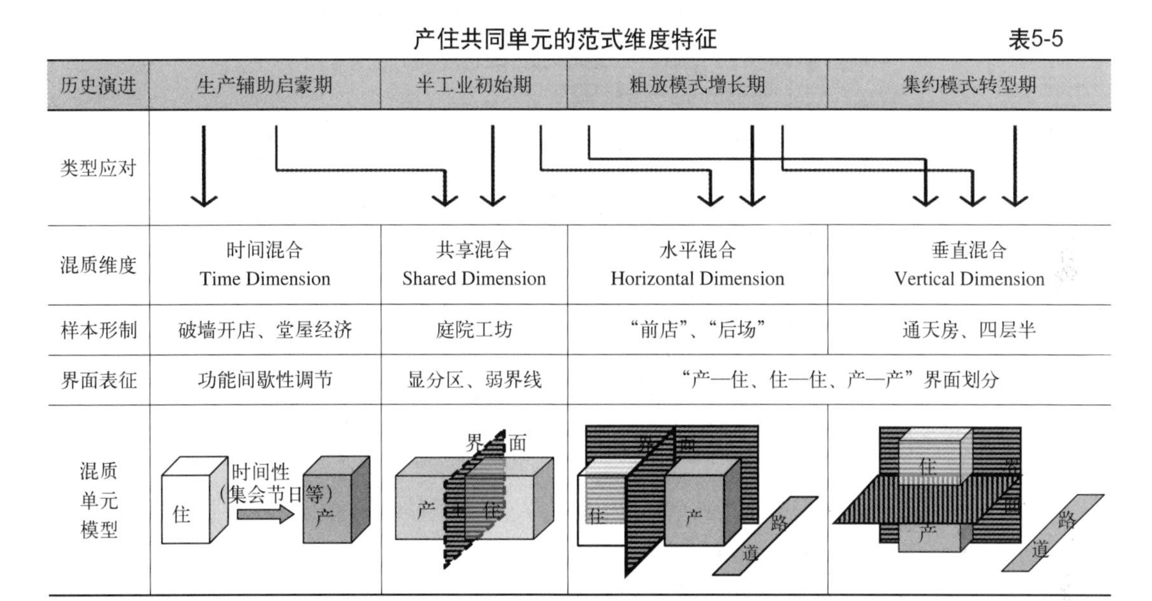

历史演进	生产辅助启蒙期	半工业初始期	粗放模式增长期	集约模式转型期
类型应对				
混质维度	时间混合 Time Dimension	共享混合 Shared Dimension	水平混合 Horizontal Dimension	垂直混合 Vertical Dimension
样本形制	破墙开店、堂屋经济	庭院工坊	“前店”、“后场”	通天房、四层半
界面表征	功能间歇性调节	显分区、弱界线	“产—住、住—住、产—产”界面划分	
混质单元模型	住 时间性（集会节日等） 产	界面 产 住	界面 住 产 路道	住 界面 产 路道

1）时间维度（Time Dimension）。在产住功能混质的启蒙期，通过周期性置换空间功能，来契合生产和市场时间变化。时间性的生计转换表现在“堂屋经济”、“破墙开店”、“临时经营”等现象，生产功能居于居住功能从属地位，产住二元缺乏独立的实质性交融界面[1]，这种混合维度的表达往往没有固定宅形。

2）共享维度（Shared Premises Dimension），是混质现象初始期，以规模化的“家庭工坊”为范式特征。例如嘉兴针织业盛行“租机之制”，仅在平湖县就有近万架织袜机散设于农宅。工副业成为生计主导，而农业却在一定程度上成为农民的兼业属性。在非农化增长成为一种稳定的生产、生活方式后，混合功能宅形有了明确的空间功能分区，但产住界面却与时间维度类似，依然较为模糊。

3）水平维度（Horizontal Dimension），在“浙江模式”、“苏南模式”的增长初期，发轫于前两种混质类型。范式样本具有产住之间明显的过渡性空间界面。例如在温州等地区，“前厂后宅”、“店宅合一”[2]的方式非常普遍，这种宅形单元很大程度上是通过传统江浙地区院落划分格局形成自然的功能界面（图5-18）。而随着经营空间膨胀，水平混质是以土

[1] Alan Rowley. Planning and mixed-use development：what’s the problem[R]. University of Reading，1998：7-8。

[2] 史晋川等．制度变迁与经济发展：温州模式研究[M]. 杭州：浙江大学出版社，2004：401。

地扩张为代价的粗放形态。

4）垂直维度（Vertical Dimension），以土地紧缩为原则，在产业“退二进三”的城镇扩张区和半城市化形成的中小市镇中尤其突出。垂直维度的形态范式基本采取底产（商）上住的形制。从产住混合宅形来看，市场经营性聚落的样本最为典型和普遍，例如台州“地到天”、义乌“四层半”等典型经营性安置用房模式。产住界面强调竖向结合（图 5-19），不同单元通过联排组合来实现集成。

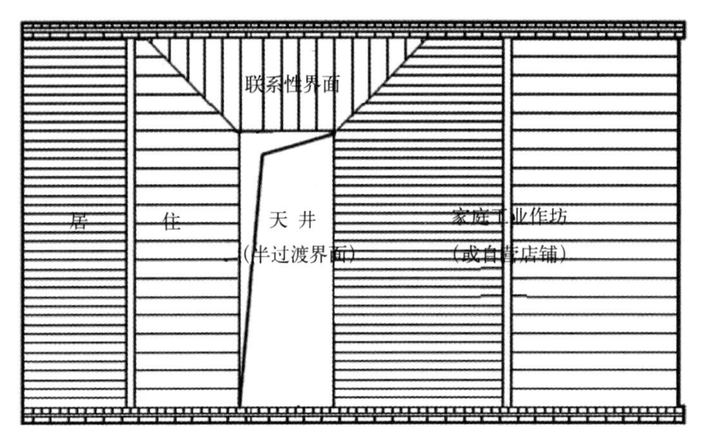

图 5-18　水平维度对传统宅形的界面利用

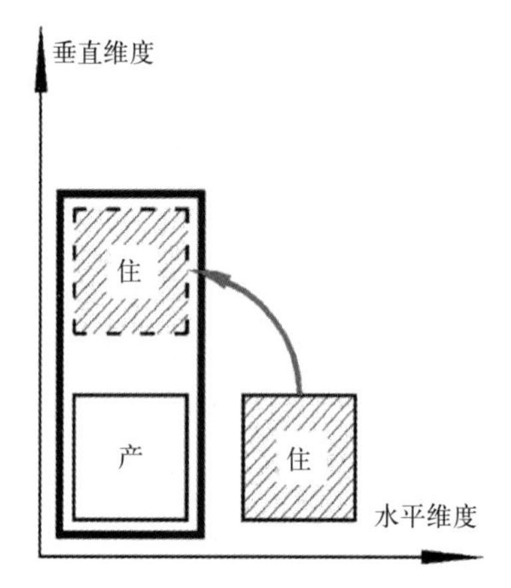

图 5-19　水平向垂直维度转变

综上，结合表 5-5 各分项的关联性，生计方式的类型转变，决定了产住共同形态的混质维度演进。一方面，不同社会时期下的混质维度具有纵向传承关系，另一方面，产住混合的关系并不是简单地拘泥于混质维度的界限划分，而体现出较强的社会个体的选择性和空间利用的灵活性。因此，即便是在同一时期或地域，不同混质维度的范式可以多样并存，同类相聚，相互转换。

5.3.3　产住共同聚居范式与阶段

（1）单体范式的建构特征

长期以来，我国的产住共同聚居增长呈现自发状态，直到现今仍然缺乏正规的规划建设导控。基于地域适宜性导向的范式优化，多为产住个体或团体内生性需求特征的放大。而正是自下而上的发展特征，反映出朴素有效的人居应对策略。根据肯尼斯•弗兰普顿（K. Frampton）批判地域主义[1]（Critical Regionalism）的观点，混质建构（mixed-tectonic）作为自建、自用、自营行为，往往遵循既有的被范式化的空间利用法则。根据 2005 ～ 2008 年多次对长三角地区产住混合聚落的调查，主导宅形包含传统延续型、空间拓改型、功能整合型三种模式的演进格局。

1）传统延续型，是对历史商贸街区的现代改造与功能延续，例如绍兴柯桥运河街区、台州天台中山路商住街区。由于宅形的空间功能跟随生计时段变化，产住分区的边界相对

[1] Kenneth Frampton. Towards a Critical Regionalism：Six Points for an Architecture of Resistance[M]//Charles Jencks and Karl Kropf Karl eds, Theories and Manifestoes（Academy Editions）.1997：109-121。

模糊。特别在基于早期江南市镇经济网络[1]，沿水路、陆路等交通线形成的群组化的混合功能宅形原型，代表了区域物流特征的产住范式，并一直影响现阶段块状产业与人居集聚下的微观形态演化。

2）空间拓改型，出现于改革开放后期，以原有居住功能的空间改造为主。随着产业依附居住的规模增长，人地矛盾突出，乡村家庭工业式宅形通过水平向加建形成混合。产住混合从交通沿线逐渐扩展到乡村腹地，例如温州龙港等地。而在中小城镇，原先规划的单功能居住区出现大量“住—产（商）”置换现象。1987 年，义乌稠州小区发展成为针织市场，自发性的底层“居改商”达到 93%。拓改式宅形范式的功能界限明确，是产住共同人居规模化发展的关键。

3）功能整合型，在 20 世纪 90 年代后，由政府主导或开发商组织的混合功能开发模式。以萧山商业城社区为样本，功能整合模式强调相对独立的户型特征，产住不仅分区明确，而且设有过渡性空间界面。而区别于非正规的自组织营造，功能整合型开发模式从属于上行规划，并带有明显的政策或规范制约性。例如，义乌在城郊村改专业市场过程中，普遍复制“四层半”的产住联排模式。整体式开发格局引入了自上而下过程，促成了混质范式自组织与他组织的结合。

在单体范式层面，三种建构类型既相互并存，又存在时序递进。不同类型的建构范式在产住共同聚落中的比例，是判断产住聚落发育阶段的重要指标。反之，主导宅形也同样显示区域经济对人居的影响度[2]。由范式纵向演进的阶段性来看，传统延续型、空间拓改型是混质建构初期的粗放形态，强调自下而上的增长需求；而功能整合型作为集约模式，则反映产住共同人居的正规化转型趋向。

（2）组团范式的区域演进

横向比较来看，同一个产住共同组团往往是由同类型的单体范式集聚构成，而不同产住组团范式却呈现宏观的空间并置现象，这也是我国在半城市化过渡期产业和人居发展区内不平衡，功能空间景观交错的重要特征。回溯“浙江模式”、“苏南模式”的区域发展实证，城乡块状统筹下的产住混合类型的横向演进可以分为 5 个基本范式：即：分散混合型村落、家庭工业型集落、产业扩散型集落、专业市场型住区、复合功能型街区（表 5-6）。

产住共同聚落的混质范式与类型演进　　表5-6

发育阶段	I 生成期	II 聚合期		III 扩张期	IV 集约期
典型区域	杭嘉湖平原板块	宁绍平原、温台丘陵板块		义浦东盆地板块	块状统筹区
产业 - 社群核心组成	农副产业延伸（血缘、地缘）	小工业、小商贸兴起（血缘、地缘、业缘）		物流、批营集聚（地缘、友缘、业缘）	多业态整合（业缘）
演进范式	分散混合村落	家庭工业集落	产业拓展组团	专业市场住区	复合功能街区
	南浔旧区肌理	永康工业村	柳市产销组群	宾王市场社区	路桥混质街区

---

[1] 陈晓燕. 小市千家聚水滨——江南市镇的形制特点 [J]. 浙江档案，2005（3）：40-41。

[2] Amos Rapoport. House Form and Culture[M]. New Jersey. Prentice-Hall Englewood Cliffs：145-149。

续表

发育阶段	I 生成期	II 聚合期	III 扩张期	IV 集约期
共同体原型     				
混合状态	产住粗放平衡（均质性混合）	生产主导、住居为辅（半均质性混合）	产外居内（弱层级混合）	产住集约平衡（强层级混合）

1）分散混合型村落（Dissipative Mixed-use Village），在早期市镇经济影响下，由农村自发形成的产住共同村落，土地利用格局上依然存在高度的农地依赖性。主要是以农户的副业加工，例如土特产加工业、榨油业、茶业、蚕桑加工业等为主要业态，产业和居住在个体家庭单元内高度融合，但中观组团层面的产住混合组织相对分散，聚落空间内的功能马赛克分布非常不均匀。

2）家庭工业性集落（Cottage Industry Cluster），以发达乡村向城市地区发展为典型，产住共同组团内非农化生产占主导地位。但在地域限定和社群关系影响下，通常具有“一村一业，一乡一品”的固定产业形态，例如永康的世雅五金村等。由于生产模式的同类化增长，产住混合范式也在聚居组团中趋向统一。

3）产业扩散性集落（Industry Expanding Cluster），是家庭工业型产住共同体向更高阶段发展，或由城市职能扩展形成的混合功能聚居范式。区内围绕某大类产品，形成集约化的产销综合业态，并与居住组团形成多类型的混合模式，例如图 5-13 温州柳市上园村，区内低压电器产品的家庭作坊和经销店宅相互结合。混合单体类型多样并存，呈现半城镇化过渡期的产住交错状态。

4）专业市场性社区（Special Market Settlement），主要分布于半城镇化区和新兴的中小城镇。围绕特色化的集中市场核心，形成专业市场和居住社区相互叠合的产住共同体范式。专业市场社区是以规模化同类经营的店宅组群为载体，产住单元主要范式为空间拓改型（义乌稠洲商住区）和功能整合型（福田商住区）。专业市场社区范式受城镇正规化开发控制，具有一定的他组织秩序性。

5）复合功能性街区（Integrated Function Block），在城市混合功能开发过程中，通过政府和开发商主导来营建的功能一体化城市块域组团。作为城市综合性开发项目，同一地块往往统筹了经营、居住、公共服务等多种功能，区内经营和居住空间相互邻近。但由于城市人口流动性，复合功能街区缺乏产住共同体社群的稳固性，而产住二元在空间集成和场所设施共享上更为紧密有效。

产住共同体的类型化现象，具有民本性、就地化、分散式的城镇化显性标志，并区别于单一功能的人居组织方式。在聚居空间单元内，受城镇化推进程度差异的影响，产住共同体具有不同发育水平和适应性机制。进而，根据表 5-6 的分类，类型化过程表现为演进程度和分布格局的差异化特征。一方面，产住共同体类型存在着空间与社群组织多样性、层级化现象；另一方面，特定时期、特定区域的产住混合聚落建构，必然具有其相对主导的“共同体”原型。

第 6 章　解理：产住博弈的“共同体”组织

6.1　产住混质系统与共同体属性

显而易见，产住有机混合的聚居活动，是维系聚落“新陈代谢”的基本条件。在对聚居体的研究上，道萨迪亚斯借鉴赫胥黎（J. Huxley）的观点，将地球上的生物体分成三个等级：①第一级为最简单的无意识的细胞体；②第二级为较为复杂的动物和人等有意识的自然生物体；③第三级则为最为复杂的人类聚落。区别于其他生命有机体的出生、发展、成熟、衰老，“人类聚居是自然的力量与自觉的力量共同作用的产物，它的进化可以在人类引导下，不断地进行调整改变”，从而避免衰败和死亡。[1] 而这种调整与改变的动力，则是源于人类产住混合活动及其空间载体的演进性。

由此，根据对人居聚落的有机体模拟（图 6-1），可以分析生物与生理系统下的聚居组成模式，产住混合系统的要素构成、空间载体、功能活动是共有机体属性的重要表征。从产住混合系统来看，共同体是一个相对完整和独立的聚居单元，单元内部和外部的要素流动，自组织与他组织的建构法则，都需要以产住可持续的视角来解析，其产住协同与交织具有以下特征：

图 6-1　共同体的混合发展特征的“有机体”模拟

来源：SOSO 百科 . http：//baike.soso.com/ShowLemma.e?sp=l654857；佑生研究基金会 . http：//www.archilife.org/modules/news/article.php?storyid=351

1）产住要素的有机集聚，具有多元主体的混合功能和分化模式；

2）产住载体的有机渗透，形成纷繁复杂的混合结构和衍生系统；

3）产住活动的有机协同，导向可持续性的混合增长和平衡原则。

---

[1] C. A. Doxiadis. Ekistics: An Introduction to the Science of Human Settlement[M].London：Oxford University Press, 1968：42.

在此基础上，对产住任何组成要素的单一分析，都无法推断、评价和预测出人居有机系统的整体机理和特点。“聚居的基本特征，来源于物质结构（或容器）和人类本体（或内容）因素的融合及其相互作用，对人类聚居的研究必须围绕这两种因素进行动态化与平衡性分析。”[1] 在混合功能和混合结构的基础上，再叠加时间因素上的变化，形成产住共同体混合增长的脉络。

6.1.1 产住共生的混合功能

“混合功能”（mixed-function），指聚居职能的多样（diversity）和用途混合性（mixed-use）。“体验多样性意味着场所应具有多样的形式、用途和意义。多元的功能展开了多样性的另一个层次。”[2] 混合功能作为土地利用，区域规划和单体设计的重要模式，在产住多样性协同与交织下，包含多要素、多目标和多组织的人居“共同体”的构成特征（图 6-2）。

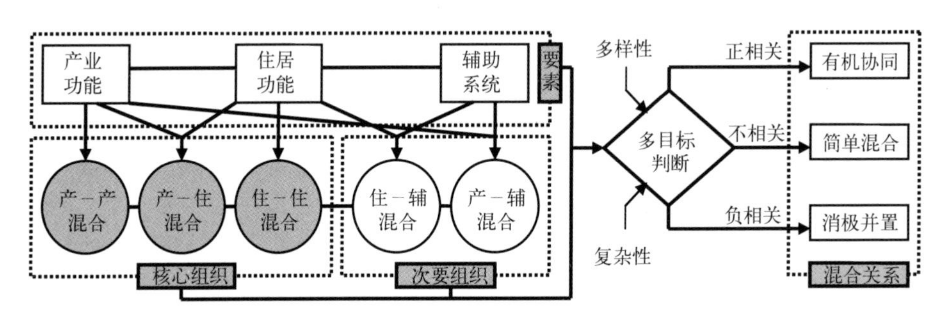

图 6-2 第一层级下的混合功能要素、组织与目标

1）多要素（multi-element）相对于单一要素而言，是以两个或两个以上要素之间的关系为纽带，数个不同要素相互组合在一起，并且共同作用的混合状态，其重点在于多要素间相互的协调性和组合效应。根据第一层级的人类活动划分，聚落的功能共同体，可以概括为产业、居住、辅助三大要素的混合。

2）多组织（multi-organization）提供单个要素之间、单个要素与多要素整体的关系法则，这些混合组织的法则包含：①混合且相关性，多个要素之间相容且相互支持与促进；②混合而不相关性，多个要素之间简单并置而未产生相互的影响与作用；③混合却排斥性，多个要素之间相互冲突但尚能够混合与并存。在功能共同体第一层级下，平行化组织可以分为“产—产”、“产—住”、“产—辅”、“住—住”、“住—辅”的关系。

3）多目标（multi-purpose）既包含混合功能中不同要素主体的个体性效益，也包含多要素组后的共同效益。在人居有机体中，单一功能目标和局部发展目标都存在着不均衡特征，单一目标之间、单一目标与整合目标之间的相互影响机制，表现为或促进或冲突，或融合或分离的现象。而多目标下整体绩效的积极性还是消极性，则成为人居能否可持续增长的重要依据。

---

[1] C. A. Doxiadis. Ecumenopolis: the Inevitable City of the future[M].Athens: Athens Publishing Center, 1975：7。

[2] ［英］伊恩・本特利等．建筑环境共鸣设计 [M]. 纪晓海，高颖译．大连：大连理工大学出版社 ,2002：18。

6.1.2 产住共在的混合结构

“混合结构”（mixed-structure）从聚落系统来看，“混合建构”包含活动行为混合性与空间属性混合性两个部分，二者的共同作用形成了物质流、能量流、人流、信息流所构成的有机体。混合结构是承载多种功能要素、组织与目标的必要载体。功能的混合程度决定其载体的形态与构成的混合性。由此，产住混合聚居结构具体表现在多形态、多层级、多路径的特征上。

1）多形态（multi-form）是因借生物学的概念，反映混合结构的有机体表征。（图6-3、图6-4）。根据“形式随从功能”（Form Follow Function）[1]的观点，多形态是在特定区域与阶段下，聚居单元对产住混合方式的主动应对及自我调节机制。在外部形态上，混合结构的多样性，需要通过聚居单元的物质特征来进行识别，包含了空间组织的形态学（Morphology）、拓扑学（Topology）和类型学（Typology）的分析；在内部形态上，结构多样性存在于混合功能活动下经济、社会、文化、意识的复合性建构与交叉性组织。

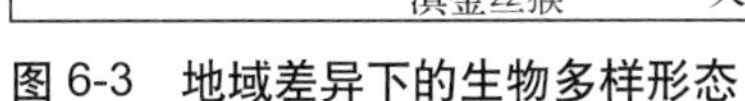
图 6-3 地域差异下的生物多样形态

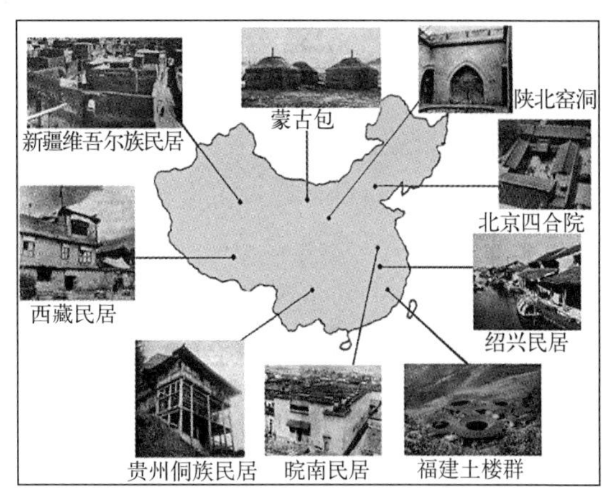

图 6-4 地域差异下的人居多样形态

来源：刘莹，王竹．绿色住居“地域基因”理论研究概论 [J]. 新建筑，2003（2）：22

2）多层级（multi-hierarchy）建立在混合功能、社群的聚落时空多样性上，即尺度层级与阶段层级的特征。各层级的产住单元体具有完整的边界和识别性。道萨迪亚斯根据规模将聚落从个体到全球城市分为15个尺度单位，芒福德则以城市为对象，从生成到死亡分为6个阶段单位。由于混合功能是对区域生计的动态适应，产住交织的形态、程度表现出空间跨越性和时间不定性。一方面，混合功能的生成必然会打破单一层级的系统，另一方面，混合结构的“非线性”、“渗透性”在混合功能的演进过程中，又进一步导致层级多元化。

3）多路径（multi-path）体现于混合结构对功能要素组织的“开放性”。由于“非线性”的层级特征，混合功能系统的正常运行，需要各个部分之间的兼容性。特别在产住一体化过程中，产业协同的“网络化”路径同样反映在整个聚居体中，提供要素流动的多种选择性。物质流、资本流、人流、信息流通过产住二元网络循环，在产住分布非均衡的格局下

[1] 1907年美国芝加哥学派建筑师沙利文（Louis Sullivan）提出了“形式随从功能”的口号，并成为现代主义设计的经典原则，强调形态组织对功能的实用性、忠实性。

实现要素的流动性和集散性。[1]

6.1.3　产住共荣的混合增长

“混合增长”（mixed-growth）具体为混合要素的集聚与混合结构的生长过程，其核心是产住共同体的自我纵向发展过程，而外部则强调不同共同体系统之间的横向联系。混合增长作为产住共同体的发展特征，既提供产住要素集聚的动力，又保证了共同体混合结构的稳定性。

1）交互性（interactivity）是混合增长的基本动力。产住二元在时空分布上的非平衡性，产生混合功能要素之间流动的“势能”，并形成混合增长的开放性。在人居的可持续发展原则下，混合增长下的产住交互使得混质要素实现了“量”的集聚，同时，各“要素流”的转移跨越层级界线，聚居体在解构、重构过程中产生新的要素，实现了混合增长的突变与跃升。

2）适宜性（adaptability）是混合增长的基本原则。从广义建筑学理论来看，适宜性建构的重点在于形式对功能的承载关系。同样，混合绩效则源于混合结构对混合功能的承载能力。在聚居体运动中，混合功能显于表，混合结构隐于内，多要素、多形态、多目标之间相互协调，其适宜性包含 4 个方面[2]：①产住混合要素的多样协同，有利于共同体资源的合理配置；②混合空间形态的互动适配，有利于共同体范式的灵活组织；③混合聚居结构的演进有序，有利于共同体格局的稳定运行；④混合绩效体系的涨落趋优，有利于共同体系统的精明增长。

3）复杂性（complexity）是混合增长的基本特征。混合增长受隐含秩序导控，要素与载体之间的适宜性造就了复杂性。[3] 产住的个体要素与共同体的整体系统在追求“最优化”和“稳定性”目标下，形成了聚居建构的复杂动因、复杂形态、复杂结构和复杂行为。混合功能增长主体包含了多功能要素、多层级组织、多样化目标、多利益边界，而复杂性是其走向平衡的隐含秩序。[4]

综上，无论在哪种范式，混合功能系统都包含以下共同属性（图 6-5）：

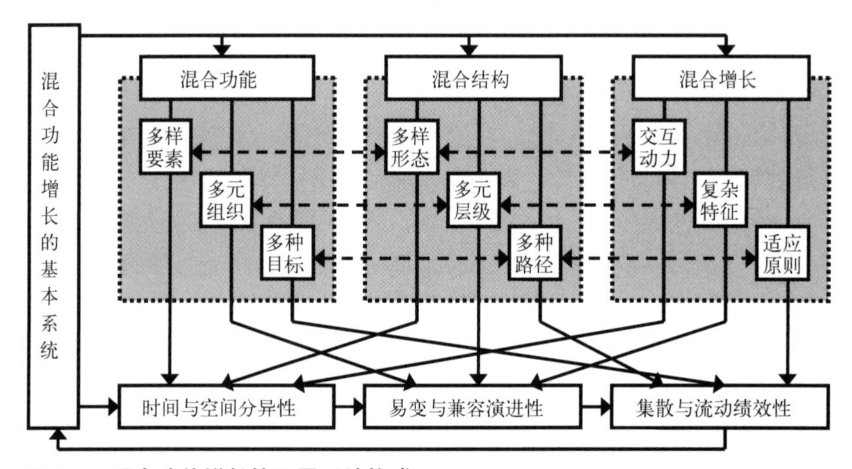

图 6-5　混合功能增长的聚居系统构成

[1] 张勇强. 城市空间发展自组织研究——深圳为例 [D]. 南京：东南大学，2004：28。

[2] 魏宏森，曾国屏. 系统论系统科学哲学 [M]. 北京：清华大学出版社，1995：287。

[3] 约翰 • H. 霍兰. 隐秩序——适应性造就复杂性 [M]. 周晓牧，韩晖译. 上海：上海科技教育出版社，2000：24-32。

[4] 约翰 • H. 霍兰. 隐秩序——适应性造就复杂性 [M]. 周晓牧，韩晖译. 上海：上海科技教育出版社，2000：24-32。

1）时间与空间的分异性——混合功能分异是一个动态过程。产、住各自的活动水平由于区域与阶段不同而差异性明显，产住相互交织在时间和空间上并不具有连续性，多种功能要素分配不均衡带来混合人居范式的衍生与分异。

2）易变与兼容的演进性——混合功能系统运行既有个体的识别特征，又有整体的协同关系。个体识别性表现出在物质流和社会体上的博弈关系，并以空间为载体相互竞争、相互转化，推动混合功能的人居增长；整体统一性具有开放性和导控性特征，通过显性和隐性的秩序协同混合要素，实现动态稳定性。

3）集散与流动绩效性——混合功能有机增长，依赖于各种功能要素与资源在空间上的流动与分配。最小成本、最低消耗、最优形态、最短路径、最大效益使得功能要素“分化而达到共生，从而避免资源浪费而形成有序结构”[1]。

由此，混合功能增长是产住协同人居的基本发展途径。在产住功能的分异、关联、演进、流转、优化过程中，任何单个要素不可能只受其他单个要素的影响，“要素的意义事实上由它和既定情境中的结构之间关系所决定”[2]。混合功能促成与调整着混合形态。二者的相互作用，直接影响混合增长方式。

6.2 产住空间集成与共同体线索

类比产住共同体的系统特征，混合功能的聚居线索分为要素有机集成和功能同类组合两种空间法则。产住共同聚落作为生命有机体，在形态上与简单细胞的组构法则有着结构相似性。第一，产住组群的形成立足于最简单的混合共同单元，足够数量的“质素”个体生产力、居住需求、意识认同支撑了整个共同体存在；第二，产住要素之间流通、置换和转移，存在一定开放度的共享界面，空间属性呈现丰富多样的活力化的场所特征；第三，产住要素必须围绕特定的空间格局、物质资源、生产模式进行集聚，聚落中心区是其生成、增长和维持识别性的根本，其在产住聚落的高级阶段具有明晰的区域和形态。

如图 6-6 所示，单元间是一系列相邻的产住元胞（因子 A、B、C……），它在广义上与道萨迪亚斯聚居原型的基本体（见图 6-1）相一致，单元间及其组合实体成为构成产住共同体的基本保证，一定数量的产住元胞占取和划定相应区域，确立出混合功能聚落的独立边界。与此同时，以单元间为基础的产住元胞演化，也是地域性产住载体建构类型化的重要体现。

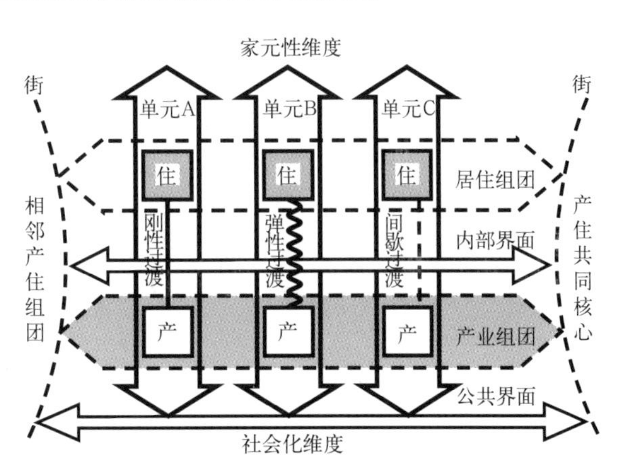

图 6-6 产住聚居集成的空间组构线索

产住聚居图底关系反映出混合单元簇群与中介共享空间的叠合特征。在空

[1] ［德］哈肯 . 协同学：大自然构成的奥秘 [M]. 凌复华译 . 上海：上海译文出版社，2001：78-95。

[2] ［瑞士］皮亚杰 . 结构主义 [M]. 倪连生，王琳译 . 北京：商务印书馆，1986：32-45。

间实体上，单个聚居元胞中的界面体表达为密质的“街道”和“场所”界面形态。而区别于单元间的产住元胞的实体组织方式，街道与共享场所作为虚体化的空间下垫面，承载着多样性的产住功能活动，带有局域性的社会化维度，尤其在中观层面联系着聚居体内部各种组团，并构成聚落整体性肌理。

自产住共同聚落形成伊始，产住二元都必须含有稳定的增长极，即生产经营性中心区和生活性中心区。产住功能和空间的中心区是组织共同体要素的核心，也是控制聚落增长的地域人居基因[1]。生产中心区多为经营物资集散地、生产资源集中地，例如市场、产地、干道；生活中心区为景观、配套和服务的集中地。考虑到建设投入的效益，产住核心在聚落中大多相互重合。

总体来说，对应于细胞生命体构成的细胞质、细胞腔、细胞核，产住共同体在聚居空间集成上形成单元间、开放场所、中心区的结构体系。从图 6-6 来看，三者所组成的空间线索紧密关联，既有从个体到社会的尺度纵向联系性，又有从边缘到核心的功能横向层次性。

6.2.1 产住单元间的组合与同构

论及本土体系的人居建构，无论是何种功能的使用，在空间建构上都是以“间”为组织线索，并成为不同尺度下人居体的构成范式。梁思成先生总结：“四柱间之位置成‘间’，通常一座建筑物均是由若干‘间’组成。”[2] 由此可见，单元间作为混合空间线索的特征如下：①“间”是承载产住功能的最小空间单元；②“间”是结构生成而非功能划分，因而具有天然的功能混合性和兼容性；③从单间到多间的组合是量变关系；④间的组合遵循相同空间建构法则。

从社群意识上来看，“间”是维系聚居个体存在的最基本空间单位，在杜甫诗句“安得广厦千万间，大庇天下寒士俱欢颜”[3] 中，其描绘了“间”作为人居载体需求的基本单元性和数量化的组合特征。事实上，在中国传统文化概念中，“间”不只是一个空间概念，更是一个长期以来生产、生活的产权与归属象征。从空间产住归属的例证来看，经营规模的衡量多以沿街的“开间”数为标准[4]，在乡村，宅基地常常是以地皮“间”数为计算法则；而在产住混合个体的归属上，以多个间合并的“组”是生产分工和邻里区划方式的重要单位[5]。“单间”和“多间”是对产住混合聚落的“个体”与“群体”空间要素的反映，并在土地分配和产住空间划分的实际应用中广泛存在，且操作规则大多相似。

在同构组织关系上，“对象个体或群体之间的一种对应，表示他们在某种意义下的结

---

[1] 刘莹，王竹. 绿色住居“地域基因”理论研究概论 [J]. 新建筑，2003(2)：21-25。

[2] 梁思成. 中国建筑史 [M]. 天津：百花文艺出版社，1998：13-14。

[3] 参见：唐·杜甫《茅屋为秋风所破歌》。

[4] “间”除了指四柱之内的空间体之外，同样具有“两柱之间距离”的意义，在中国传统木构建筑中分为“开间”和“进深”两个方向。如北京故宫太和殿“广十一间，深五间”，中和殿“其平面作正方形，方五间”参见：赵辰. 中国传统木构建筑的重新诠释 [J]. 世界建筑，2005(8)：37-39。由于传统木架结构与现代框架建筑体系接近，“间”的计算方法在中国现代建筑容量或规模的标准判断和制定上仍然被普遍使用。

[5] “组”是中国城乡建设背景下最小的人居群体单位，在行政机制上，城镇《居组法》和农村《村组法》都明确了组委会的职能。特别是在乡村地区，生产组和邻里组高度统一，呈现小集体的经济和人居形态，例如浙江萧山盛中村的盛中六组，有些地区以“（生产）队”为命名，其本质上都是产住的组团叠合。

构对等”[1]。在同一层级的产住共同单元内，建构方式主要依靠一定标准的面宽、深度和高度进行三维体的分割、粘合（图 6-7）。在上下层级关系上，高级的单元往往是由低级单元的量化组合来生成，虽然“单元间”在功能、大小、形状上有所不同，但其基本尺度和构造方式还是相对稳定的。

（1）单间——产住混质的个体生成

“间”是产住共同人居的最小单位，也是可以提供功能混合的最小空间载体。因为人的行进和传统营造都具有直线性特征，传统“间”的体形多为矩形或其他简单的凸形形态[2]。

1）从空间形制上来看，“间”是符合多种功能的空间承载体。占据一定空间尺寸的单元间，既可以被用作“生产”（工作间、店间、办公间等），又可以被用作“居住”（起居间、卧室间、厨房间等），甚至辅助用途（储藏间、设备间等）。在原型来看，“间”只需要作建筑尺寸上的调整即可满足对各类功能单元的适配，标准化技术营造[3]的同构特点，则提供了功能变化最大的兼容性能力。

2）在使用模式上，“间”的水平维度和竖向维度上具有各向异质性。如图 6-7 所示，空间体在 x、y、z 三维度量为“1 开间 ×1 进深 ×1 层高”的单位，开间（x）是“间”与外界的对接方向，强调空间的开放性，例如经营性界面的面宽，居住的采光面宽等，同时开间所在的（x）维度往往也是产住单元的入口或交通主要方向；进深（y）与开间（x）相组合，体现“间”平面展开的规模。但层高（z）与进深（y）、开间（x）相比，更多表现为竖向“间”与“间”之间的分割关系和边界性，例如产住单元的水平并置或上下叠加关系。

具体到“间”为单位的产住混合生成，以“1 生产单元间 + 1 居住单元间”为原型所形成的基本范式主要有 4 种格局（图 6-8）：

1）外生型：生产经营区由原有的居住空间的外延而生成，空间表现为产区对住区的附着形态，例如经营性的加建行为，沿街的扩出和侵占现象等。

2）内生型：生产经营区位于原有居住空间的内部，由原有居住功能的局部功能改造和空间置换而形成，多见于区域聚居更新和产业转型的自发行为。

3）嵌入型：生产经营区与原有居住空间紧密相关，产区空间外延现象与“住”转“产”的改造现象并存，在空间形态上表现为产住的嵌套格局。

4）并生型：生产经营区与原有居住区在空间上相互独立，二者之间依靠过渡和连接体进行联系，产住二元交织性较弱，但同样遵循空间邻近原则。

---

[1] [德] 库尔特· 勒温 . 拓扑心理学原理 [M]. 竺培梁译 . 杭州：浙江教育出版社 , 1997：83-91。

[2] 凸形是指多个定点的封闭平面中，任意两个点之间都可以通过平面内部的直线进行连接。而凹形则是平面中存在至少两个点之间的连线需要穿越平面内部，而以间为特征，凹形可以被分割为多个凸形。

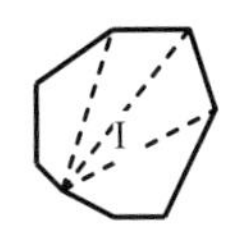

凸 形

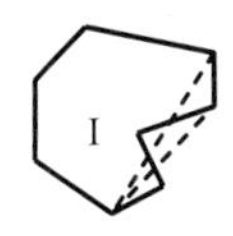

凹 形

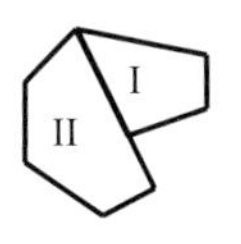

凹形分解

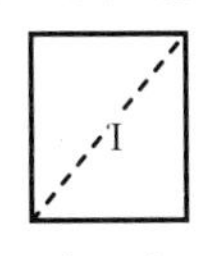

矩 形

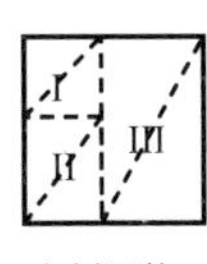

分割同构

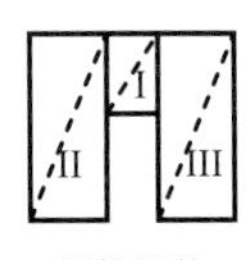

拼接同构

[3] 在“营造法式”等制度下，中国传统的技术营造主要强调“量变”上的等级区分和规模区分，例如对“间”尺度的控制（天子之堂九尺，大夫五尺，士三尺），以及对构件“材契”的控制（材分八等）。

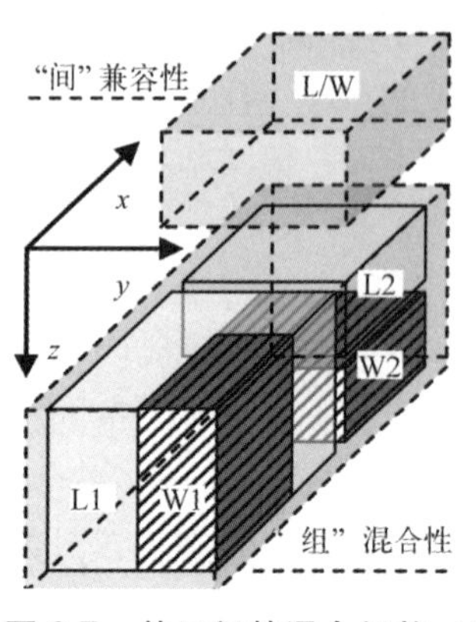

图 6-7　单元间的混合组构（资料来源：自绘）

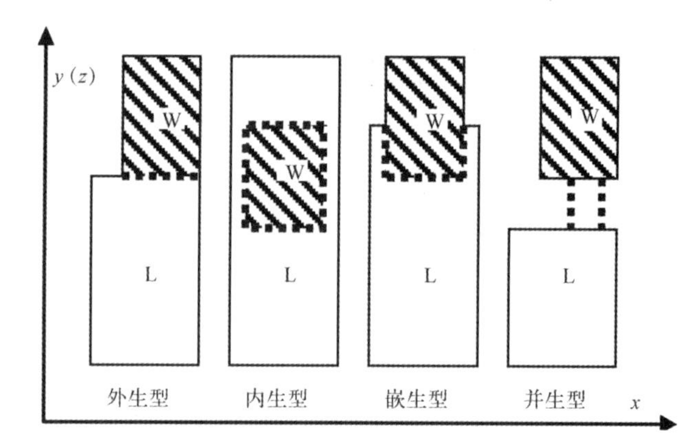

图 6-8　以“间”为载体的产住单体类型（资料来源：自绘）

图 6-7、图 6-8 阴影部分表示为 W-work（产 - 工作区），空白区域表示为 L-live（住 - 生活区）。

（2）多间——产住共同的组群扩展

间组范式扩展的形态同构与跨层级特征　　表6-1

层级	“间”的范式扩展		“组”的范式扩展	
动力法则	混合单体生成	个体邻近集聚	产业下垫面集成	产住二元网络协同
	相似性同构	效仿式同构	跨层次同构	集成性同构
范式基本原型	居住个体 产住界面 个体性经营	居住邻里 多户联立经营	居住社区 整合型市场单元	居住块域 道路网格 群落化产业片区
	几何规整 ←→ 拓扑自由			
尺度规模	单元（unit）	邻里（group）	簇群（cluster）	块域（block）
	10 ～ 30m	50 ～ 150m	300 ～ 500m	0.8 ～ 2km
典型样本实证	储藏 生产经营 一层 起居 居住 二层	单元A 单元B 联立单元C-D 单元E 单元F		
	家庭工坊（温州上园村、永康世雅村）		市场社区（萧山商业城、义乌水晶城）	

由“单间”到“多间”是从产住单体到产住组群的过程。通过表6-1阐述，混合功能聚居载体的空间尺度增长，可以分为单元（unit）、邻里（group）、簇群（cluster）、块域（block）4个空间层级。其中单元到邻里尺度是围绕“单间”的群化阶段，簇群到块域是“多间”的规模化集成过程。整体来看，在不同尺度下，“间”的演进是随着“产业”和“居住”的层级提升而进行扩展。产住混质生成是一个连续的过程，不同混合层级下的空间原型，仍然表现为分形与同构的关系。以垂直维度体系为例，以“底产（商）上住”为共性化特征，从垂直混合宅形到产业下垫面组群，产住一体化建构呈现“*z*”维度下迭代特征。

由此，同构是“多间”组合在产住混合上的基本空间关系。根据混质类型，同构法则[1]可以具体为：①个体尺度的相似性同构，即产住单体的混合严格遵循“间”的控制规则；②邻里尺度的效仿式同构，多个产住单体不仅有“间”的变化，还有围合变化，但产住单元是以一种复制行为进行组合；③簇群尺度的跨层级同构，以共同体的产业下垫面为基础，产住单元和邻里出现多样形态，不同层级的混合法则相互统合，并贯穿整个簇群；④块域尺度的集成性同构，产住混合的类型更加丰富，范围更广泛，但在同一区域内出现多间的合并现象。综上，从功能布局来看，自组织下的混质同构强调产住的邻近效益，但聚居增长的可持续性还需要融入混合单元对地域性的应变。

6.2.2　街道与场所的混质界面中介

承第3章，无论是对坊墙的破除，还是向市肆的开放，“街”成为推动中国历史上产住混合聚居发展和繁荣的首要因素。同样，中国传统城市与区域的建构法则尤其强调社会等级秩序。从整体聚落的廊道系统来看，街场系统包含街、路、坊、巷、弄、里等不同等级的开放性空间。早在我国春秋《周礼·考工记·匠人营国》中就有“国中九经九纬，经途九轨”的表述，记载了当时规划和建设制度对街道形制的导控原则。开放空间的布局也存在不同层级的相似性。

在西方产住混合聚落中，街道系统和开放场所在整体空间布局中，具有较明显的肌理化特征，即初期土地划分和后续建设的空间延伸，都是基于特定的开放空间格网形态，公共空间在图底关系上为混合功能街区（mixed-use block）提供了产住共同的基础下垫面，以及接入与延出的外部接口。

无论在中国还是西方，街道和开放场所的建设和使用，一直处于自上而下的导控和自下而上需求的博弈状态[2]。混质中介性界面作为产住共同体的基本空间线索之一，需要满足着大量产住单元和组群的“新陈代谢”。各种功能流的集聚与交叉，使得街道与开放场所形成多样连续界面。反之，功能和行为的多样化，同样也造成混质界面的复杂性。街道与开放空间能够提供给产住混合场所的空间容量大小，决定了聚落内部混质肌理的密实性程度。

（1）混质化的活力界面

自唐末宋初“里坊制”瓦解，商业性质的“市”与居住性质的“坊”不再被分离为独立的部分，而是相互渗透、结合。[3]街道不再只有单一的交通功能，公共功能使得街道成

---

[1] 段进．城镇空间解析——太湖流域古镇空间结构与形态[M]．北京：中国建筑工业出版社，2002：59-60。

[2] 朱晓青，赵淑红，王竹．基于要素构成的街道景观营建与导控[J]．城市问题，2009(3)：14-17。

[3] 沈磊，孙洪刚．效率与活力：现代城市街道结构[M]．北京：中国建筑工业出版社，2007：12。

为城市活动的最主要界面，这种产住共同的场所界面，不仅在中国城镇中历史悠久，在东南亚泛文化地区聚落中特征同样明显（图 6-9）。

图 6-9　传统街道场所的混质活力

来源：[日] 土木学会 . 道路景观设计 [M]. 北京：中国建筑工业出版社，2003：12

聚居组织从“里坊制”到“坊巷制”，“坊”作为土地划分秩序，只存于组团命名中，而实际的空间组织则是依靠“街”、“巷”等开放界面来形成。[1] 图 6-10、图 6-11 所示，杭州百井坊巷是典型的商住一体的历史街区，区内虽然沿用历史坊名，但产住活动都是以街路空间为组织核心。从块状产住体到“点 - 轴”产住网络，生产经营和生活之间可互动的有效界面大幅增加。从空间组织线索上来看，产住共同聚落的混质界面是以虚体空间构成为主体，即开放场所是以连续性的宅墙、店墙围合而成。在聚居剖面上，产住实体单元之间共享界面，进而形成了“单元间—界面—混质场所—界面—单元间”的秩序特征。

聚焦现代产住共同聚落，街场界面既需要满足现代交通和市政需求，又需要承载复合化的产住复合的社会行为。以街道为载体，店坊林里、人车混流、产住掺杂、归属模糊一度成为现代产住共同社区的繁荣景象（图 6-12）。由于多种要素流的集散交互，混合中介界面对产住功能组织是一个被动式、动态平衡的调节过程。表象的空间混乱之下隐含着自组织混质秩序。

（2）多样化的功能载体

街道与开放场所作为产住共同体的三维界面，其内部流动着各种目的、大小和功能差异化的要素流。从“环境（environment）—行为（behavior）”理论来看，混合界面空间具有类似容器的载体属性，它既能提供聚居体内部的物质与社群的流通的渠道，又是各种要素交换和分合的界面。根据混质场所中的行为类型划分，混质活力的构成主要表现为四种方式[2]（表 6-2）：

---

[1] 沈磊，孙洪刚 . 效率与活力：现代城市街道结构 [M]. 北京：中国建筑工业出版社，2007：12。

[2] 常怀生 . 建筑环境心理学 [M]. 北京：中国建筑工业出版社，1990：218。

图 6-10　百井坊巷名

图 6-11　百井坊巷商住集落

图 6-12　萧山市场聚落街场活力

A——生产经营需求的交易行为，包含商流、物流在街场腔体中的动态流转。
B——生活居住需求的交往活动，包含居民的居住、娱乐、休憩和配套服务。
C——要素之间传递的交通运行，以人流、物流的穿越为主，是点对点配送。
D——要素局域集聚的交会现象，人流、物流的空间汇集，在区域造成停留。

混质界面承载的产住行为类型　　表6-2

行为类型	行为特征	在街场中运动方式	主要运动目的	运动速度（m/min）
A 交易行为	伴随一定活动目的，但目标不明确的行为，个体运动强调多点选择	A B 1 2 3 4	购物、生产信息获取、资料采集	40 ~ 80
B 交往活动	运动行为即为活动目的的运行方式，不强调特定的目标，轨迹随意	A B 1 2 3 4	休闲、娱乐、散步 观览、游戏等	50 ~ 70
C 交通运行	具有具体目标和方向的行为，在街场中的运动寻求最快捷路径	A B C D E a b c d e	物流通勤、上班、上学、办事等	80 ~ 150
D 交汇现象	具有区域场所的目标性，个体来源不同，局部的运动停滞，形成集聚	A区　B区	聊天、会友、等候 商品物资存放等	0

上述四种行为要素在混质界面载体中比重特征，很大程度上取决于产住二元的混合类型。交易（A）和交往（B）行为的规模和频率，是直接反映出混合载体功能容量的因素，并影响物质和人员在交通（C）和交会（D）行为上的增减需求，产住因子随着四种行为轨迹的交织，表现出不同要素流的相互交织与混合特征。反之，混合界面载体也同样具有模糊性和包容性。在这一点上，本土模式相对于西方更为明显。中国传统的混合功能聚落很少具有西方意义的广场空间，而街市则承担了类似广场开放与共享职能，只是特征更为世俗性而已[1]。

街道作为产住要素活动的载体空间，其多义性主要表现为：

1）以“街”为“场”：街市容纳产、住、通、汇要素流，是各种功能调和的聚落多功能厅。在典型的“街道”样本中，界面空间宽窄不一，具有等级化网络格局。一方面，街道通过局部的“凹入”和“凸出”来灵活适应产住流量的区域增减，例如云南丽江古城、束河古镇都有“四方街”[2]；另一方面，“场”则是各种等级街、路、巷相互交叉和转换的节点空间。如图 6-13 所示，在不同轨迹的交互点上，存在着或混质或单一的动态人流集聚现象，局部“街”和“场”意义是互通的，其空间形态高度融合，没有区划界面。

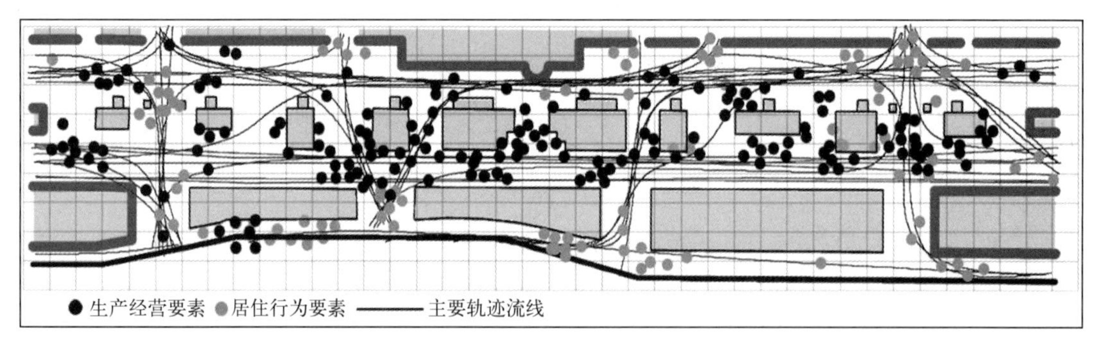

图 6-13 街道场所内的产住要素混质与空间轨迹

2）“侵街”之“象”：同样与西方街道规划、维护方式相比较，中国背景的街场空间被侵占、凸入的现象根深蒂固[3]，如图 6-14 所示，中间一排建筑朝沿街一侧都有或多或少的“侵街”现象。在制度层面，诸多学者认为“侵街”是由于中央集权造成权力约束不平衡，促成特殊个（群）体对公共空间的侵犯。而笔者认为，规模巨大以及被沿街民众所效仿的“侵街”之“象”，本质上还是源于街道空间的功能多义性所带来的空间效益。从传统自下而上的主动“凸入”，如苏州古城道路的街宅混合带宽多在 2.5 ~ 7m；到现代自上而下的被动“拓出”，如义乌新建市场社区的宅间道路考虑沿街经营需求，跨度多在 10 ~ 12m（通车部分为双向 6 ~ 7m）。由此可见，混合中介载体包含了多义性的界面和弹性化的范围，这虽然提升了产住活动的界面效益，但也增加了空间管理的难度。

---

[1] 沈磊，孙洪刚 . 效率与活力：现代城市街道结构 [M]. 北京：中国建筑工业出版社，2007：13。

[2] “四方街”是云南地区重要的街道公共场所，在街场生产、生活汇集的中心局部加宽道路，形成长条形的广场街形态，四方街在产住聚落中往往作为其他街道的起点，向各个方向发散。参见：杨毅 . 云南传统集市场所的建筑人类学分析 [D]. 上海：同济大学，2005：199-207。

[3] 梁江，孙晖 . 模式与动因——中国城市中心区的形态演变 [M]. 北京：中国建筑工业出版社，2007：76-77。

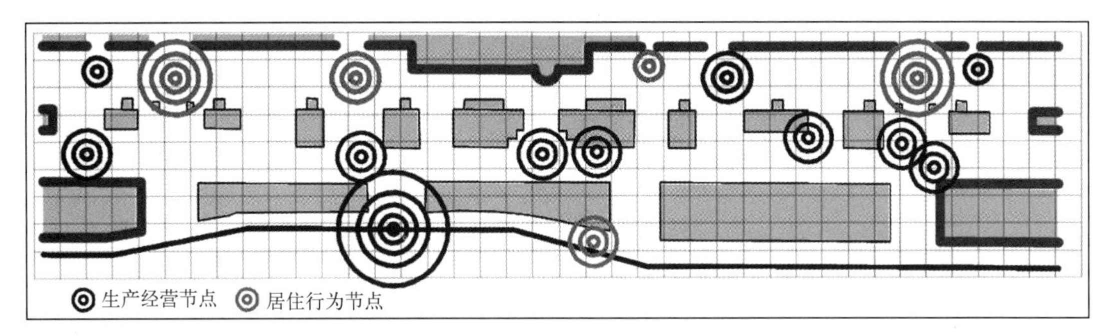

图 6-14　街道场所内的产住要素集聚节点格局

6.2.3　产住核心区的多元功能集聚

聚居有机体的产住二元并置，首先需要确立共同的生计基础，例如地理条件、业态模式、生活习俗和文化认同等区域平台。[1]随着各种要素的流通，产住物质和社群逐渐出现因空间分布不均衡而形成的向心运动和密集化聚拢，即混合功能增长必须围绕特定的“核心区”来实现，并最终在聚落组织中形成稳定的空间场所。产住核心区是混合功能聚落的基本组成，其特征如下：

1）产住核心区是混合功能聚落个体独立和稳定增长的重要标志；

2）核心区与街道场所、单元间的组合成为完整的聚居结构（图 6-15）；

3）核心区具有多样性和凝聚力，是聚落有机体涨落的基点（图 6-16）；

4）核心区的效率和秩序，直接反映产住共同体的发育水平和活力特征；

5）产住要素的向心集聚形成混质核心，甚至引发区域的多核现象。

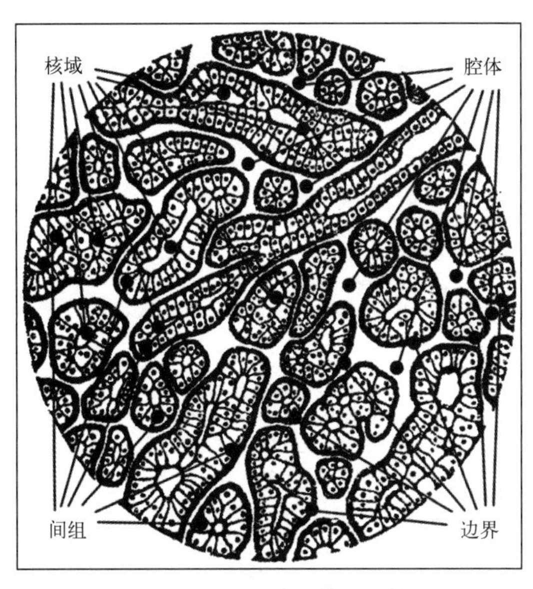

图 6-15　细胞组织：显微镜下的聚居核、腔、组

来源：改绘自 [美]E. 沙里宁 . 城市：它的发展、衰败、未来 [M]. 顾启源译 . 北京：中国建筑工业出版社，1986：10

图 6-16　传统混合功能聚落单元的核心区

来源：改绘自 中国建筑史编写组 . 中国建筑史 [M]. 北京：中国建筑工业出版社，1986：2

[1] 王鲁民，张帆 . 中国传统聚落极域研究 [J]. 华中建筑，2003（4）：90-91。

由此，核心区在产住共同体组织中具有非常重要的功能、结构和形态意义。随着产住聚居的个体增大和群体蔓延，不同尺度的中心区又逐渐层分为区域核、簇群核、组团核的等级化体系，核与核之间通过开放的廊道界面产生竞争与协同，进而，实现对整个区域大量产住单元间和簇群的支持与控制。同时，产住核心区受到地理、经济、社会演进的综合性影响，其功能、形态的“生成”与“转变”模式多样，过程复杂，是一个聚居适应性的发展过程。“转变”模式多样，过程复杂，是一个聚居适应性的发展过程。

（1）**核心生成的动因复杂性**

区域产住共同体核心区的生成机制，主要受自然地理格局、物流交通廊道、产业同质分布、商贸集聚交互四种因素的影响（表6-3）。

产住核心区的空间生成机制与类型　　表6-3

集聚条件	自然地理的限定性	物流交通的便利性	产业联盟的规模性	交易集聚的机会性
中心尺度	宏观尺度 块域、簇群层级	中观尺度 簇群或组团层级	中观尺度 簇群层级	宏观尺度 块域、簇群层级
稳定性	空间格局稳定 以实体核域为主	空间格局较稳定 以虚体核域为主	空间格局非稳定 以虚体核域为主	空间格局较稳定 以实体核域为主
产住依赖程度	产住地理条件 相同而高度关联	产住由于交通 优势而 相互关联	产业源自聚居 空间而被动关联	居住因随经营 需求而被动关联
产住共同核心样本	乌镇市河交汇节点[1]	丽江四方街节点[2]	郑家坞镇产业核心	义乌专业市场核心

中心作用	以要素外部向心的集聚为特征 是自外而内的核域生成模式		以集中要素离心的扩散为特征 是自内而外的核域拓展模式	

注：1　段进.城镇空间解析——太湖流域古镇空间结构与形态[M].北京：中国建筑工业出版社，2002：212。
　　2　丽江古城图（2010版）[M]. 长沙：湖南地图出版社，2010。

1）自然地理格局对产住聚居中心的促成作用是天然和稳定的。例如在浙江乌镇的市镇经济聚落的形成过程中，产住聚居最早发源于“乌镇”和“青镇”的两个相邻单元❶，由

❶　民国《乌春镇志》载：“镇周属吴，吴戍兵备越，名乌戍，秦置会稽郡，裂车溪（今乌镇的市河）之间，西属乌程，东属由拳（今嘉兴），乌青始析。”

于两个镇之间的河网（市河、东市河、西市河）呈“十”字交汇，聚居体随着生产、生活的扩张开始沿着三条河向交汇处蔓延、扩张和集聚。加之资源要素和各类行为的集散，最终两镇合一而形成共同核心。

2）以物流交通线为载体的中心化，具有明显的集聚特征。最初的产住聚居单元形成是基于对物流的中转与服务目的，并逐步发展成为依靠物流的便利性来支撑产住共同增长的格局，聚落兴衰与交通线经济直接相关。历史上，丽江古城便是在马帮经济中造就的产住共同聚落[1]，四方街为各个方向物流进出的交会处，在形态上具有道路四面通达，向心放射状的核心形态。

3）业态同类分布是以小生产规模化为基础的核心区建构方式。在乡镇产业和家庭工业的发展过程中，业态同类化主要归因于两方面：首先，基于同一地理聚落的规模化生产，具有相同或相似的资源、技术和劳动力支撑背景，容易形成同类集聚；其次，由于产业发自于居住，原有居住组织的社群关系带动产业信息、技术和人员在区内的扩散、流通，造成生产模式的复制和效仿现象。因此，此类核心多与原有聚居中心区相重合。

4）商贸交易机会，促成经营信息和行为集聚的中枢性平台。自明清的江南市镇经济到现代的商贸城镇，专业市场发展以及专业商品交易、流通和信息传递，是中小城镇聚居生成和组织的基础。而在区域产住共同增长的宏观和中观尺度，往往以“旗舰式”的大型商贸市场为核心[2]，统筹周边产住一体的市场聚居群落，如绍兴柯桥的轻纺城市场组团、海宁的中国皮革市场、桐乡羊毛衫市场、浦江水晶市场。但由市场交易中心所形成“核域”的影响半径有限（多在1km左右），宏观增长上往往造成间隔的“多核心”形态。

（2）核心转变的动态适应性

综合表6-3的各种类型的产住聚落核心区的生成特征，自然地理限定和物流交通吸引所造成的核心区外组织性强，生产和生活往往受相同的聚居背景影响，产住混合的天然因素更突出。产业联盟和交易集聚所形成的核心区，突出社会性的发展格局，即由单个或若干经济体中心为基点，向外发散式增长和传播。其中，市场社区型的核心区，作为产住共同凝聚点的特征最为显著。

然而，具体到单个聚居样本的核心组织，则往往具有多因素下的自我适应性状态。以乌镇为例，初始核心生成是天然水网在聚落交汇所致，而发展到成熟期，以水道所组织的交通线索，又使得原有的天然核心转为物流性核心，如西栅转船湾就是其中重要的物流中转点。同样，当产住共同聚落出现阶段转型和演变时，产住核心的空间特征也必然随之变化。在前文中图5-13的温州上园村案例中，产住共同体处于工业村向产销一体集落的转型中，内部自发出现的一条“市场街”则成为该地区新发展出的产住基点。从演进性来看，产住核心需要符合一时一地的混合组织条件，而核心形态也必然随着产住调整而动态适应的。

1）核心职能的混质多义性。产住共同核心区作为聚居中枢体，是承载经济、社会、

---

[1] 茶马古道沿线的中转节点，是云南诸多市镇聚落的雏形，这些节点以茶、马、药材、盐、丝等物流为主，兼具交易功能，经营和居住高度混合。参见：牛鸿斌．云南集镇[M]．昆明：云南民族出版社，2001：220-227。

[2] 例如20世纪90年代义乌市镇兴起，主要依靠篁园针织市场、宾王市场、中国小商品城的三足鼎立，最终辐射周边居住社区，带动专业市场的经营业态集聚，形成区域宏观肌理的产住的置换与混合。

文化和信息的多义化中心，对混合功能聚居具有实体中心和虚体中心的双重意义。实体上，一方面，产住混合增长的需求促成核心区功能与空间的多样化特征；另一方面，核心空间本身组织也具有兼容并蓄的综合体建构特征[1]。而在虚体上，产住核心则是民众行为发生和交互最频繁区域，是区域社群意识认同的重要标志。

2）核心特征的混质控制性。产住共同核心是聚居有机体建构的载体。由于向心的会聚性，核心空间是对聚居整个生产经营业态、生活居住方式、文化习俗特征的表达，浓缩了聚居机体构成的识别性信息。反之，核心空间特有的规则和秩序，通过场所开放性形成对产住混合个体的发展模式的控制性过程。这正如生物 DNA 的特质[2]，产住核心是共同体增长的内在依据，更是保持聚居系统稳定性的基础。

6.3　产住元胞博弈与共同体组构

产住共同体的建构，是由局部因子到整体系统的组织过程。产住聚落的生成，产住要素的流动，以及产住二元的混合，都遵循特定时期和特定地域的形态演化规则。以宏观和中观的混合功能聚居区为载体，主要组构秩序包含从个体到群体增长和从单一功能到产住混合的演进。在此过程中，自组织（self-organization）和外组织（hetero-organization）对聚落产生共同作用，形成多主体、目标和路径的空间集聚、分散和渗透现象，在各种动因平衡的条件下形成稳定的功能混合指数和空间肌理状态。总体来看，从家庭（族）单元到独立的聚居簇群，产住共同体的组构特征包含基本元胞、混质动因和人居层级 3 个因素（表 6-4）。

产住共同体组构因素的关系与机理　　表6-4

基本因素	基本元胞	混质动因	人居层级
层级目标	微观单体层级 范式化的衍生趋类	中观——宏观团体层级 集体式的涨落趋优	宏观群落层级 系统性的整合趋稳
尺度特征	单体、邻里尺度 （30 ～ 80m）	邻里、簇群、块域尺度 （120 ～ 500m）	簇群、块域尺度 （800m 以上）
组构线索	单元间－单元间 拓扑关系构形	间－界面－间 要素流变构形	间－界面－核心 整体肌理构形
组构法则	以产、住单元的轴向 链接关系为特征	以混质元胞的 聚散组织为特征	以混合聚落结构的 层次分化为特征
组构类型	填充体、围合体、 置换体、联结体等	交通线聚合、点轴式 扩散、区域渗透等	双核交错、多核串接、均质 网络等形态

1）混质元胞（mixed cell），是产住共同体组构的基本载体，主要是由空间线索中产住单元间的组合、链接、变化和增长而形成。以家庭（族）为单位的聚居元胞具有独立的生产、生活能力，且在组团内部上能够体现清晰的空间范围界线。而在产住交织的复杂系

[1] 李浩．城镇群落自然演化规律初探 [D]. 重庆：重庆大学，2008：159-161。

[2] 刘莹，王竹．绿色住居“地域基因”理论研究概论 [J]. 新建筑，2003(2)：21-23。

统中，民众自组织过程对现实样本的影响较大。因而，对产住共同体组织进行元胞式的因子解析，有利于反映自发聚居组织的“自下而上”建构特征 ❶，更突出从微观到宏观的空间规律。从产住混合单体的衍生方式来看，混质元胞作为一种拓扑形态，同样具有原型的类型化特征。

2）混质动因（mixed motivation），是基于局部要素流集散的法则，通过产住共同体微观混质元胞运动力量的整合，最终在中观与宏观层面，形成产住因子的空间状态分布变化现象。要素分布的空间不平衡性，是导致产住因子迁移、增减和置换的主要动因，并以界面空间为中介，实现产住单元与单元之间的要素流转。在性质上，埃罗·沙里宁（Eero Saarinen）认为集聚主要包含制度性、利益性和文化性动因，而分散则表现为分化、扩散、隔离的过程 ❷。而具体到产住共同体，其动力机制更偏重于产业推动下的职住一体效应。

3）混质层级（mixed gradient），是产住元胞在各种动力影响下，聚落整体格局所呈现的空间分布状态。广义的层次格局，是包含多个子层级体系的复杂性系统 ❸。在产住共同的人居视角，广义层级可以抽象为三个方面：一是自然资源、地理条件的天然性层级，例如物产、水源的依赖或地形限定等；二是产业、经济和聚居的功能性层级，表现于生产规模、人口集聚的程度等；三是文化、制度和意识的社会性层级，例如“社群化”的紧密程度等。动态来看，层级的推移性是大量混质元胞在聚居动力相互作用下，通过协同寻求优化的结果；而静态来看，特定时期的层级特征，则反映了产住共同体的发育阶段和稳定程度。

6.3.1　产住元胞的形态拓扑与分化

微观混质元胞的构成和形制变化，是以“间”为单位的产住多个单元增长。从家庭和家族为单位来看，混质元胞首先是拥有明显的个体边界，进而形成对内开放和对外封闭或半封闭的结构体系。单个元胞在组团空间中能够自给自足，是自稳定和自优化的有机单元。从结构主义 ❹ 的观点来解析，元胞可以归纳为产住功能因子——“间”的群化原型，是混合人居最小的结构范式 ❺。不同元胞内部通过结构上的排列组合、次序变换、邻近连续，适应不同的功能需求和空间条件，最终表现为混合功能元胞形成的拓扑分化特征。

根据表 6-5 的解析，单个元胞是以开间（x）、进深（y）或层高（z）轴向链接为基础。多个“间”的群化拓扑（topology）形成多样类型。

---

❶ 20 世纪 40 年代乌拉姆（Ulam）提出元胞自动机模型（Cellular Automata on Model，简称 CA），并广泛应用于研究自增长的复杂系统的逻辑性。对元胞组构法则的定义是对由独立个体组成的群化体系，通过局部在时间和逻辑上的叠合、扩展、更替、复制等演进过程，形成的动力学系统和空间分布状态。对空间元胞的演化规律研究被广泛应用于城市非线性的发展，土地利用的景观识别，以及区域社群关系组织等方面，例如地理元胞自动机（Geo-CA）、社群元胞自动机（Social-CA）等模型。而基本分析体系主要集中在二维尺度，参见：孙战利 . 空间复杂性与地理元胞自动机模拟研究 [J]. 地球信息科学，1999(2)：32-37。

❷ [美]E. 沙里宁 . 城市 : 它的发展、衰败、未来 [M] . 顾启源译 . 北京：中国建筑工业出版社 ,1986：2-73。

❸ 李国平 , 赵永超 . 梯度理论综述 [J]. 人文地理 , 2008(1)：61-64。

❹ 20 世纪 60 年代初，在法国学术界兴起的哲学思潮，主要观点认为结构是一种由种种转换规律组成的体系，人们可以在实体的排列组合中观察到结构，这种排列组合存在整体性、转换性、自我调节性。

❺ [瑞士]J. 皮亚杰 . 结构主义 [M]. 倪连生，王琳译 . 北京：商务印书馆 , 1984：16。

产住空间扩展的轴向特征与拓扑关系　　表6-5

类型		空间轴向范式	功能拓扑链接	形态衍生动因	聚居典型样本
外延型混合	A1	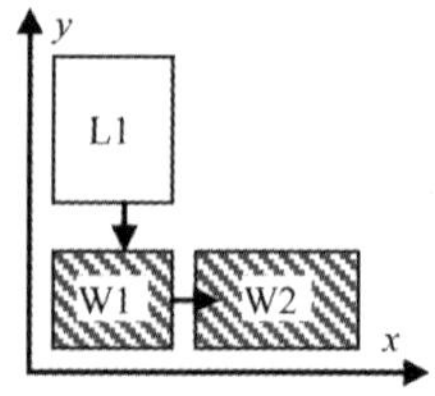	水平维度主导 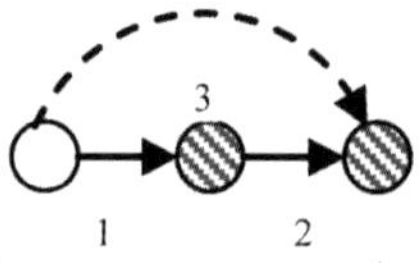	1. 由个体居住单元外向性扩展而来； 2. 产住之间是明确的递进关系，以产业的规模增长为动因； 3. 多见于初期空间形态	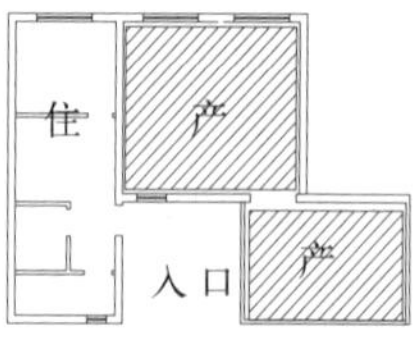
	A2	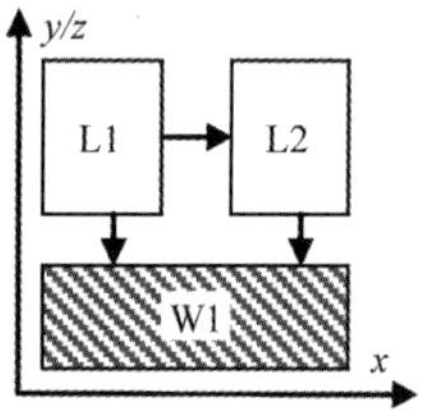	水平 / 垂直维度 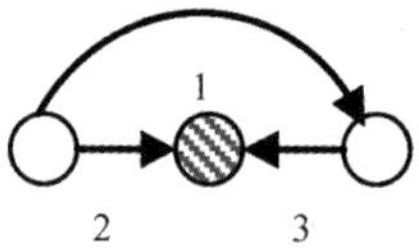	1. 产业的增长大于居住功能需求； 2. 生产经营单元与多个居住体并置，具有一定的规模性； 3. 产住空间网络相互环通，通达性好	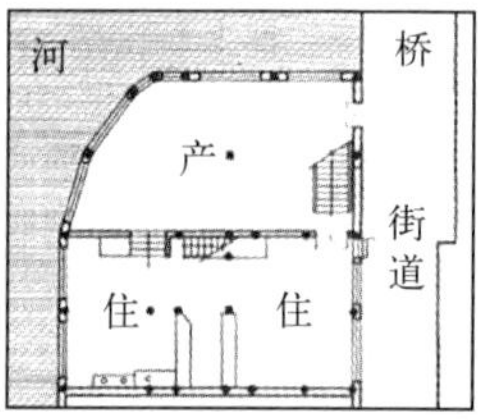
填充式混合	B1	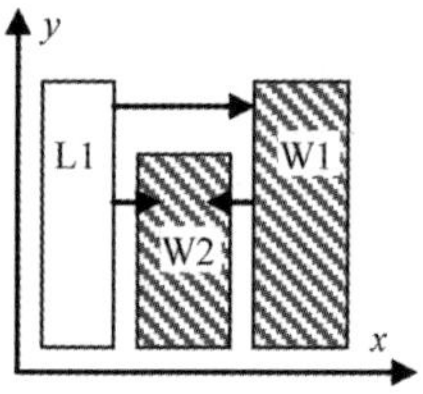	水平维度主导 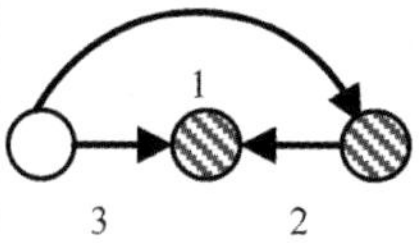	1. 由于用地紧张，产业或居住增长依靠存量空间来增长； 2. 以产业空间的植入为主，中观尺度产住肌理密度较大	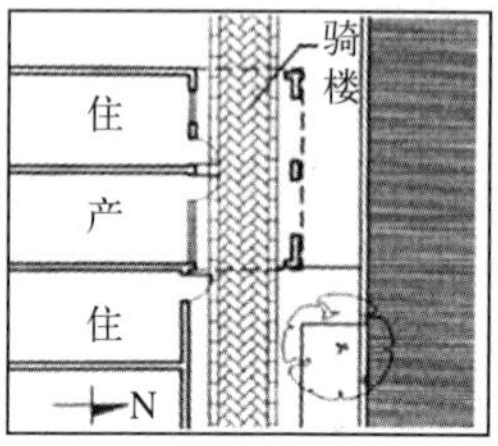
	B2	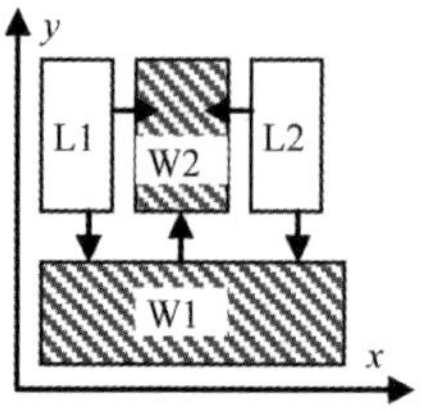	水平维度主导 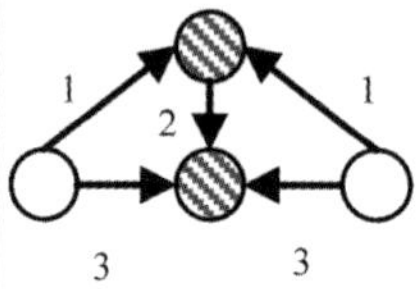	1. 产住空间由于填充关系呈交织状态； 2. 由于生产经营的连续性往往造成居住空间的分割； 3. 中观肌理破碎	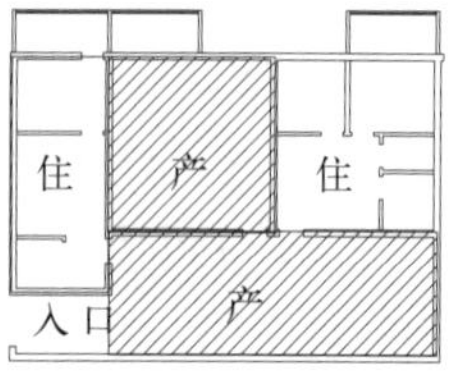
围合型混合	C1	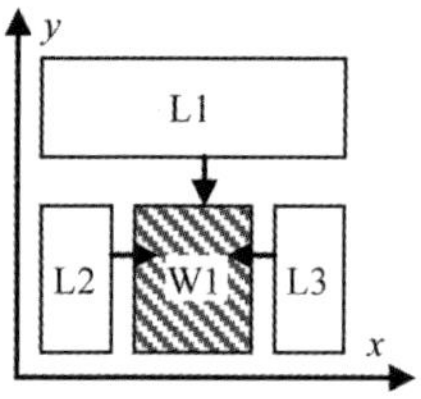	水平维度主导 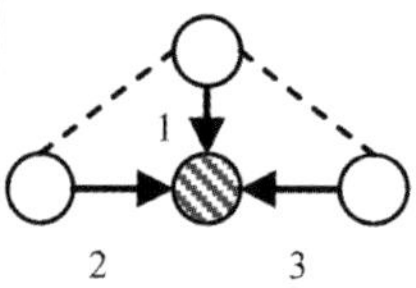	1. 以多户联营为特征，产业空间成为居住单元的核心； 2. 居住单元的连接体与产业空间主体并置，单侧临街	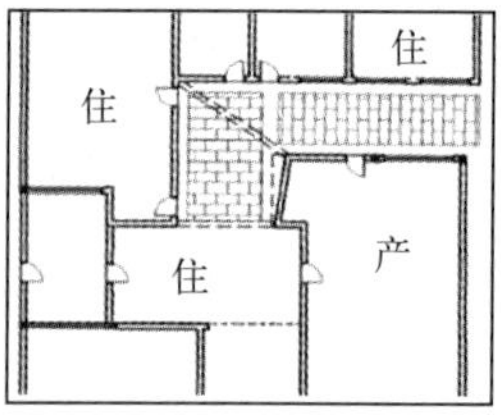
	C2	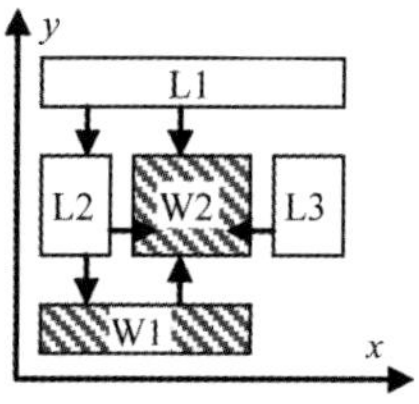	水平维度主导 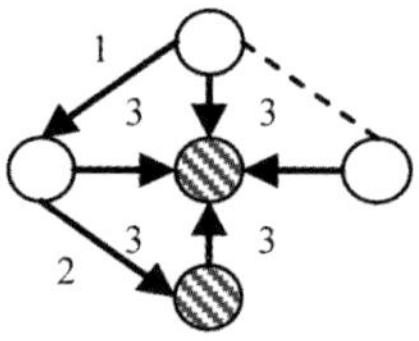	1. 产业空间内生性发展造成围合关系； 2. 而外圈空间性质并非单一功能，往往也是产住混合形态； 3. 多见于发生空间改造的形态	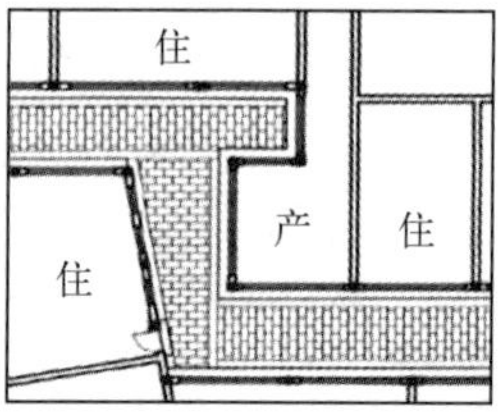

续表

<table>
<tr><th colspan="2">类型</th><th>空间轴向范式</th><th>功能拓扑链接</th><th>形态衍生动因</th><th>聚居典型样本</th></tr>
<tr><td rowspan="2">串接型混合</td><td>D1</td><td>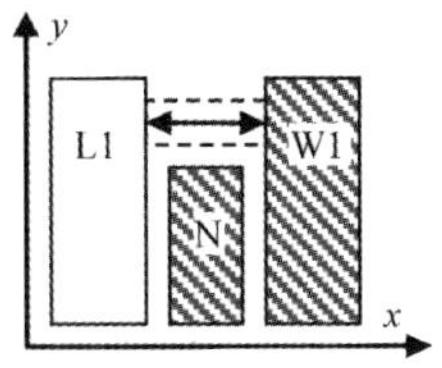
</td><td>水平维度主导
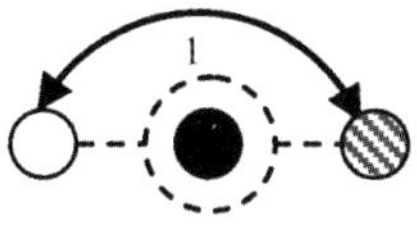
</td><td>1. 产住空间并非紧密邻近，而是依靠过渡空间链接；
2. 产住干扰减弱，但具有共同边界</td><td>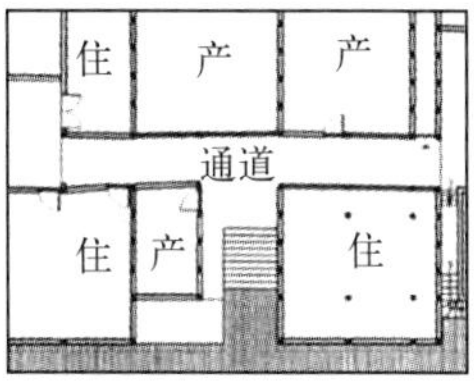
</td></tr>
<tr><td>D2</td><td>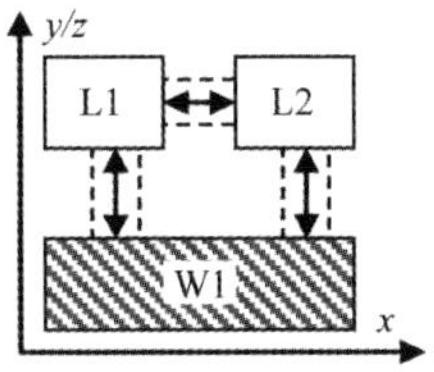
</td><td>水平 / 垂直维度
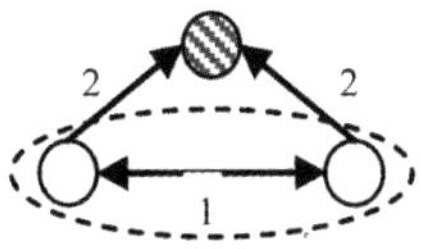
</td><td>1. 产－住、住－住之间都依靠界面过渡，不同空间单元都有一定的独立性；
2. 多见于产住混合的中后期发展阶段</td><td>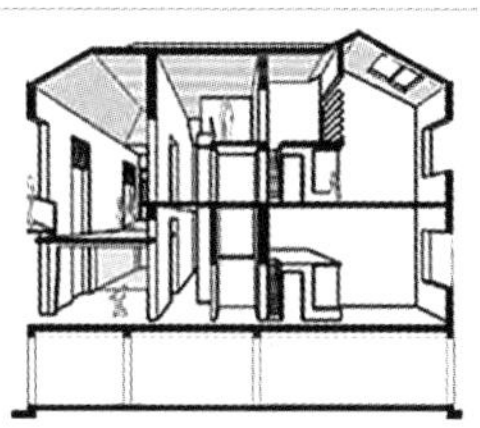</td></tr>
<tr><td>置换式混合</td><td>E</td><td>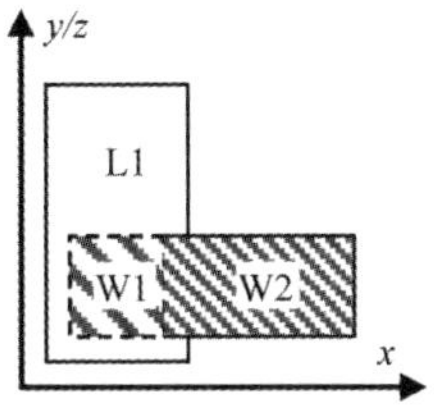
</td><td>水平 / 垂直维度
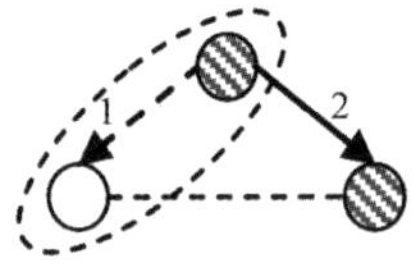
</td><td>1. 通过改变空间性质来实现功能混合；
2. 多以住改产（商）为主，新改空间存在一定的局限性和后期使用的不适</td><td>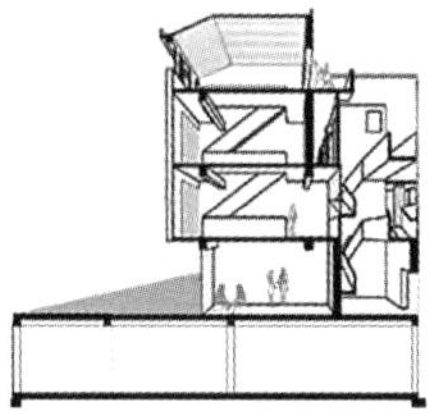</td></tr>
<tr><td>联立式混合</td><td>F</td><td>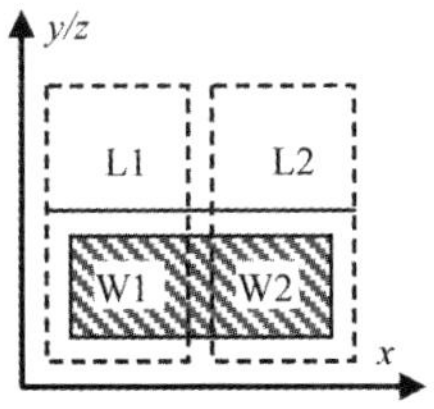
</td><td>水平 / 垂直维度
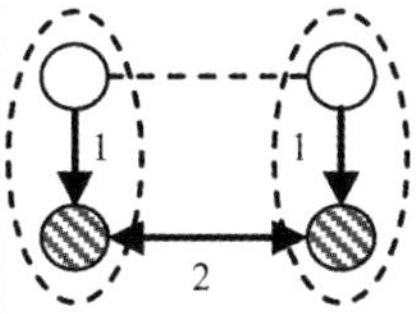
</td><td>1. 以多个独立产住单元的拼接组合而成，局部封闭且独立；
2. 生产的开放连通性强于居住空间；
3. 以一体式开发聚落的混合模式</td><td>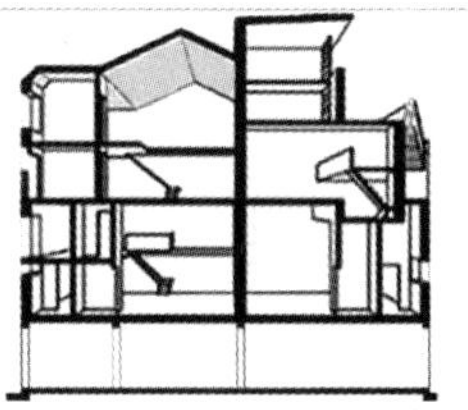</td></tr>
<tr><td>跨越式混合</td><td>G</td><td>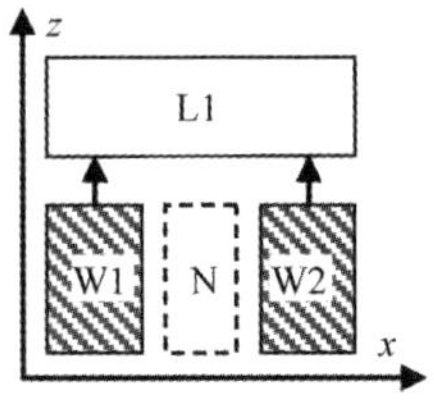
</td><td>垂直维度主导
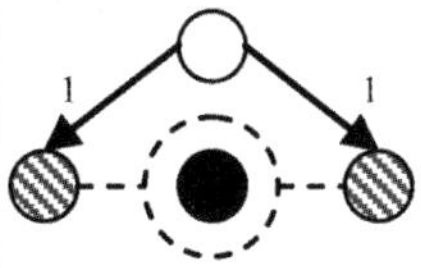
</td><td>1. 不同产业空间围绕公共界面而分置；
2. 以上部的居住空间为联合；
3. 主要由辅助空间穿越而形成，具有特殊的异质植入体</td><td>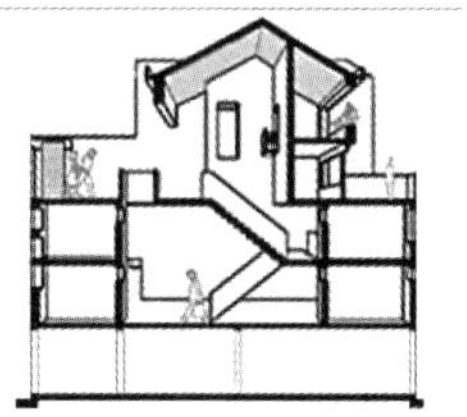</td></tr>
<tr><td>错落式混合</td><td>H</td><td>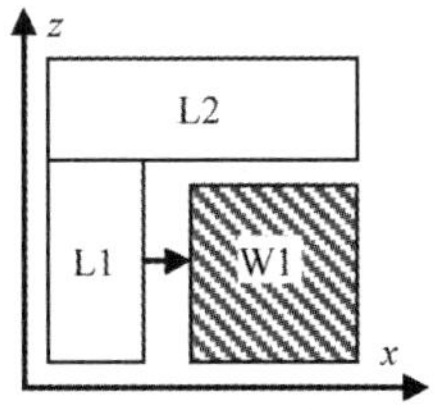
</td><td>垂直维度主导
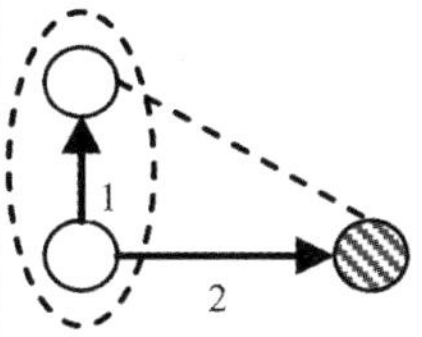
</td><td>1. 产住功能在同一区域空间内并置，但活动范围有所区分，减少干扰性；
2. 多见于具有成熟规划的聚居组团中</td><td>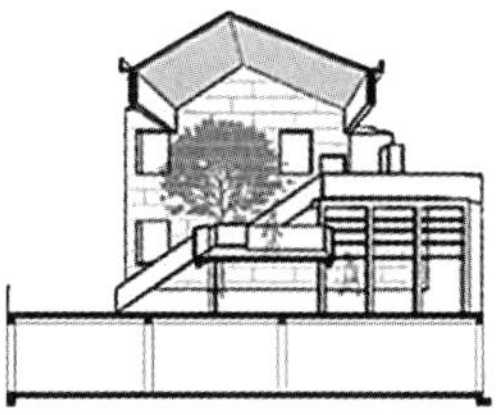</td></tr>
</table>

注：图中L-live，W-work，x、y、z代表空间维度，1、2、3表示轴向链接的先后次序。

图中样本源自台州路桥、杭州萧山、绍兴柯桥等地的工业村落和市场社区，由笔者调研自绘类型A－D中有部分样本源自同里、乌镇等传统产住聚落。图片改绘自：段进.城镇空间解析——太湖流域古镇空间结构与形态[M].北京：中国建筑工业出版社，2002。

首先，针对各种产住共同体聚落内的元胞进行类型归纳，可以分为水平空间混合维度为主的外延型、填充型、围合型，垂直空间混合维度的跨越型、错落型；以及兼具水平、垂直两种混合空间维度的串接型、置换型、联立型。从总体来看，混合元胞的群化规律具有以下特征：

1）在因子个体功能属性上，具有产（灰色）、住（白色）、杂（黑色）三个基本元素，其中大部分元胞是通过不同数量产、住因子联结而成，具有类似于灰白交替接入的组合特征❶（除了 D1 和 G 两种类型样本）。产住不同因子在其中所占的比例，直接影响整个元胞体的混合水平，例如 F 样本为 50%。

2）在因子空间组构机制上，存在明显的空间方向差异性，由于人的行为在元胞个体中是直线行进的，“间”与“间”结合具有主导方向，在水平和垂直轴线的不同方向上，单个因子增减所产生的意义则不同。

3）在因子轴向链接法则上，由于单元“间”生成的先后次序，轴向连接大多具有矢量特征，即从元胞内部的空间起点到终点，形成了明确的方向性规律，可以表达为并列关系（样本 B2 和 F 具有 2 个起点）、包含关系（样本 E）、相似关系（样本 A1）、多级关系（D2、H 等形成 2 个层次）等。

6.3.2　产住簇群的集聚、分化与渗透

从元胞个体到集群，是产住混合功能增长的必然过程，也是反映产住共同体聚居类型的重要依据。在聚居组织由中观到宏观尺度，元胞相互连接而生成组团、簇群和块域的空间有机体，其过程依赖于各种需求动因的交叉作用，在局部形成具有系统涨落的空间状态。在各种组织力的叠合作用下，大量元胞因子关联性在空间上明确为相同或相反运动趋势，以及增长或衰减现象。根据元胞运动的形式、方向和力度差异性，以及混质集群涨落的动力学特征，可以分为集聚效应、分化效应、渗透效应三种原型❷。

由于产住单元间相互连接的“链状”特征，以及“产住核心—中介界面”所组成的“点轴”格局，混质要素转移都具有一定的空间路径，微观元胞和中观组团在运动模式上也具有共同原则，即沿着产住绩效最大化的方向，或沿着成本阻力最小化的方向发展❸。基于前文的产住单体分析，集群涨落的力合关系需要自下而上通过元胞的群化运动状态来判断。借助元胞自我组织（Cellular Automata，简称 CA）的系统❹，聚居体可以表达成大量产住因子的趋势分布状态，产住混合集群的空间分析模型主要包含以下内容（表 6-6）：

1）种子点（seed）植入。种子点是引发周边因子改变的基点，即混合变化、流动和增长的初始空间因子，分布于二维或三维的空间格栅中，具有一定范围的活性状态，包含自发型和外来型两种设定。由此，在聚落共同体中，混合种子点对应以下基本特征：①种子点通过局部的“能人效应”或“建设试点”对聚居功能进行改变；②种子点的传播和转移，

❶ [英] 特伦斯·霍克斯 . 结构主义和符号学 [M]. 瞿铁鹏译 . 上海：上海译文出版社，1987：21-35。

❷ 张京祥 . 城镇群体空间组合 [M]. 南京：东南大学出版社，2000：30-33。

❸ 许学强，周一星，宁越敏 . 城市地理学 [M]. 北京：高等教育出版社，2009：204-207。

❹ 地理元胞自动机是基于扩展的空间元胞机建立的概念模型，是包含时空计算特征的动力学模型，在聚居空间的分析和描述中体现时间、空间和运行轨迹与状态，同时与地理信息系统（GIS）有机集成和融合，通过元胞模型和运动规则的设定，能够在一定程度上模拟聚居演进的复杂现象。

符合聚居因子增长和扩散方式的需求；③种子点作为可变的产住因子，能够模拟聚居的功能混质状态。

2）栅格（lattice）划分。空间格栅是对元胞所扩展的聚居区域进行参数化，形成坐标系下的研究对象。在产住混合聚居模型上，采取矩阵（grid）方式描述产住因子分布的空间[1]，能够适用于混合功能增长的不同尺度特征，即不同栅格大小可以对应于组团、簇群和块域研究所需的不同分辨率，这在多个层级的产住混合动因研究上，提供适宜性的参照系。

3）邻居（neighbor）组织。与种子点相对应，邻居是指代种子点周边的相邻的个体范畴。以二维坐标系所形成栅格空间为例，典型的邻居因子包含：种子点邻居半径为1，紧密相邻上、下、左、右四个方向（Von Neumann 型）；种子点邻居半径为1，增加左上、右上、左下、右下四个斜向因子，邻居群体包围种子，数量达到8个（Moore 型）。随着邻居半径的扩大，可以形成多样性的邻居体系[2]。这一体系主要表达产住聚落中混质个体对周边邻近因子的影响。

4）规则（rule）的设定。在已有的种子点、栅格体系和邻居类型的设定下，规则是通过元胞前一时刻与下一时刻的状态变化，来描述该体系内部的空间要素动力学特征，即状态改变机制。从产住元胞运动规则来看，具有局部性和整体性两种类型，二者分别对应于产住共同体动态关系下的“流”与“势”。通过空间元胞规则的设定，可以直观反映产住簇群的演进规律，并为今后的组织形态提供模拟和预测，从而实现前瞻性的人居判断。

产住混质因子的运动和扩展方式 **表6-6**

种子点（seed）	栅格（lattice）	邻居（neighbor）	规则（rule）
混质生成基础	元胞运动范畴	因子传播途径	混质增长秩序
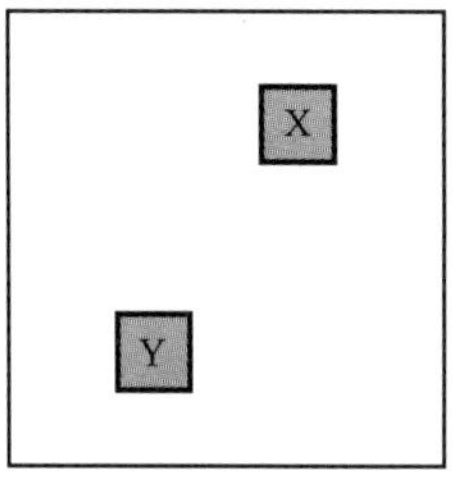 X Y	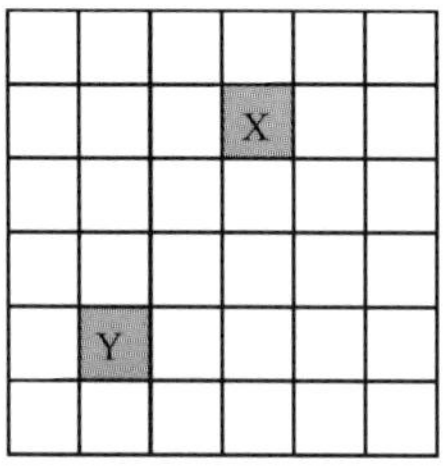 X Y	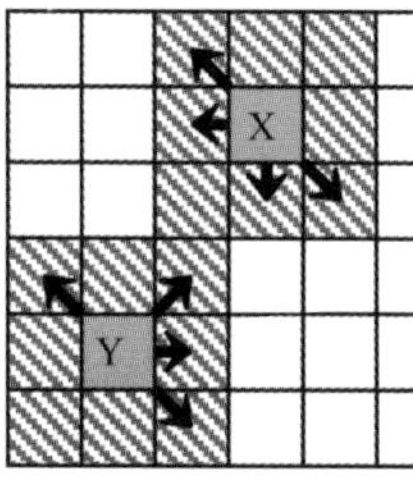 X Y	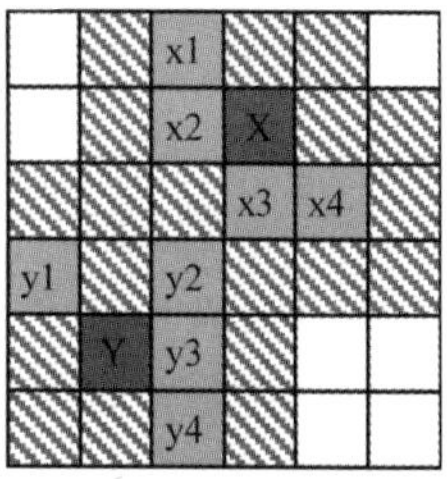 x1 x2 X x3 x4 y1 y2 Y y3 y4
在单一均质面域中产生异质的生长源	以聚居组织的基本单位为栅格尺度	根据种子元胞的邻近原则形成被影响群体	通过元胞的复制和流的扩散形成新的基点

此外，产住混质簇群的涨落关系的表达是一个动态系统，产住共同体在当前时间的状态，受到来自上一时刻的混质因子扩散和邻居属性变化影响，并将直接决定其在下一时刻的变化。在不同时刻，产住混质簇群则拥有多个可变的状态，同样产住共同体不同阶段的

[1] M. Batty, Y. Xie, Z. Sun. Modeling Urban Dynamics through GIS – Based Cellular Automata. Computers[J]. Environment and Urban Systems, 1999(23): 205-233。

[2] 王红，闾国年 . 城市元胞自动机模型研究的回顾与展望 [J]. 经济地理 , 2003(2): 154-157。

演进，在时间跨度上也并非连续的[1]。

然而，原型化的元胞体系对产住共同体模拟和表达，仅在分析方法上有指导意义。元胞模型首先是基于“标准元胞”和“模数空间”的理想条件，这在现实中并不存在，而以笔者对产住共同体聚落的实证反馈来看，其存在的问题如下：①缺乏元胞多样化的应对。鉴于表6-5，混质元胞在拓扑类型、空间规模的差异较大，采用产住二元的属性设定仅是一个粗泛的划分。②难于模拟非规则的运动。对混质元胞跨出邻居边界的同化现象，以及个体对组团的越级影响难于解释。③不适应复杂地形的限定。由于自然聚落地形变化，聚居要素流呈现非均质扩散，标准网格对实际聚居地形下的模拟，存在较大失真性。因此，针对不同实证样本，对混质簇群演进关系解析需要进行以下修订：

1）不能以标准化的格栅限定元胞边界，需要根据产住因子的真实边界设定种子点。在产住混质关系上，进一步根据表6-5进行微观的元胞特征识别，而在聚居体内部对不同类型的元胞进行编码，可以描述簇群的整体特征。

2）在实证分析中，竖向维度主要体现在底商上住的垂直层分特征，以元胞为单位的竖向联系扩展的现象并不常见。故对中观混质力只讨论平面二维的组织过程，即以 x-y 坐标体系为参照来分析产住混质生成和变化。

3）延续单元的轴向关系，以单体组构扩展，来描绘整个组团和聚落网络，便于直观解析肌理网络，通过典型时刻的元胞簇群格局来描述聚居系统。

（1）产住簇群的混质集聚

集聚是产住共同体聚落形成的最基本和最初始的动因。首先，在集聚关系下，产住元胞通过空间共享，能够大幅提升集体的资源条件、市政基础和服务配套的利用效率，减少流动性损耗。其次，在规模效应上，同类产业集中更有利于生产人员、生产资料和经营情报的短距渗透，降低单个经营体的运行成本。

根据表6-7分析，初始聚落状态是以单一底层高密度的居住为主。从动因上来看，产住混合现象的生成和增长，是基于樟新南路的交通线物流影响。整个聚落中的产住混质元胞出现朝向干道的生成、传播、移动和局部挤压状态。同时由于道路交通功能的阻隔性，两侧的联系性较弱，仅有几家同一业主的分店经营相联系。在集聚的动力轨迹上，产住混质元胞呈现平行干道方向的小组团分布特征，同时以干道向南推移，在聚居体内部同样呈现线性、隐含的弱集聚方向。

表6-7的样本II为义乌宾王香港城，是20世纪90年代后期繁荣起来的产住共同体聚落。区域具有完整边界，内部包含15个不同时期形成的产住混质组团。在集聚力关系上，该聚落是以宾王服装纺织专业市场为动力源。与样本I的集聚方式不同，表6-8下中图所示，产住共同的增长极[2]具有引力特征。受到“极化”作用影响，香港城与宾王市场形成垂直关联的集聚效益。区内元胞在他组织主导下建构底层合并的下垫面，中观层面以组团为单位形成内聚形态，宏观层面则由南向北表现为对中心市场的向心集聚。

[1] 孙战利．空间复杂性与地理元胞自动机模拟研究[J]．地球信息科学，1999(2)：32-37。

[2] 增长极概念最初是由法国经济学家弗郎索瓦·佩鲁(Francois Perroux)提出的，以发生支配效应的经济空间为力场，这个力场中推进性单元就可以描述为增长极。增长极主导的产业和工业的发展，具有相对利益，通过规模效应产生吸引力和向心力，形成区域性产业、居住、社会关系密实化的空间过程。

线性集聚下的产住混质簇群组织（图中分析对象为核心片区）　　表6-7

样本 I	
名称	慈溪电子市场住区
面积	12.8hm^2
人口户	386 户
经营户	232 户

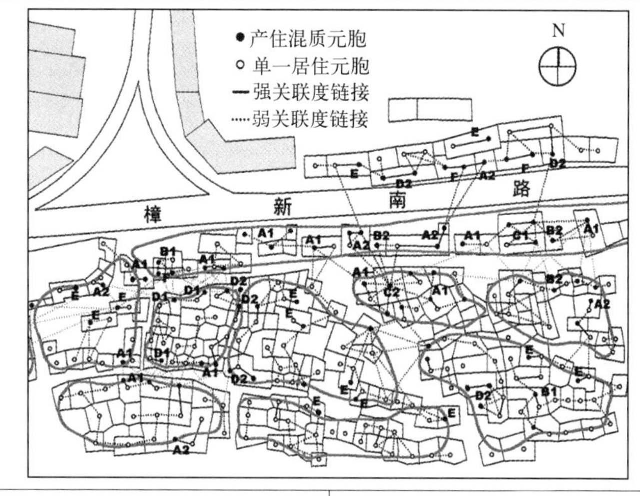

耗散化的聚居元胞分布	垂直交通线的混质趋向	轴向集聚的平行特征
	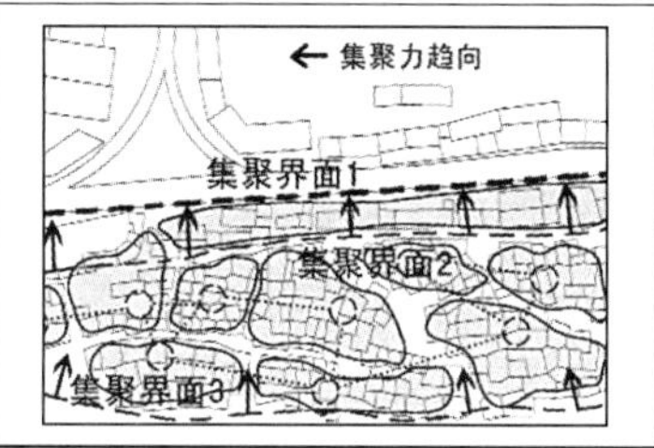	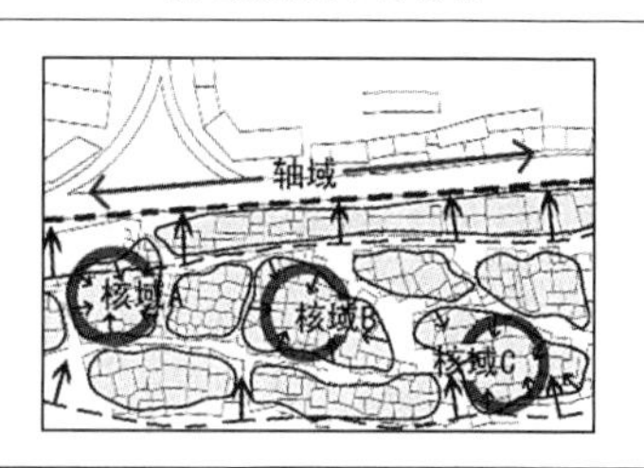

点式集聚下的产住混质簇群组织　　表6-8

样本 II	
名称	义乌宾王香港城
面积	23.7hm^2
人口户	2680 户
经营户	1140 户

外组织的初始聚居组团	增长极的混质趋向	引力——内聚的组合效应
	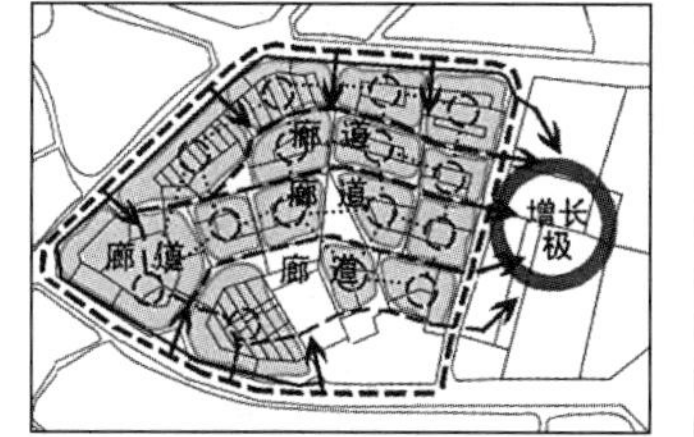	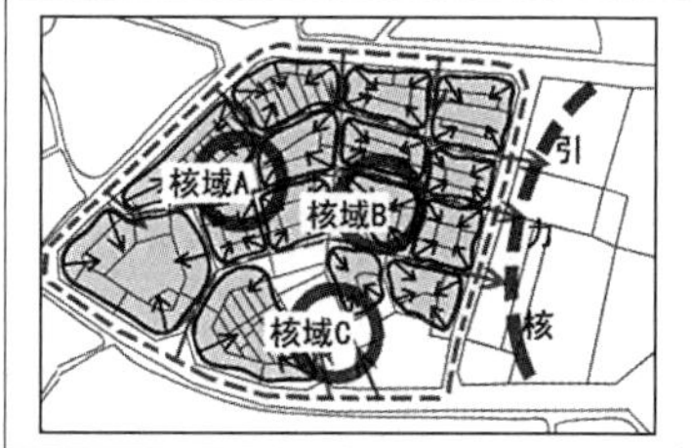

（2）产住簇群的混质分化

1）内向相斥性。样本 III 东田村是浙北水网平原地区典型的工业村落，鞋业加工作为产业主导，占地区收入 85% 以上。从聚居肌理来看，行列式房宅和格网化厂区具有较强外组织性（表 6-9）。而在混质动因上，微观尺度下单户内部的功能混合情况较少，产住混合主要依赖于原有聚落邻里的亲缘和业缘联系。因而中观尺度的产住混质是以生产、生活的邻近原则为动力。同时，受外组织功能区划影响，产住组团之间在空间上却相互隔阂，其公共界面的阻抗性非常明显。

内向排斥下的产住混质簇群组织　　表6-9

<table>
<tr><td colspan="2">样本 III</td><td colspan="2" rowspan="6">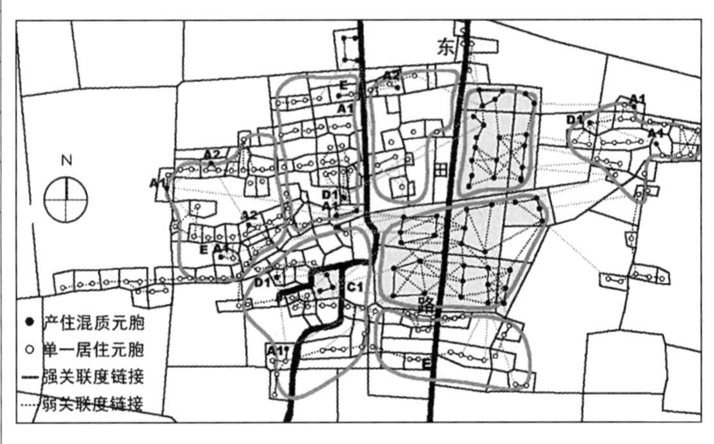
</td></tr>
<tr><td>名称</td><td>桐乡东田工业村落</td></tr>
<tr><td>核心区</td><td>$90.0hm^2$</td></tr>
<tr><td>人口户</td><td>390 户</td></tr>
<tr><td>非农率</td><td>90%</td></tr>
<tr><td colspan="2"></td></tr>
<tr><td colspan="2">格网下聚居初始分布</td><td>产业异质组团的植入</td><td>产住混合相斥的矛盾特征</td></tr>
<tr><td colspan="2">
</td><td>
</td><td>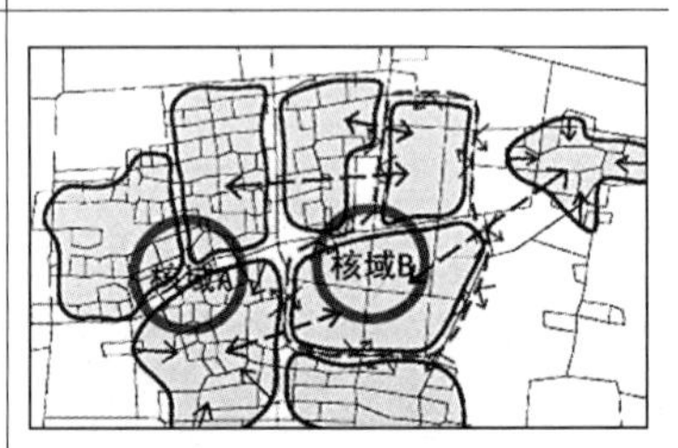
</td></tr>
</table>

2）外向离散性。以温州埭头工业村落为例，区域非农化率超过 90%[1]，在聚居模式上呈现典型的半城市化特征。从演化特征来看，聚居样本沿河两侧为原有村落的分布地，而南侧规则肌理为新建组团。区域生计以皮革工贸为主导，表 6-10 下中图所示，新老区之间有明显的组团区域边界，但在产住混质动力上，元胞围绕中介核域相互渗透，整体呈现由新区向老区的扩展运动。在外组织控制上，样本 IV 相对样本 II、III 较弱，但相对样本 I 更强。混质元胞的自组织和外组织力量较为平衡，因而其中介区的体量更大，界面活性也更高。

[1] 其中非农化率是指从事农、林、牧、渔之外的生产方式，即劳动力由第一产业向第二、第三产业转变。

外向离散下的产住混质簇群组织　　表6-10

样本 IV	
名称	温州埭头工业村
面积	22.8hm²
人口户	521 户
非农率	98%

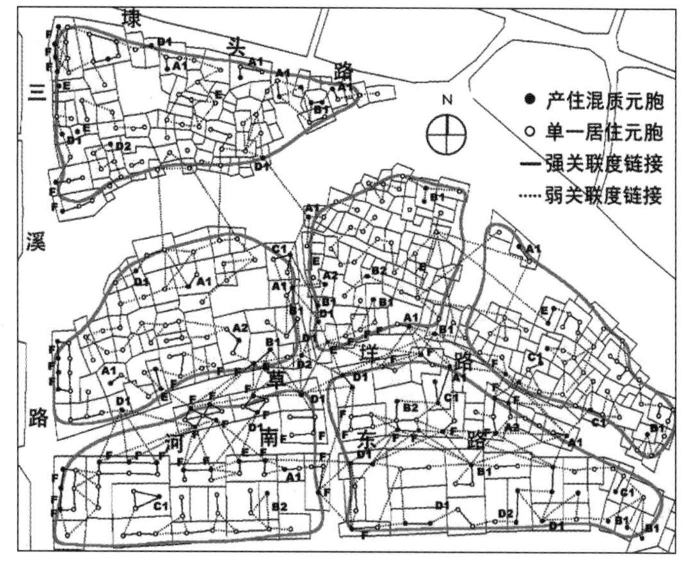

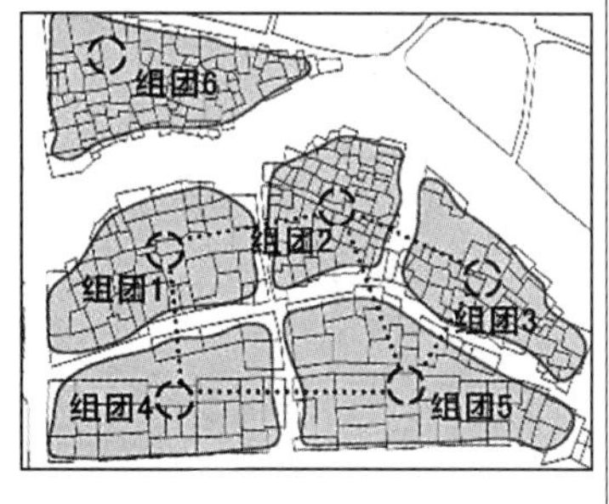

不同时期聚居肌理并置

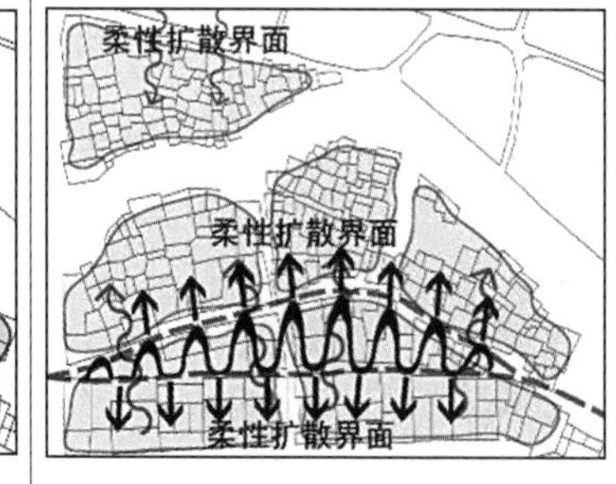

新旧互动的混质趋向

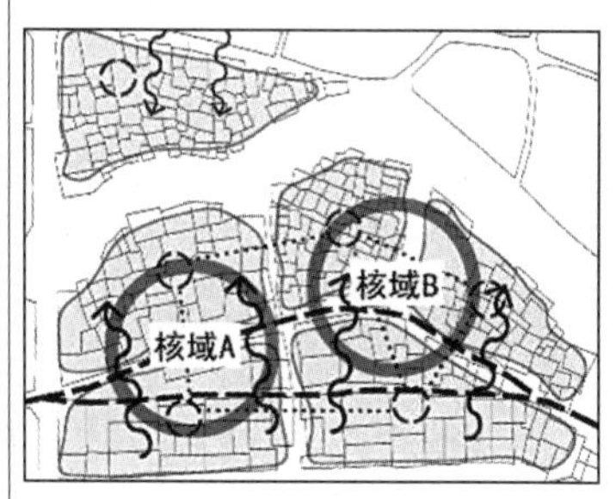

新旧过渡的核域特征

（3）产住簇群的混质渗透

产住混质因子的相互渗透是元胞运动最为常见的形式。广义来说，任何存在要素流动和社群联系的聚落，都存在生产、生活功能因子的渗透现象，只是由于聚居形态不同而造成渗透阻力的不同，及其渗透的程度差异。表 6-11 温州柳市长虹社区是由工业村发展到高级阶段，通过整体演变而生成工贸居一体化集落。区内非农化率已经达到 100%，以专业低压电器的产销为增长点，整体空间为“前有市场，后有工厂”的功能格局。与样本 IV 比较，该产住集落外部同样具有高度活性的产销界面，并受到外部产业推移而形成混质因子扩散。但是，由于样本 V 混质演进阶段更高（近于城镇化初期），共同体出现内部质变特征[1]，聚居整体的混质动力表现为自组织下元胞的均质化现象。

[1] 即逾渗现象，指在无序系统中随着因子之间联结度，或密度、数量、浓度增加（或减少）到一定程度，整个系统突然出现（或消失）某种跨越性因子联结性，或结构状态发生性质突变。

混质渗透下的产住混质簇群组织　　表6-11

样本V	
名称	温州柳市产销聚落
面积	14.1hm^2
人口户	665户
经营户	448户

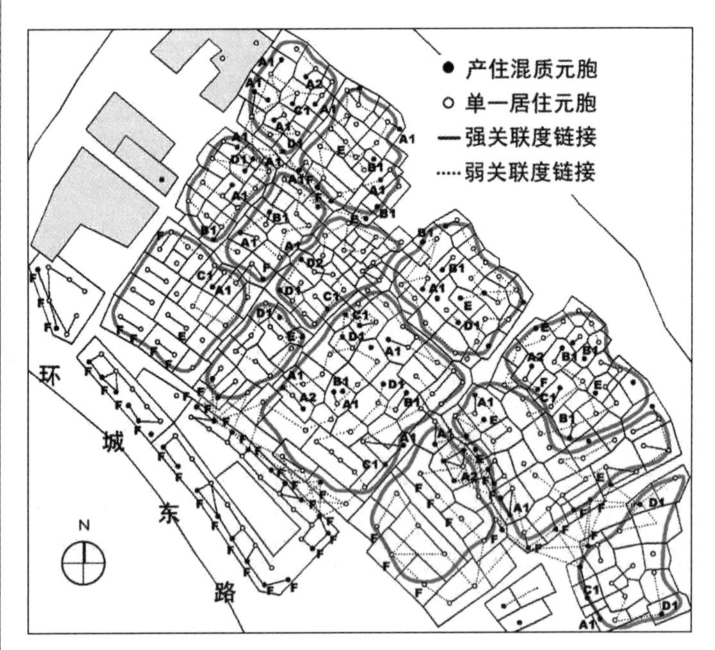

内组织主导的聚居组构	均质化的混质趋向	原有核域的延续特征

6.3.3　混合功能系统的层次性整合

空间结构和功能的对应关系，是混合聚居系统普遍存在又相互区别的特征。产住共同体空间结构与功能组织之间的规律性，成为聚居系统的整合法则。通过微观元胞和中观簇群的组构关系，整个聚居在产业、居住分布及其混质程度上，呈现相对稳定的空间形态和层次，即具有中观和宏观尺度下的空间规律性，功能组织在聚居结构上呈现非均质的变化。反之，任何产住共同聚居体在特定条件下，都具有其特定的混合参数和层次化形态。

整体来看，产住增长动因是改变混质层次的主要因素，而聚居系统以层级化组织的方式，实现区域的产住均衡和人居稳定。作为适应性的调节过程，层次化的混质格局具有结构的稳定性，但混质层次的边界则易于变化，一方面，现有的功能格局制约着混质元胞下一步的运动；另一方面，产住混质因子在不断适应新的聚居需求时，又反作用于空间结构，促进新的混质层次建构与优化[1]。因此，静态的层次与动态的因子，是产住共同体稳定增长的基础。

由于产住增长源动力的初始条件不同，聚居空间系统的混质推进呈现区域性的“等高线”式层次。从原型来看，层次格局具有无核型和有核型两类。无核型是依靠微观聚居自组织，形成分散式的混质现象，通常其增长极形态具有高度的延伸性，例如交通线、河道网络等（图 6-17），多见于早期或初期阶段的混质肌理生成。有核型层次具有类似年轮的特点。混质化的核心是局部肌理“细密化”与量变过程，如图 6-18 中三个核域；而异质化的核心即产住具有各自中心区，通过功能向外扩展，形成有一定进深的中介空间（图 6-19）。

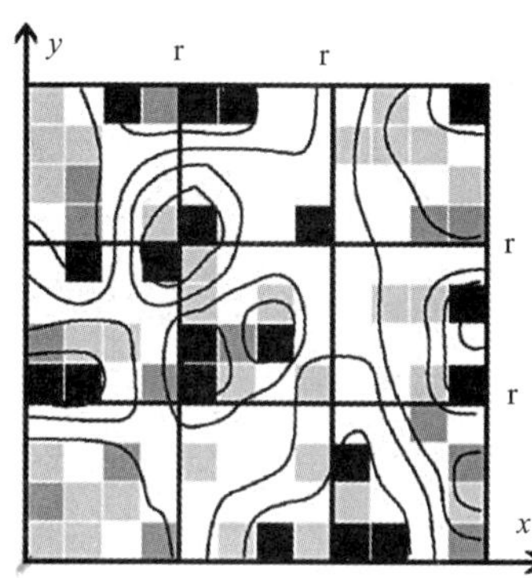

图 6-17　混质分散体格局

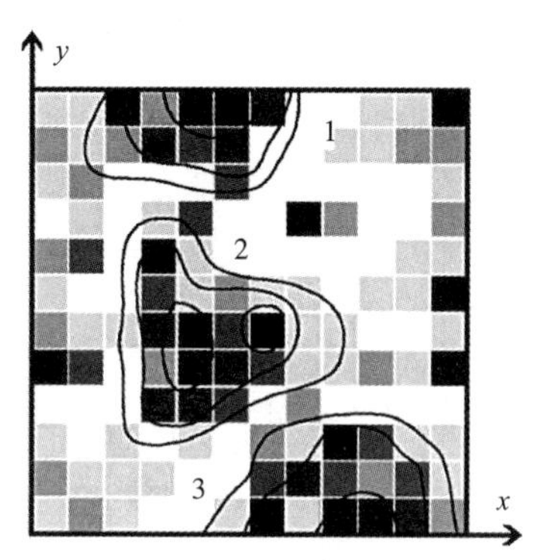

图 6-18　混质多核心格局

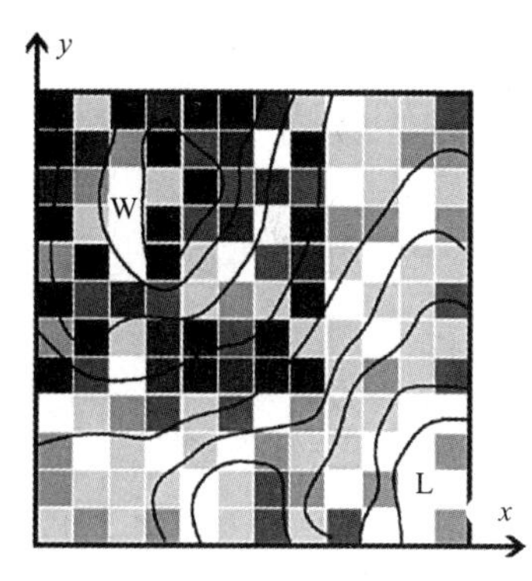

图 6-19　同质分核心格局

（图中显示是以 x，y 为坐标系的二维平面聚落肌理，栅格中■代表单一生产体，□代表单一居住体，■代表产住混质体，其中灰色程度表示混合程度，“W”为产业核心，“L”为居住核心，“r”为可集聚的交通线）

基于混合增长方式的进一步拓展，产住共同体的空间层次格局通常包含三种类型：① 低级水平的分散化的混质格局，混质化肌理较为杂乱无序；② 中级—高级水平的混质单（多）核心格局，出现区域之间的发展不平衡，在局部形成高密度的空间核心；③ 中级—高级水平的异质双（多）核心格局，产住增长核心逐步分离，混质元胞向外围扩展，在聚居体边界上大规模集聚。综上，分析产住共同体层推特征，需要建构和考察下列空间梯度值（表 6-12）：

混质系统层推分析的考察主项值比较　　表6-12

层推参数	集聚度 *AI*（Agglomeration Index）	混质度 *MXI*（Mixed-use Index）	层级性 *SG*（Spatial gradient）
描述对象	表达区域空间内单一产业或居住功能内的整合程度，以及规模效应	通过元胞划分或聚居样本栅格化，计算特定空间单元内的产住混质比例	描述聚居整体样本混质元胞组织的层次，以及混质程度的连续性级差
量化规则	$AI=\frac{\text{单功能用地}}{\text{总用地}}\times 100\%$	$MXI=\left\|\frac{\text{产面积}}{\text{住面积}}-1\right\|\times 100\%$	采用顺滑曲线来连接 *MXI* 指数相同的元胞

[1] 张勇强．城市空间发展自组织研究——深圳为例 [D]. 南京：东南大学，2003：67-69。

续表

层推参数	集聚度 *AI* （Agglomeration Index）	混质度 *MXI* （Mixed-use Index）	层级性 *SG* （Spatial gradient）
应用分类	根据聚居样本划定同类区域，进行集聚度统计： 0% ≤ *AI*-1 ＜ 30% 30% ≤ *AI*-2 ＜ 60% 60% ≤ *AI*-3 ＜ 85% 85% ≤ *AI*-4	根据聚居样本划定同类区域，进行集聚度统计： 0% ≤ *MXI*-1 ＜ 30% 30% ≤ *MXI*-2 ＜ 60% 60% ≤ *MXI*-3 ＜ 85% 85% ≤ *MXI*-4 *MXI*-5	跟随 *MXI* 值划分梯度（主要分 1 ～ 5 五个等级），相同混质度的等值曲线是封闭的
图示特征	采用区域样本的栅格化 用栅格单元的明度表示	采用区域样本的栅格化 用栅格单元的明度表示	根据聚居混质栅格分布 来建立相同等量趋向

（1）分散性的混质层级特征（表 6-13）

产住混质生成，首先是基于聚居系统的开放性和局部增长不平衡。产住混质的初始阶段，高混质度、低混质度和非混质的元胞相互掺杂，呈现整体无序性[1]。从样本 VI 义乌通信市场社区来看，产住混质主要基于物流路网的肌理渗透力。大量可用于经营的沿街价值被从单一居住中置换出来，这混质模式发自于交通线经济、河道经济等原型，从线性渗透到网络渗透，其强度更高、密度更大。但是，由于这种类型的产住混质属于后发过程，区域要素流在区内并不均衡，必然导致局部的元胞类型和 *MXI* 度都不尽相同，并且出现整体肌理的斑块化特征。由此虽然缺乏组织性，分散式层次格局未形成明确的产住混合形态，产住共同体内部的因子处于竞争性增长，混质活力与混杂乱象高度并存。

分散性的产住共同体混质层次格局（*AI*、*MXI*量化值参照表6-12）　　表6-13

样本 VI	
名称	义乌通讯市场集落
面积	21.62hm²
人口户	1848 户
经营户	644 户

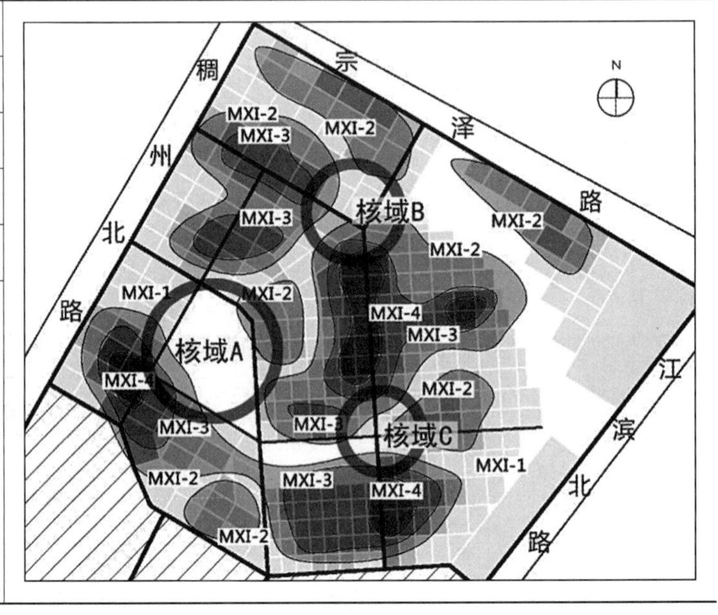

---

[1] 吴彤 . 自组织方法论研究 [M]. 北京：清华大学出版社 , 2001：65-73。

续表

产住脱离原组团限制，具有开放性	以主交通线为生长点，混质度不均衡
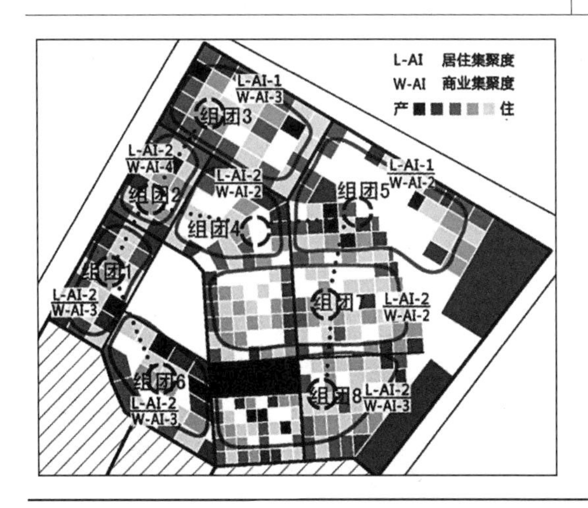	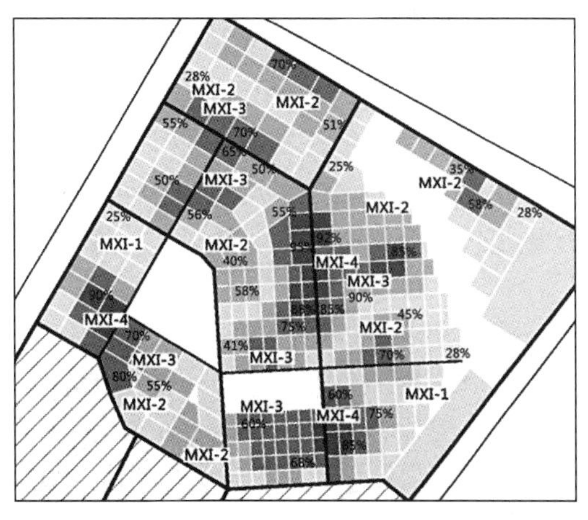

（2）多核化的混质层级特征（表 6-14）

多核性的产住共同体混质层次格局（*AI*、*MXI*量化值参照表6-12）　　表6-14

样本 VII	
名称	温州长虹工业村落
面积	18.6hm²
人口户	624 户
经营户	341 户

产住功能因循内部街道网络集聚	混质核心与聚居核心高度重合
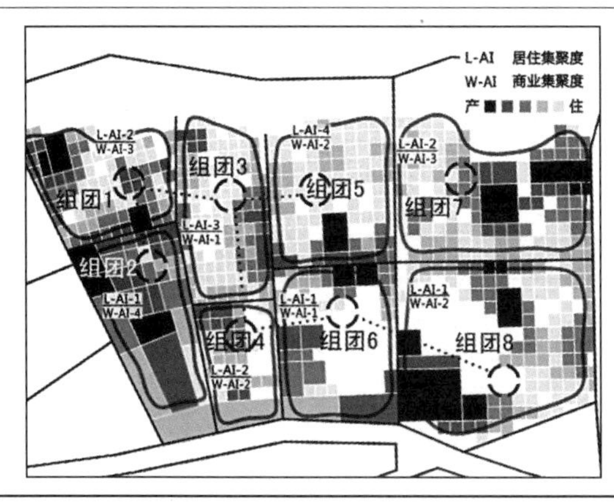	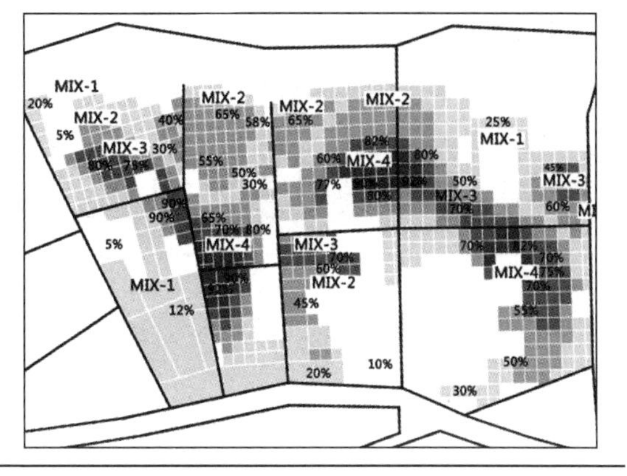

随着产住混质元胞从耗散趋于稳定，产住共同体的梯度格局表现为局部高度混质的核心区域，在样本 VII 温州长虹工业村中，外围密集的产业渗透开始由聚落边缘区的活跃状态，深入到聚居内部。在聚居系统“住改产”置换程度达到稳定后（约 48%），聚落内部界面和节点空间成为产住混合的新增长点。整体混质层次的演进主要分为：第一阶段，由外而内的扩散渗透状态；第二阶段，由腹地向混质核域二次集聚和密化过程。在延续原聚落构形法则的条件下，产住高混质度区（*MXI*-4 级以上）往往与原聚落的中心区相重叠。而这些混质核心与周边肌理存在明显的功能等级弱化特征，这使得混质度的变化具有空间必然性。因此，产住共同体的混质层级是由分散向自组织集聚的模式转变。

（3）分核化的混质层级特征

以余姚泗门工业村为例（样本 VIII），整体的聚居空间体系区别于样本 V 和样本 VII，呈现较为规整的用地格局和边界：①基于较强力量的外组织特征，产住二元在聚落中呈现较强的功能集聚导向；②基于明晰化的空间网格限定，产住二元具有各自的增长和拓展空间；③基于主要交通线的要素流资源支撑，形成单一产业、单一居住和混质产住的线性交错格局。因此，在产住共同体内部产业和居住形成各自较为同质的组团，其核心空间的功能相对单一，错开布局。与此同时，从表 6-15 层次 *SG* 图来看，高混质度区分布于产业组团和居住组团的边缘相交区域，而越往核心方向推进，*MXI* 的数值越低。高混质度的核心与聚居功能核心互分离，功能集聚度 *AI* 与混质度 *MXI* 呈现明显的反比关系特征。另外，受均质网格限定，此案例混质层次形成节奏性的规律。

分核性的产住共同体混质层次格局（*AI*、*MXI*量化值参照表6-12）　　表6-15

样本 VIII	
名称	余姚泗门工业村落
面积	70.2hm^2
人口户	612 户
非农率	78%

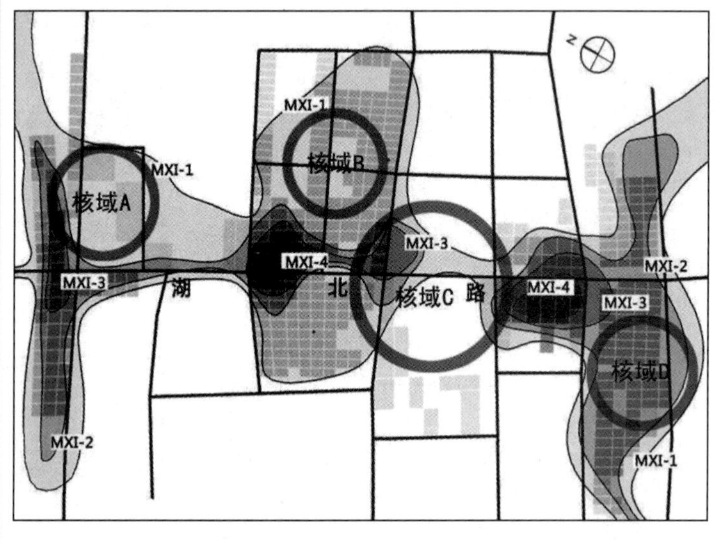

续表

组团同质集聚，产住分化交错	以干道为线索，混质度呈现相位波动
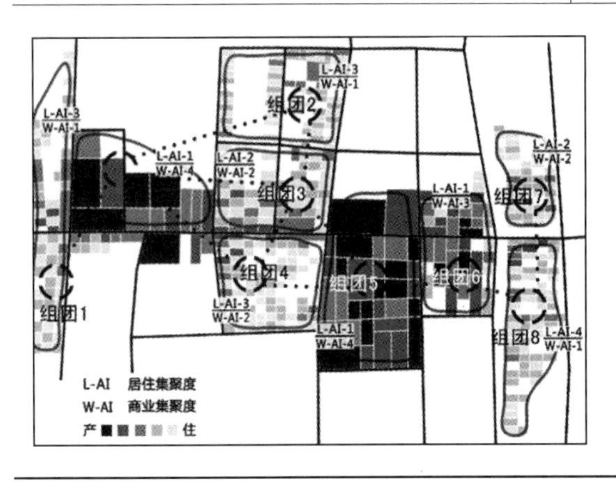	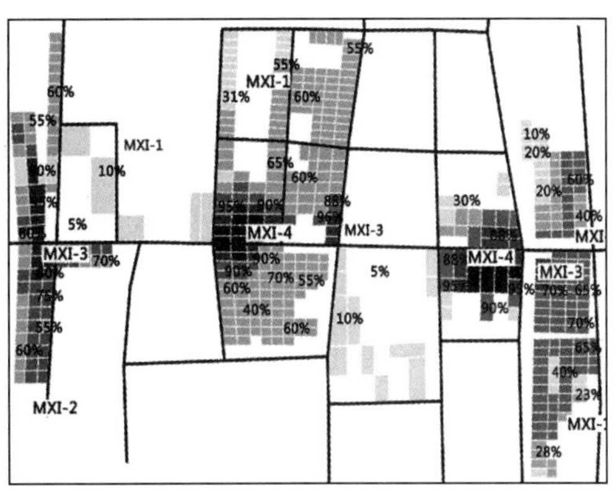

综上所述，产住共同体的层级特征取决于功能集聚性、产住混质程度和混质元胞分布。除此之外，基于其他相关参数的考察，可以进一步实现对产住共同体的适宜性评价。例如产住功能的均衡度、混质元胞的类型比以及混质元胞变化频率等一系列更细化的参数，可以进一步深化描述和明确产住共同体具体信息，并描述更全面的聚居混合发展特征。

无论根据时代和地区背景对产住混合动因进行阐释，还是针对共同体空间线索的组构关系梳理，都需要基于特定的研究对象和建成条件。事实上，现阶段产住共同体的形态表征、结构秩序和社群网络，受人为制度控制比自然因素影响更为突出。混质聚居建构在自组织和外组织上的方式与规则，在很大程度上决定了产住混质的类型和共同体增长的绩效。

第3部分

混合功能发展与“产住共同体”营建

产住混合发展，是朴素而又特殊的人居建构方向。对产住共同体的研究工作，不仅需要借助理论阐释来架构混质机理，更需要通过视角比对来引介人居实证。因而，如何基于人居适宜性的体制优化与导控，则是混合功能可持续发展的关键。而就中西发展差异而言，我国的混合功能人居主要处于“自发”状态：一方面，由于对传统形制延承的连续性，产住混用在中国人居观念上形成累积强化效应。长期以来，空间建构对混质形态产生了“习惯”与“认同”；但另一方面，我国现阶段的城镇化体制取道西方功能主义，面对混质发展的现实需求，缺乏相应的专业关注度和成熟的建设标准。从历史到今天，一直缺乏规划建设的制度倡导和规范指引。因此，产住共同体建构的本土特征主要为两方面：

（1）“混”而难“分”的二律和合[1]

传统营建模式对二元辩证法具有高度融合运用。产住功能作为区域共同体的发展动力，既有矛盾对立，又妥协和合，二者共同作用于混质人居的生成。特别是中国当前的产住共同体受“民本化”、“小生产”经济基础主导，产住共生载体集中在微观和中观层面，能够深入大众化的人居观念。但是，由于经济、风俗、政策区域不平衡，产住从“合”到“和”仍需要系统性的制度引导。

（2）“混”即是“乱”的经验误区

中国制度文化既认同多元，又惧怕混质，“求同”与“存异”乃是管和用的二元悖论。具体到混合聚居建构，“内在的秩序性运行”与“外表的杂乱，缺乏一致性”相互并存，加之产住共荣的高度自发性，很容易被现代营建法则偏解为无序。从“不以为意”到“不以为然”，管控意识往往将“混”与“乱”相联系，对混合功能人居模式的怀疑和排斥，必然误导建设方向且增加管控困难[2]。

在新一轮城镇化下，比较中西混合发展的策略差异，平衡生产与生活复合的现代矛盾，建立混合人居增长的合理制度，都需要立足空间与社群的共同体特质。具体到实践，笔者认为“本土为体，西制为用”是混合功能人居建构的基本思路，其核心包括：第一，摆脱传统城乡建管模式的刚性限定，重构有本土特色和地区特点的城乡发展与区划的兼容框架；第二，借鉴外来经验和引入实证评价机制，形成建设性的规范体系和可操作的分类引导。

---

[1] “二律”是指一种事物的存在状态和属性，是事物内在矛盾，对立的双方；“和合”是指事物矛盾协调、融合，是对立体的渗透和统一。如传统体系的天人合一，体用一源、刚柔并济等，与产住混质思维一致。

[2] 朱晓青 . 混合功能人居的概念、机制与启示——浙江现象下的产住共同体解析 [J]. 建筑学报，2010(2)。

第7章　兼容：混合增长策略与结构性优化

7.1　多样化城乡发展途径的选择

关于城镇化的模式和路径，以下两个案例具有产住协同的代表性：

1）台州撤地建市[1]（工业型主导城镇化）：自20世纪80年代以来，台州地区民营经济快速崛起，形成以汽摩配件、塑料模具等为主导的民营型的乡镇工业和家庭工业。随着产业集聚和人居增长，在1994年从台州地区（区辖临海、椒江、黄岩、温岭4市以及天台、仙居、三门、玉环4县），调整为台州市（辖椒江区、黄岩区、路桥区与临海、温岭2市和玉环、天台、仙居、三门4个县），面积6800km^2，人口420万。实现GDP1838亿元。

2）义乌行政区划调整（商贸型主导城镇化）：自1990年代以来，义乌以"兴商建市"为目标，形成篁园市场、宾王市场、中国小商品城为增长极的小商品工贸一体的城市聚落。2010年新的行政调整方案，拟由原义乌市、东阳市、浦江县、磐安县组成。义乌升为地级市设立3个辖区（乌伤区、稠洲区、义西区），代管3个县级市（东阳市、浦江市、磐安市），面积4960km^2，人口239万。实现GDP972亿元。

通过比较，两个案例的共同点在于：①区域经济增长方式主要依靠"社会化小生产"的驱动；②现代化的家庭工业集落、工商贸一体的市场住区成为混合功能人居的最重要载体；③自下而上产住共同增长是推动区域城镇化的核心力量，区域内部城乡差别相对较弱，现存的人居类型多样且相互关联。在产业和人居的非农化活动视角下，城乡关系的空间格局变化和演替，可以概括为集中性城镇化、分散性城镇化、就地性城镇化三种主导模式[2]（表7-1）。

中国典型城镇化模式与产住混合发展的背景比较　　**表7-1**

城乡演替	集中型城市化	分散型城市化	就地式城市化
人居载体	既有的城市聚落体	城市边缘区、都市蔓延带	半城市化区、发达乡村
增长方式	通过农村人口和非农经济活动的不断输入由乡村向中心城集聚	城市规模扩大，人口向外扩散，主要为外延型、飞地型的空间发展	在无城市直接作用下，由于产业结构调整和物流经济引发的区域变革
城乡关系	城乡二元的壁垒明显，大城市病与农村滞后	城乡空间交错，动态博弈，城市职能转换不明显	城乡一体化，界线模糊，基础薄弱，结构欠合理
产住格局	职住分离现象明显，中、微观产业与居住的共同体难于组织	区内产住混合主要集中在中观尺度上，但产住的功能更替频繁，缺乏稳定	中观和微观的产住混合现象都较为普遍，社群在地域锁定的现象明显

[1] 国务院国函（94）86号文件．关于撤地建市的批复．1994。

[2] 曹钢．中国城镇化模式举证及其本质差异[J]．改革，2010(4)：78-83。

由此可见，当集中型城市化发展到自身瓶颈，以中小城镇和发达乡村为对象的现代化目标，成为当前和今后城乡建设的趋向[1]，这使得近期我国城镇化模式将采取分散型和就地型的路径，并以区域产住共同体作为重要推动作用，其特征表现为：①民本型、小生产的规模化升级与跃迁；②形态多样、功能混合、水平参差的聚居增长与集聚；③自组织与他组织的共同体机制发展与序化。因而，在自下而上的城镇化路径下，城乡发展是一个循序渐进的建设过程，混合功能人居的多样化增长，呈现层级差异却又阶段连续的轨迹。

7.1.1　小生产、大聚落的增长法则

多样化的城乡交互与演替格局，是形成产住混合集聚的基础背景（图 7-1）。

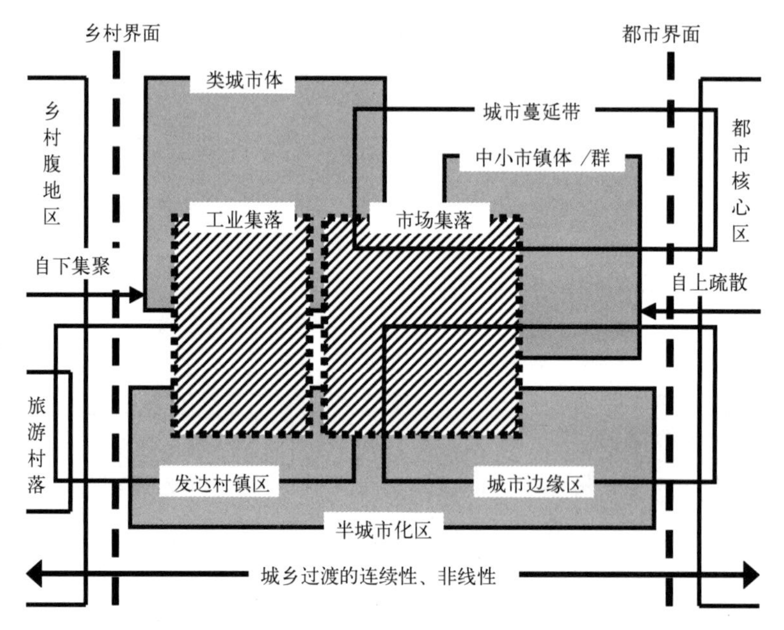

图 7-1　城乡产住载体的多样性与嵌套格局（斜线表示动态活跃因素）

[1] 我国城镇化特色从小城镇、大问题转向小城镇、大战略，2000 年以来促进小城镇建设的主要事件包含：

年份	小城镇发展战略的事件内容
2000 年	党十五届三中全会通过的《中共中央关于农业和农村工作若干重大问题的决定》指出发展小城镇，是带动农村经济和社会发展的一个大战略，是推进我国城镇化的重要途径
2000 年	国务院发布《关于促进小城镇健康发展的若干意见》
2001 年	国家十五规划中 10 次提到小城镇，并着重指出在着重发展小城镇的同时，积极发展中小城市强调走出一条符合我国国情、大中小城市和小城镇协调发展的城镇化道路
2002 年	党十六大报告指出，农村富余劳动力向非农产业和城镇转移，是工业化和现代化的必然趋势。要坚持大中小城市和小城镇协调发展，走中国特色的城镇化道路。国家发改委成立了小城镇改革发展中心；科技部启动了“小城镇科技发展重大项目”的研究工作
2006 年	十一五规划要求促进城镇化健康发展。坚持大中小城市和小城镇协调发展，稳妥推进城镇化

存在于城乡之中，产住共同体是极具过渡性的聚居状态，包含发达乡村（advanced rural area）、城镇蔓延区（Megalopolis）[1]、城乡边缘区[2]（urban-rural fringe）、半城市化区[3]（peri-urbanization region）和类城市体（analogous urban）等多种产业与人居叠合的基本类型。基于中国传统农业"小生产"转型的家庭工业和专业市场，是带动经济和人居增长的最活跃因素。从图7-1来看，区域发展不平衡，更造成各种城乡之间过渡性聚落的掺杂，呈现出时间连续性和空间非线性的格局。产住共同体之间的界线更为模糊，小生产主导的聚落建构和社群组织，在民本经济发达区，具有最大的功能兼容性和适应性。

在城镇化推进的核心区，非农化过程并非只有向着"福特式"大生产转型的唯一路径。而小生产社会化增长与现代化集成的发展路径，则形成"离乡不离土，进厂不进城"现象，从区域社群的迁移和流转视角来看，城乡中间体状态的混合功能人居主要分为就地型和异地型两类[4]（表7-2）：

非农化进程的产住混合方式差异　　　　**表7-2**

非农化路径	就地型混合	异地型混合
主导区域	发达乡村、半城市化区	城市边缘区、中小城市区、开发区
地域锁定	地域稳定性高，对土地依赖性强	地域稳定性低，但存在一定活动范畴
职业类型	以区内从事小工业、小商业为主	多进入现有或规划的行业群落
非农程度	较低，以农民兼行型转变为主	较高，多为全职性转变
转职特征	个体或家庭转变为主	趋向于举家迁移或者群体流动化
决策动因	源自个人、家庭需求	源自政策导向和建设发展背景
文化层次	较低，受继续教育和培训机会少	较高，受继续教育和培训机会多
空间流动	较弱，以职业转变为主	较强，职业与居所同时流动
转型背景	（1）人地矛盾日益尖锐； （2）聚落内的"能人经济"带动； （3）原产业结构调整或集聚	（1）城乡收入差异； （2）城镇职能扩散，就业机会增加； （3）城乡制度性障碍弱化
转型成本	较小，兼有农本和非农经济保障	较大，社会保障和服务支持缺乏
职住关系	（1）工作与居住空间相邻或一体； （2）生产与生活可灵活支配	（1）工作场所与居住空间相关性弱； （2）生活随从生产而适应和调整
人居品质	较好，具有可改善和发展潜力	较差，缺乏改造和优化的动力
社群职能	（1）具有完整的社群组织体系； （2）产住社群往往高度统一	（1）以个体行为为主，缺乏有效组织； （2）生产社群强化，生活社群弱化
管控机制	处于自组织主导、外组织控制状态	外组织强制性明显，自组织自由度低

[1] J. Gottmann. Megalopolis:or theUrbanizationof theNortheasternSeaboard[J]. Economic Geography,1957, 33：189-200.
[2] R. J. Pryor. Delininy the Rural-urban Fringe[J]. Social Foreces，1968，407.
[3] 刘盛和，陈田，蔡建明．中国半城市化现象及其研究重点 [J]. 地理学报，2004，59（S）：101-108。
[4] 王雅莉．劳动力转移：我国当前城市化经济运行的重要目标 [J]. 中国城市经济，2003（10）：19-22。

以家庭（族）为个体的“小生产”作为民本城镇化的源头（图 7-2），既是基本的生产单位、经济单位，又是基本的人居单位和社群单位。通过区域生产和生活在时间和空间上的叠合，聚居体增长依靠家庭（族）生产、生活组织与社会产业、人居网络的协同来实现。事实上，这种现代化和集群化的小生产人居特征既不同于自然经济下“低、小、散”的“小生产”空间，又区别于“高、大、聚”的社会大生产模式下的建设法则[1]，例如浙江长兴积极发展的家庭式羊毛加工业和新型工业村落（图 7-3）。在本土化视角上，“社会化小生产”聚落既是传统混合聚居模式的延续，同时也融入现代化、社会化的产住协同体系中。即产业组织是以家庭（族）生计活动为基础，以社会化分工、专业市场为纽带的格局。区域人居发展方式，则包含产住混合的功能本体属性，以及共同体的绩效目标。由此，社会化小生产下的混质聚落营建特征如下：

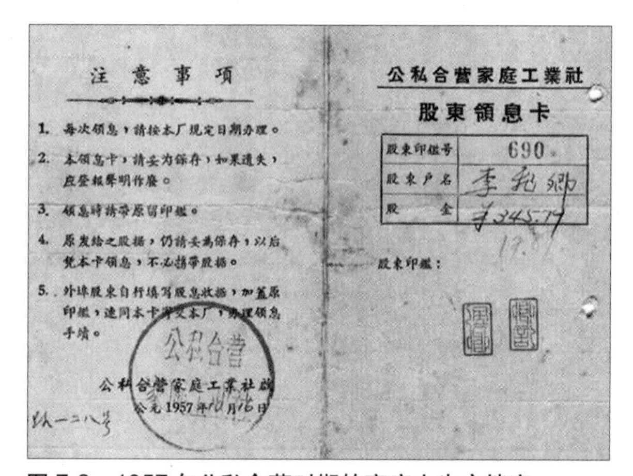

注意事项

1. 每次领息，请按本厂规定日期办理。
2. 本领息卡，请妥为保存，如果遗失，应登报声明作废。
3. 领息时请带原留印鉴。
4. 原发给之股据，仍请妥为保存，以后凭本卡领息，不必携带股据。
5. 外埠股东自行填写股息收据，加盖原印鉴，连同本卡寄交本厂，办理领息手续。

公私合营家庭工業社啟
公元1957年10月16日

公私合营家庭工業社

股東領息卡

股東印鑑号	690
股東户名	李苑卿
股　　金	¥345.74

股東印鑑：

图 7-2　1957 年公私合营时期的家庭小生产档案

来源：中国收藏网，http：//pic2.997788.com/mini/shopstation/pic/NS/00/ 0001/000107/NS00010724.jpg

图 7-3　现代家庭工业的“小生产”混质空间

来源：浙江湖州长兴新农村网，http：//www.cxxnc.com/ejl/ mjc/gongye.html

（1）小生产、大集群

社会化小生产的发展依赖于区域人居的自然组织背景，并催生了产业与人居在空间上的一体化增长：①社会化小生产的成本低、规模小、经营灵活，非常适合自然家庭组织的运作方式，因而在产住功能的空间和时间分配上紧密联系；②小生产的社会化是聚居锁定和半开放的标志，通过人居关系建立分工协同和信用机制，并借助亲缘、友缘和居住邻里进一步实现经验的沟通和传递，进而降低生产和经营的门槛与成本；③区域内人居文脉的意识认同，有利于生产方式、技术和产品的专业化与集聚化进程，以及基础设施和资源的共享。

块状集聚是区域产住共同体的基本增长路径。以波特的簇群理论来看，产销专业化和产业链整合是引发区域产业簇群（industrial cluster）的内生性因素（图 7-4）。事实上，在我国社会化小生产模式下，产业集聚过程是家庭工业、基层市场的扩大化和规模化效应（图 7-5）。因而，笔者认为，引导“小生产、大集群”的混合功能发展需要遵循：①地域锁定原则：小生产集落中亲缘、友缘、业缘兼有“事业功能”[2]（enterprises）和“生活功能”，聚居建构必须兼顾产业外向性和住居内向性；②个体灵活原则：比较图 7-4 与图 7-5，小生产集群

[1] 杨建华．社会化小生产：浙江现代化的内生逻辑 [M]. 杭州：浙江大学出版社，2008：42-49。

[2] 余时英．士与中国文化 [M]. 上海：上海人民出版社，1987：569。

不具备明显的行政引导机制，更多是基于原有聚居和市场的自我调节，产住共同增长赋予微观个体的自由度而形成群力。

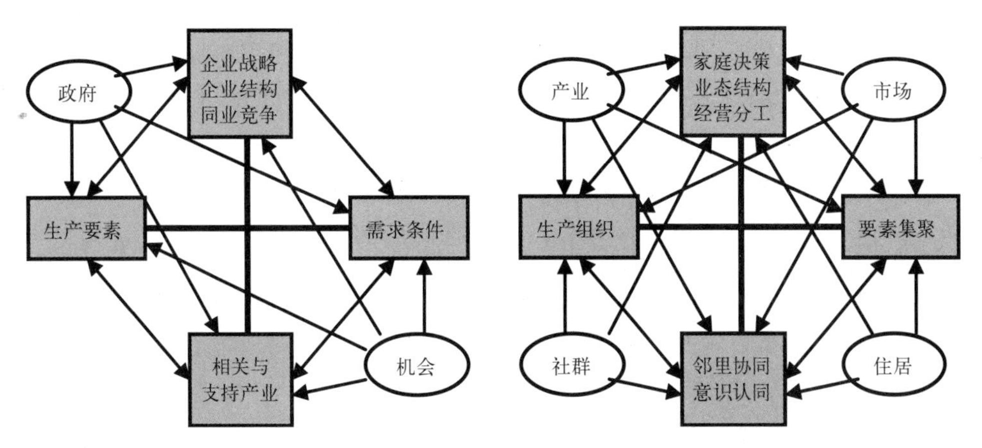

图 7-4　波特簇群理论的“钻石模型”　　　　图 7-5　社会化小生产的产住集群化模型

来源：改绘自 M. E. Porter. The Competitive Advantage of Nations[M]. The Free Press，1990

（2）小混质、大聚落

在自下而上发展路径下，城镇化的现状条件复杂使得地方政府难于形成主动的大片区式开发。这些地区有建制的市镇数量虽多，但规模偏小，加之行政利益分属，造成制度层面的建设管控难度❶。因此，民本经济影响往往跨越行政区划，通过利益增长网络，形成的城镇化路径。以浙江为例（表 7-3），88 个县市区中有 85 个出现块状经济，占据全省工业总产值的半壁江山。与此同时，块状经济区作为城镇化主体，也是城乡人居建设核心区。其中温州、台州、嘉兴、绍兴在块状经济内的企业平均规模在 10 ~ 20 人，湖州地区甚至达到 10 人以下。大量小生产簇群高度渗透于区域聚居体中，形成绵密的产住一体化格局。

浙江块状经济与社会化小生产规模特征（灰度表示宏观产业与人口比率梯度）　　表7-3

指标	杭州	宁波	温州	湖州	嘉兴	绍兴	金华	衢州	丽水	台州	舟山	合计
面积（万 km^2）	1.66	0.97	1.18	0.58	0.39	0.83	1.09	0.88	1.79	0.94	0.14	10.0
区块（个）	57	63	90	41	52	41	53	22	19	71	10	519
产值：1~10 亿	40	50	63	29	34	18	37	22	19	50	10	372
10~50 亿	10	10	23	11	13	14	15	0	0	20	0	118
50~100 亿	6	3	3	1	5	8	1	0	0	1	0	26
超 100 亿	1	0	1	0	0	1	0	0	0	0	0	3
从业人数（万人）	41.1	33.2	56.1	23.0	44.0	63.2	30.0	21.9	18.5	47.4	17.6	380.1
企业总数（万个）	1.51	1.20	3.23	4.29	3.54	4.15	1.38	0.35	0.27	4.74	0.05	23.68
企业规模：超 50								63	68			
20~30 人	27	28					22				35	16
10~20 人			17		12	15				10		
10 人以下				5								

来源：唐根年等 . 浙江区域块状经济地理空间分布特征及产业优化布局研究 [J]. 经济地理，2003（7）：457

❶ 史晋川等 . 制度变迁与经济发展：温州模式研究 [M]. 杭州：浙江大学出版社，2004：331-343。

综上，就地和分散的城镇化，更表现为区域产住单元的块状化分布特征，即依托聚落个体的自然区划而形成生产要素和人口集聚[1]。产住混质绩效是以个体单位的整合来实现，其社会化过程主要包含三条途径：①“集中型”：主要依靠个体的群化，形成产住发展的规模效应；②“转化型”：针对基础较好、条件充分的聚居组团实现产住功能结构的混质跃迁；③“整合型”：依托经济社会增长极，在其邻近空间进行支持性的功能重构，承担产住职能的混质整合。

7.1.2　区域多样化的产住共同体实态

混合功能模式在我国人居演进历史中长期存在、自发衍生，具有地域多样化的产住复合形态。特别是在民本经济为特色的中小城镇与发达乡村，不同的生产模式，成为影响人居发展和地区营建最为根本的经济基础；反之，从微观到宏观的聚居空间范式对不同业态的适应化过程，则划分出朴素的产住混合类型：

（1）**集中型：安吉梅康桥工业村**

安吉地处西部天目山区，20世纪80年代曾是浙江25个贫困县之一。随着从农业到生态工业、旅游业的发展转型，成为中国新农村建设的样本地区。梅康桥工业村落位于安吉县城南区，业态以地方特产的竹制品加工、家具制造为主导。由于其位于镇村之间的结合部，生产方式具有小家庭生产的规模化集中特征，并兼有少量销售贸易功能。微观和中观尺度的产住混合程度较高。

1）产住共同的聚居特征（表7-4）：

① 产住混合源自自下而上的“小生产”的增长与集聚，以户为个体的家庭小产住体（A、B）与多户联合的产住组团相交织，并保留原有聚居核心（F）。

② 聚落位于城关镇和南部乡村的结合部，由于区内城镇化程度不同而分为南北两个片区，建筑、道路和场所规模变化导致产住混合的尺度差异。

③ 产住混合元胞的范式主要包含个体外延型、小规模生产的围合型和多户经营的联立型（C、D、E），后两种方式具有联户经营性和空间组团化特征。

④ 受土地资源制约，产业对住居的植入主要为功能性置换或缝隙地填充。

2）产住混合的建设模式：

① 政策的弹性化：在生产用地紧张，且符合安全、环保、整洁的情况下，经村镇两级审核，允许在宅基地搭建工业用房[2]，实现产住职能的兼容。

② 土地的集约化：强调对闲置、废弃地利用，开发产住集聚点[3]。

③ 产住的联户化：鼓励个体家庭工业的联合，从传统家庭工业向现代家庭工业转型。通过生产经营的适度集中、兼并和规模化，带动居住空间的集成化，从而提高公共配套和服务的效率，以组团混合方式形成聚居空间的秩序。

---

[1] 葛莹，姚士谋等．浙江省区域块状经济和城市化的关系[J]．经济地理，2005(7):515-520。

[2] 安吉县人民政府．关于2008年度进一步鼓励发展现代家庭工业的若干意见．2008。

[3] 安吉县人民政府．关于2008年度进一步鼓励发展现代家庭工业的若干意见．2008。

安吉梅康桥工业村落的产住聚居实态　　表7-4

来源：卫星图数据源自Google Earth，照片为2010年自摄

（2）转化型：义乌青岩刘村淘宝聚落

青岩刘村位于浙江义乌江东区，于2004年完成了旧村整体改造，依托中国小商品的集散优势和义乌最大的江东货运中心，发展成为网上商城、实体店铺和村改居聚落的产住共同体。整个村落在册居民1486人，外来常住人口近7000人，注册网店从2008年的120户发展到2010年的2000余户，2年间增长近10倍，常驻快递公司20多家，年交易额达到8亿元，享有“中国电子商务第一村”的美誉❶。从聚居发展模式来看，青岩刘村

❶ 新华网．探秘中国第一淘宝村——浙江义乌青岩刘村[EB/OL]. http://www.baike086.com/thread-5331-1-1.html。

在业态类型上是以淘宝等电子商务平台为业态平台，区内建筑面积 28 万 m²，内部功能包含商务、商业、居住、装印、物流等多种功能，网商云集，产业与居住高度混合（*MXI* > 90%）。

1）产住共同的聚居特征（表 7-5）：

义乌青岩刘村电子商务型的产住聚居实态 表7-5

<table>
<tr><td colspan="3">产住混质元胞的基本范式（L = live，W = work）</td><td>实态 A：产住聚落的入口地标</td></tr>
<tr><td>Ⅰ：联立型</td><td>Ⅱ：置换型</td><td>Ⅲ：外延型</td><td rowspan="2"></td></tr>
<tr><td colspan="3">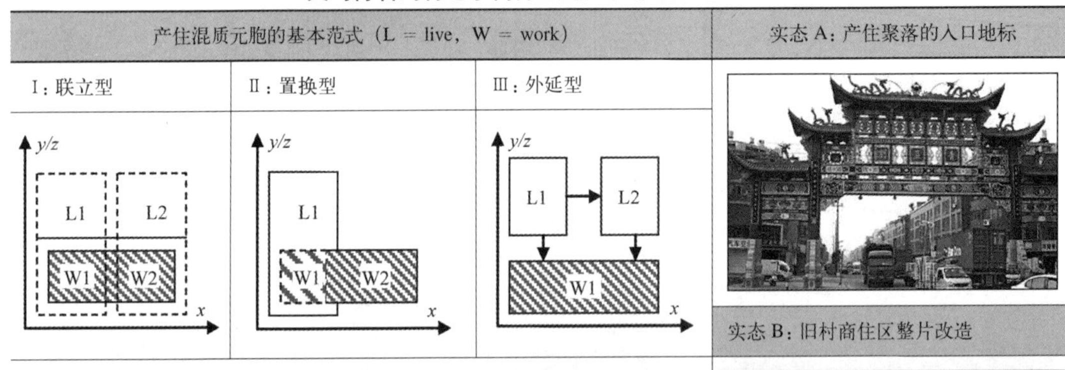
</td></tr>
<tr><td colspan="3" rowspan="4">
</td><td>实态 B：旧村商住区整片改造</td></tr>
<tr><td></td></tr>
<tr><td>实态 C：产住一体的组团秩序</td></tr>
<tr><td></td></tr>
<tr><td>实态 F：规范化的家庭网店</td><td colspan="2">实态 E：地下室开辟物流库房</td><td>实态 D：街道的商住混杂特征</td></tr>
<tr><td>
</td><td colspan="2">
</td><td>
</td></tr>
</table>

来源：Google Earth，照片参照http：//society.zjol.com.cn/05society/system/2010/08/26/016879070_02.shtml

① 产住混合模式的生成源自地方小商品专业市场的产业背景，以及村改居发展的双重动力。一方面，江东新区建设和旧村改造为产住功能提供了一体化、现代性的人居载体（B、C）；另一方面，“离土”的民众和“宽裕”的安置面积，为产业植入提供了空间和人

口资源，最终出现产住混合模式的快速蔓延。

② 自下而上的混质需求使得聚居发展充满活力。不同于其他产业活动规律，根据电子商务特征，区内活动高峰期出现在晚 8：00—凌晨 2：00，占据 70% 交易[1]。

③ 产住具有共同性标识（A）[2]、聚落内部道路和场所职能混合（D）。

④ 以户为单位，网店、实体店铺及其仓库都设于民宅内，网店多为 2 ～ 3 层，与居住紧密相连（F），实体店铺与仓储主要布置在 1 层或地下（E）。

2）产住混合的建设模式：

① 更新式发展：基于城镇化推进，对城郊村进行整体改造，重组介于城乡之间的非农化、集中型的聚居点，并引导原住民的生产经营方式转变。与此同时，将人居建设与产业转型相结合，实现就地、混合的产住共同形态。

② 自组织促动：通过居民原有地缘关系，形成区内电子商务的业缘化传播，居住的集聚过程带动产业的规模化增长，产住混质成为聚居的仿效机制。

③ 非正规引导：村“两委”在江东区政府支持下，成立义乌国际电子商务城筹委会，使得原本单一的居住村，成为产住共同组织的综合体。

④ 机制性束缚：建设布局和公共设施缺乏混合功能应对，造成冲突与滞后。

（3）整合型：义乌长春市场社区

义乌长春市场社区位于稠州街道，紧邻福田国际商贸城，面积约 1.36km^2，由原长春行政村、竹佳里行政村撤村建居形成。两个村在册人口 610 户，共 1843 人，外来人口约 6000 人。长春市场社区成立于 2006 年，聚落布局分为长春二区和长春三区两个片区，新建房共 1463 间[3]，约 30 万 m^2。总体规划包含饰品、工艺品、挂历、珍珠制品、汽车用品 5 个专业街市，共有商户约 1380 余家，商业配套餐饮、娱乐、宾馆 38 家，居住配套有幼儿园、社区医院等。区内建筑形态为义乌城镇化改造典型的“四层半”模式，底商上住，混合联立。

1）产住共同的聚居特征（表 7-6）：

① 长春专业市场社区作为义乌商贸型城市新建聚落，具有中国特色城镇化格局。该产住共同社区的形成源于自上而下的“撤村建居”的就地合并和集聚的开发模式，具有较完善的商住各自配套设施以及现代化的城市管理机制。

② 考虑产住集聚和发展余量，整体布局采用行列式规划（A），并加宽所有道路（B），通过格网化争取最大的临街经营界面和无死角的空间效益。

③ 社区内部具有相对集聚的产业下垫面（F）和物流层（D），通过底层开放式管理和经营，实现非常具有活力的产业基础。但是，由于产住上下叠合，居住场所因随产业组团而呈现全开放现象，缺乏必要的私密和安全性（C）。

④ 居住与产业的混合采取联立和错置方式，以降低竖向干扰。

⑤ 产住混合逐步转向中观尺度，上层居住空间已发展为单元集合模式（E）。

2）产住混合的建设模式：

---

[1] 新华网 . 探秘淘宝村 : 家家户户开网店 [EB/OL]. http://news.china.com/rollnews/2010-11/05/content50478952.htm。

[2] 青岩刘村牌坊宽 32m，高 19m，三门五楼，2007 年 2 月建成，为中国第一大“村标”。

[3] 拆村建居过程带有明显的城镇化过渡特征，采用“间”的营造方式有利于协调村民宅基地的产权补偿。

义乌长春市场社区型的产住聚居实态　　表7-6

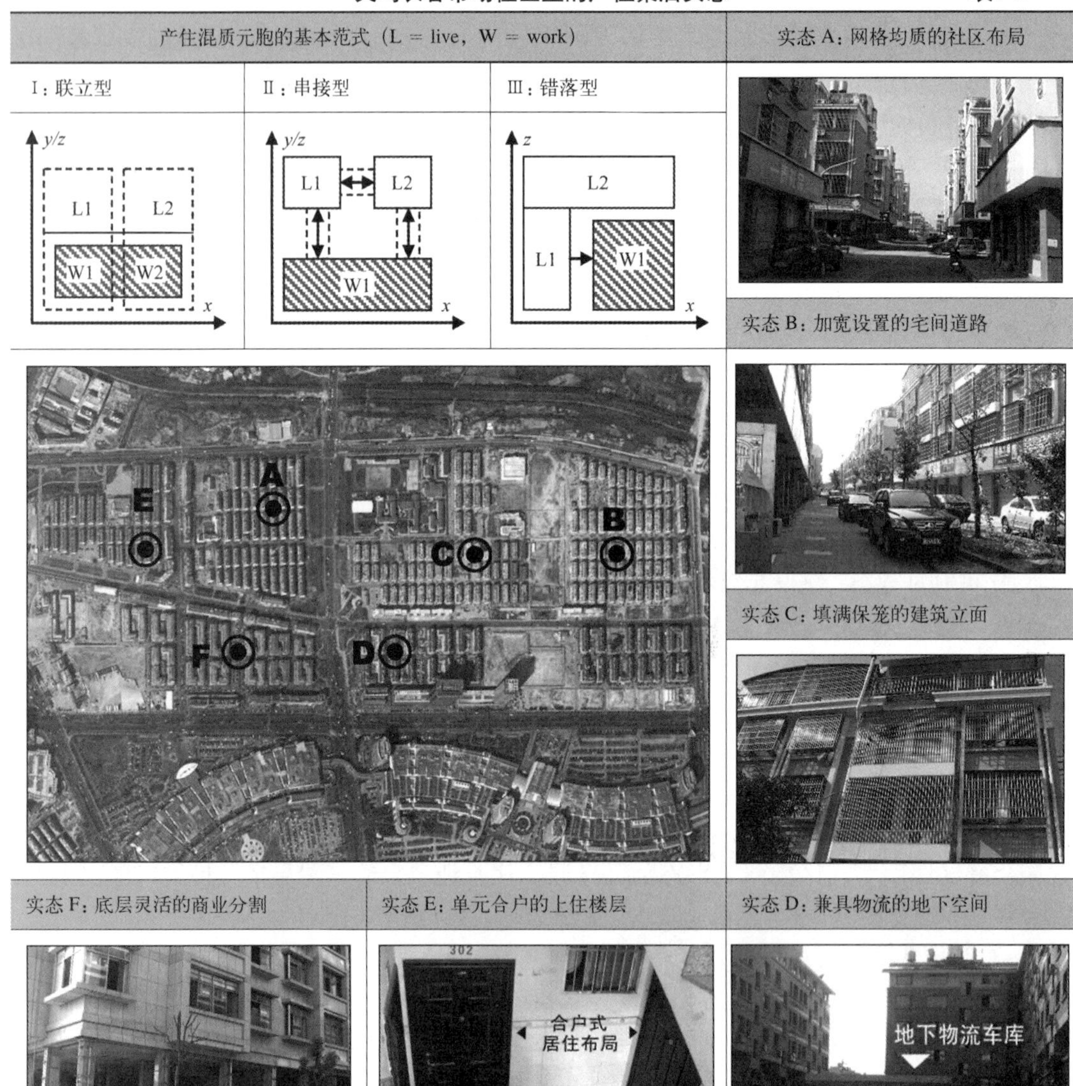

来源：卫星图数据源自Google Earth，照片为2009年自摄

① 过渡式引导：将农居分配模式与城市建筑产权体系相结合[1]，既沿用传统单元间的产住混合格局，又保证城市块域整体的混合功能开发条件。产住混合的过程被控制在微观和中观两个层面，并具有生产、生活的地域锁定性。

② 双秩序叠合：在产住共同聚落内部，将现代化居住社区组团与专业市场簇群相互叠合：一方面，规划路网考虑市场的商流、物流集散而加宽，以街坊式划分建构产住共同的区内识别性；另一方面，在围合型产住组团区域，具有内外场所的开放性差异，即对外沿

[1] 《义乌市旧村改造暂行办法》（义政 [2001]113 号）中规定“间”面积为 $36m^2$，以半间（$18m^2$）为单位进行计算。

街开放，对内则满足生活的私密和安全需求。空间控制需要满足住宅采光和经营的开间与消防双重标准。

③ 有限性自由：针对产住共同增长预期，留足充分的空间存量。自上而下的规划建设导控重在业态和居住组团的区划，并提供产住共享的设施配套，而在微观尺度通过细化的产住权属，实现个体之间自由的功能自组织与混合。

综上，本节案例分别描述三种不同城镇化阶段的产住混合聚居实态。集中型为产住共同体增长的初级阶段，带有明显的粗放性和矛盾性，转化型和整合型则处于城镇化中期阶段，为现阶段中小城镇扩展的重要途径。集中型具有较明显的自发式倾向，而后两者则是以外组织主导、自组织协同的发展模式。在不同时期和地域，聚居组织机制平衡是推动混合功能增长的重要因素。

7.1.3　共同体的自组织与外组织平衡

结合区域产住共同聚落的小生产、大聚落特征，以及典型的人居范式实证，对混合功能增长下的兼容性描述，不仅仅适用于功能和空间的协同规律，同样也体现在人居发展的社群和制度组织过程中。这包含民本主导的自下而上自组织(self-organization)协同营造，与政府主导的自上而下外组织（hetero-organization）混质建构，前者具有有机增长性，后者则表现为理性导控特征，二者在聚居建构中具有对立、互补和融合关系（表 7-7），形成博弈性的组织模式。

混合功能聚居发展的自组织与他组织机制特征比较　　**表7-7**

途径	“自组织”有机增长		“他组织”理性导控	关联性
发展原则	聚落作为产住共同场所：融合地域性自然环境、根植地方资源和人居观念		社区作为管束单元：实现政治权力、设立权属制度和明确的秩序	相对立
决策因素	使用者意志集中体现、个体自由博弈、自然性的生产、生活经验传承和沿用		管理者的价值观念和管理方式根据理性发展策略制定具体措施	相对立
营建条件	组织机制	半政府组织、非政府组织或民众个体自发性营建	政府部门、代行使权力机构	相互补
	建设资源	缺乏强有力的人力、物力但资源利用效率较高	具有强力的资源条件，能够跨区域调配力量，集中建设要素	可融合
	技术手段	技术手段水平低，非专业，对实际问题针对性强	相对技术手段和改造环境能力大，具有普适化的人居应用性	可融合
实现途径	开发策略	民本型、协商式、公平博弈：具有多样化的营建策略	集权型、政令式、运动化：明显的计划式、目标性营建行为	相对立
	驱动力量	自发性：民众根据自身的生产、生活需求进行建造	介入式：提升到区域或国家战略高度，以行政绩效为推进动力	可互补
	营建原则	本土化模式：对个体生计的朴素追求，利用环境发展	标准化模式：根据计划方案执行，强调空间通用性和管控的便利性	相对立
	设计者	由业主自我策略，专职的规划设计人员提供必要帮助	具有专职的规划设计人员主导，在政府主持下完成多方论证	可融合

续表

途径	“自组织”有机增长		“他组织”理性导控	关联性
实现途径	执行者	由民众自发完成	在政府主持下，由专业人员根据规划设计方案组织完成	可互补
	建设周期	受限于民众的物力、财力，差异较大、历时长、进展缓慢	集合区域资源，一次性建设，快速	相对立
适用范围	民本经济发达的乡村地区、城乡结合部、产业化的城中村等		集中城镇化区、都市混合功能开发地块、中心区旧城改造等	可互补
混质形态	结合自然地形，与产住环境相互协调：肌理自由、不规则、具有隐含空间秩序		强调制度化理性特征，改造现状：秩序明晰、形态几何化、标准化	可融合
绩效评价	民众参与程度，满意度，人口的集聚与离散程度，产业活动的活性等定性特征		经济收益、人均面积、容积率、人均设施比、绿化率等量化指标	可互补

（1）**自下而上：“共同体”组织拓展**

在我国民本发达地区的工业化和城镇化过程中，以自然聚居区为共同体单位的社群组织模式，具有明显的自下而上的影响过程，也是推动地区聚落产住共同发展的基础动力。从聚居组织和管理制度上来看，我国基层城乡社区是唯一普遍采取民众“公推直选”[1]方式来建立管理组织的聚居层级。基层行政体往往直接产生于社区的自治体，代表了聚居社群的集体意愿。因而，在民本小生产扩张下，产业对居住植入、土地功能置换、建筑改造加建等一系列非正规产住利益诉求[2]，都集中于社区直选的管理主体中。由于缺乏于类似西方社区开发中的非政府组织（Non-Government Organization，简称 NGO），仅仅依赖社区自治的模式[3]，使得我国基层行政体成为社区共同体的核心组成，在聚居体内部自下而上的混合功能增长过程中，呈现自组织主导、外组织协同的特征。

由上，共同体自组织发展条件的生成主要包含以下特征：

1）民本小产业发达，形成大量自治性需求和聚落再发展的物质条件；

2）处在城镇化早期，地方政府的规划和建设滞后，管理机构不成熟；

3）需要产住利益共同的民众基础，主要存在于基层社区和自然聚落；

4）尤其突显于非农化转型的聚居体中，如工业村、市场村、城中村。

以温州柳市上园村为例，改革开放初期有住户 135 户，建筑面积 1.36 万 m^2，加道路占地 26.3 亩。随着自下而上的产住共同增长，发展成占地 $0.56km^2$，人口 356 户的低压电器专业市场村落，是典型的共同体自组织主导的发展范式。1983 年，依托村“两委会”，成立村庄规划建设自治小组（图 7-6），突出交易市场对村庄建设规划的引导，建立“以商兴村”的产住共同发展机制[4]。在中观尺度上，依托 G104 国道拓展出 5 个大型专业市场和

[1] “公推直选”是 1999 ～ 2009 年我国党建重要制度改革，是基层公开推荐和直接选举的民主组织模式，在城乡基层社区层面，尤其是农村形成行政管理与村民自治的相统一组织机制。

[2] W. Fekade. Deficits of formal urban land management and informal responses under rapid urban growth, an International perspective[J]. Habitat International, 2000 (24)：127-150.

[3] Urban Task Force of U.K. Towards an urban renaissance[M]. London：E&FN Spon, 1999：122.

[4] 陈修颖，朱华友，于涛芳 . 浙江省市场型村落的社会经济变迁研究 [M]. 北京：中国社会科学出版社，2007：69。

1 个大型物流停车场，形成由外向内的产业渗透格局；在微观尺度上，对新规划居住组团道路进行就地开发，规划 11 条产住一体化街道网络，共有在册店铺 605 家，村民全部在市场内安置就业，整个社区从非农化向城镇化过渡，产住混质度达到 90% 以上。

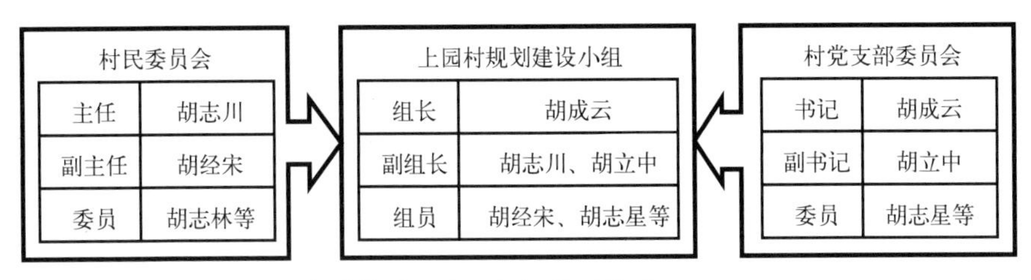

图 7-6　上园村基于社区自治的建设发展组织体系构成

来源：浙江新农村网 . http：//xnc.zjnm.cn/zdxx/ryjs/list.jsp?zdid=11828&lmid=4

在上园村民本主导的聚居营建过程中，自下而上的产住混合包含家庭工业植入和交易市场扩张两个阶段，具体的规划建设策略见表 7-8。通过基层产住共同利益的放大与渗透，"能人带头、团体跟进、制度扶持"的自发性人居发展机制逐渐成熟，并逐步形成由个体到集群，紧致而有机的产住混质形态。

上园村混质聚落的规划建设项目（★ 部分为产住共同营建的核心细则）　　表7-8

街道规划	• 对接 G104 国道，拓宽新市中街，长 135m，宽 9m，涉及拆迁 38 户，宅 75 间； • 新建新市西街、上园北路、河滨路、上园南路； • 拓宽柳黄公路西向拓宽大兴路、惠丰路、怡月路为 18 ～ 24m，南向兴达路 20m； • G104 国道上园路段拓宽为 45m，柳黄公路上园路段拓宽为 35m
产业引入	• 1992 年引入柳市电器城项目，1993 年引入乐清经济技术开发区项目
产住社区建设安排	• 结合村庄拆迁和改造，新建店面 245 间，旧房改店 220 间，新建住宅 305 间； ★ 店面住房，不分农民、非农民的世代居住村民和在国家企事业、行政单位的工作人员，每户安排店一间。有店无住，安排住房，有住无店，安排店面，做到户户有店，每户至少有一间； • 店、宅都采用多层和小高层钢筋混凝土结构，多层以上安装电梯
设施配套	• 产业配套：柳市中心物流停车场 3600m^2，上园有色金属材料市场 16000m^2，上园电子大厦 2260m^2，上园综合楼 8043m^2； • 居住配套：上园百货贸易市场 8000m^2，华联商场 2800m^2，柳市第一幼儿园占地 12000m^2，柳市信用社占地 6000m^2，上园老年宫占地 8700m^2

参考：陈修颖等.浙江省市场型村落的社会经济变迁研究[M]. 北京：中国社会科学出版社，2007：70-72

（2）自上而下："权力体"组织兼容

在民本自组织力相对薄弱和分散的地区，产住共同体建构具有明显的"政府主导型"特征，自上而下对聚居体组织的权重要高于社区自治的模式。以浙江省为例，温州、台州模式是典型自下而上的产住混合增长类型，而义乌模式和嘉湖、宁绍平原等地区的产住混合聚居建构，则带有明显的上位行政组织的促成机制[1]。在动因上，"权力体"的下行兼容，同样来自产住共同的民本需求推动，但建构过程却表现为外组织力的设定、干预和调控现

[1] 马力宏 . 博弈与互补——浙江政府与市场关系 30 年 [M]. 杭州：浙江大学出版社，2009：42-48。

象，其背景如下：

1）民本小产业为增长主导，但相对分散，规模小，缺乏自组织力量；

2）产住自组织范围有限，主要存在于微观尺度，难以完成公共建设；

3）原有聚居管理体系相对完善，基层政府有良好的地区建设经验；

4）主要处在产住共同增长的后发地区，以及城镇化发展的中后期。

根据城乡产主聚居的不同发展阶段和类型，乡村“家庭工业”和城镇“市场社区”是最具有代表性的政府引导模式。其中发展“现代家庭工业”以浙北部和中部平原乡村为主要区域，“城镇市场社区”以浙中义浦东等人居版块为特色：

模式一：现代家庭工业的混合发展。浙北部长兴、嘉善以及浙中东部上虞市、绍兴县等地区，处于良好的水网平原地区，历史上物产丰富，非农型经济发达，属于我国典型的发达乡村地区。根据表7-3，湖州地区企业平均人数为5人，嘉兴地区为12人，绍兴地区为15人。以户为单位的小生产独立性、分散化特征明显，政府为主导的鼓励机制成为产住共同的重要标志[1]（表7-9）。

浙江“自上而下”的家庭工业发展模式比较（★ 部分为核心细则）　表7-9

样本	长兴县	上虞市	绍兴县
发展目标	•2007年新增2000户，2008～2009年新增8000户，形成30个家庭工业集聚点； •培育8～10个家庭工业区	•2011年全市新增家庭工业户6000户以上； •形成一镇一业、一村一品的家庭工业新格局	•2011年全县新增家庭工业户10000户； •依托新轻纺产业集群，因地制宜，分类指导发展
建设政策	•鼓励农民利用空房、空置宅基地兴办家庭工业； •允许利用空置地搭建生产临时用房，要符合审批； •规范家庭工业集聚点的选址，基本条件须家庭工业12户以上，销售额500万以上，符合环保要求	•除城中村，可以利用村周边闲置地建设临时生产建筑，由乡镇审批； •允许利用废矿山、闲置地、荒山缓坡发展家庭工业点； •由村经联社主导新建改建家庭工业集聚点，进行出租	★ 对从事同一行业实际经营的家庭工业户超80户以上，且有可建设土地，符合城乡规划和环保条件下，建设家庭工业集聚点； •采取“镇规划、村建设、户租用”的自上而下原则
鼓励机制	•投资新建标准厂房二层以上，单幢1000m²以上，按50元/m²补贴； •每成功兴办一个家庭工业户，奖励村集体1000元； ★ 联户数超过3家、7家、10家，并形成规模经营的，分别奖励1、2、3万元； •凡投资家庭工业集聚点基础设施建设，补贴10%	•新办家庭工厂每户补助500元，办理证照每户补助2000元； •家庭工业月用电500度以下，按照明电价执行； •地块容积率1.0以上，投资额10万以上分类补助； ★ 对从事家庭工业的户占全村农户40%以上的行政村，实行业绩参评机制	•有家庭工业基础村的新办户补贴1000元，空白村的新办户补助1500元，新办户办理证照，且营业一年以上的加倍补助； •鼓励家庭工业集约发展，对建成集聚点5亩以上，且厂房都在2层以上的，每个点补助25万元，建成厂房在3层以上，再补助15万

模式二：城镇产业社区的混合建构。浙江中部地区义乌市是20世纪90年代快速崛起的商贸城市，面积1105km²，下辖6个镇7个街道办事处。人口160余万，其中本地人口68万，暂住人口75万，流动人口约20万。在1988年提出“以商建市”的路径下，自上而下的建设策略体现为“四个允许”：允许农民经商，允许从事长途贩运，允许开放城乡

[1] 中共长兴县委，长兴县人民政府.关于加快现代家庭工业发展的若干意见.长委[2007]19号.2007.6.

市场，允许多渠道竞争。产住发展遵循政府主导的市场原则[1]：①"养蜂战略"：政府牵头组建蜂箱（市场）平台，吸引蜜蜂（个体户）来进行经营和生活，表现为原产业社区的置换和更新现象；②"划行归市、分类经营"：在城镇化推进区内，撤并近郊村（表7-10），新建城市产业社区，通过专业市场和居住区一体规划[2]，形成外组织主导、业态分类的产住共同体组团，例如"长春二区——天行工艺品市场"的并置现象等。

义乌旧村改城市社区建设模式（★部分为政府主导的核心细则）　表7-10

规划编制	对列入主城区建成区内的村庄，规划设计标准如下： • 规划住宅占地面积不得超过住宅总占地方案的103%； • 建筑密度一般为23%～27%； • 房屋间距（房屋檐口高度）南北朝向不小于1∶1.1，东西朝向不小于1∶0.8； ★以间为单位，房屋层次控制在四层以内，房屋檐口高度控制在13m以内
规划实施	★应坚持相对集中、连片进行建设的原则，提倡统建、联建和建设公寓式住宅； ★新居房屋建筑风格必须协调统一，屋顶一律采用坡屋顶，房屋式样可由规划设计部门设计多种方案，供村级组织选择确定； • 政府统一定点放样，鼓励统一设计、统一施工、统一配套、统一管理
建设标准	• 1～3人的小户安排108m^{2}以内，4～5人的中户安排126m^{2}以内，6人以上的大户不超过140m^2； ★原合法占地面积超过户型限额标准的，超过部分按1∶0.7的比例以半间18m^{2}为单位补偿建房用地，补偿后余数少于9m^{2}的，不予补偿建房用地，9m^{2}以上（含9m^2）的凑半间补偿建房用地

综上，针对不同类型的开发模式和实态，自组织与外组织权重并非非对称性。二者动态平衡是产住共同聚居建构的必要条件。无论是自下而上发动和自上而下引导，在以民本小生产集聚的人居体系中都具有典型的代表性。然而，现行混合功能建设的组织、制度和标准在我国发达地区都处于摸索阶段，与国外混合功能开发和土地兼容制度相比较，缺乏模式示范、具体指标的实施细则，仍然需要在制度设计、方案执行和建设标准上进行借鉴，通过建设模式比较和经验的本土化，实现适合地方城镇化个性化路径的产住共同增长机制。

7.2　可兼容的混质功能区划设定

具体到我国现状，产住共同体与混合功能增长的基本问题，是解决自上而下的土地分类、功能区划和人居评价的产住非兼容矛盾。与西方混合功能发展体系相比较，我国现行的城乡建设制度受影响于美国的功能区划模式，并在政府主导过程中进一步被强化，而形成功能单一且较为刚性的管控特征。在制度层面上，对功能兼容性优化的驱动因素包含三个方面[3]：①经济动因：随着城镇化推进，原先地块在交通、配套等条件成熟后，转化土地用途可获得更大经济收益，使得民众通过自身优化的方式将产业混入聚居中。②政策动因：在城乡建设制度下，混合功能利用有利于维护地区整体利益最大化。因而，行政干预式的混合开发在旧城改造、撤村建居过程中屡见不鲜。③技术动因：当前我国用地分类体系存

[1] 徐剑峰．中小城市的爆炸性发展——以浙江省义乌市为例[J]．城市发展研究，2003(3)：9-16。

[2] 义乌市政府．义乌市旧村改造暂行办法．义政[2001]113号．2001。

[3] 司马晓，邹兵．对建立土地使用相容性管理规范体系的思考[J]．城市规划学刊，2003(4)：23-29。

在明显的滞后现状，与此同时，高度功能集成的地块开发和建筑设计已经大量出现，区划标准和营建技术都具备发展新型产住混合体的条件。综上，我国建设制度实现产住功能兼容性的关键在于用地变革、区划支持和建设引导三个方面，现阶段混合功能聚居发展的SWTOs分析如图7-7所示。

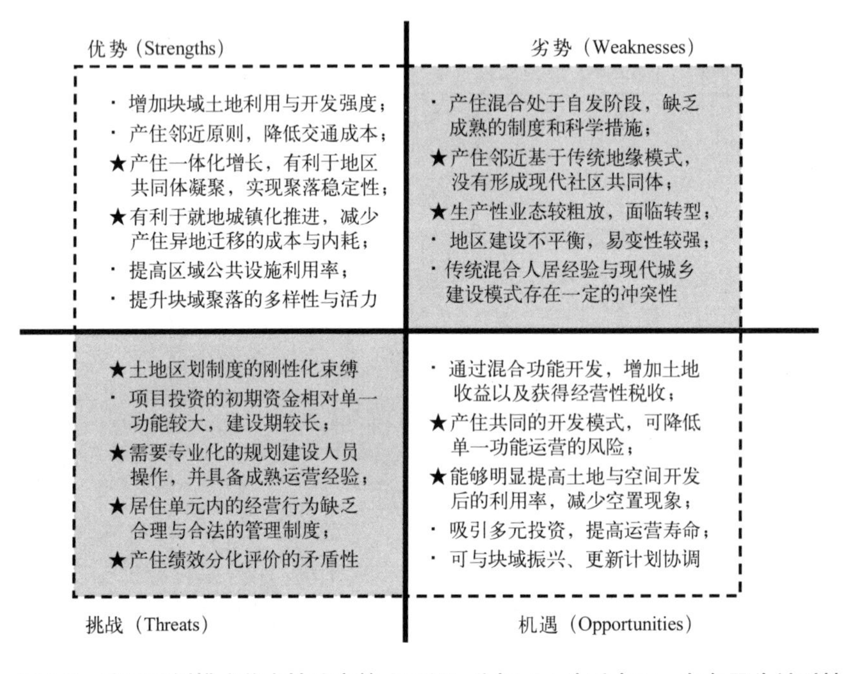

图7-7 我国区划模式兼容性改良的SWOTs分析（★为重点项，灰色区为针对性问题）

7.2.1 用地分类改革的必要性

我国现行规划和建设体系控制，一直是沿用《城市用地分类与规划建设用地标准》现行标准（GB 50137—2011）将城市用地分为8大类，35中类和44小类，大类采用英文字母表示，中类和小类则用阿拉伯数字在大类代码后进行补充。总体来看，我国用地分类的执行过程对规划建设实践的影响深重，由于行政管束的惯性，仅在少数地方性规划技术规程中出现兼容性的变革，而面对现代混合功能增长需求和产住一体人居建设指导，更是存在较多冲突和滞后问题[1]。针对用地分类模式的变革重点包含以下方面：

（1）基于时代局限性的更新

现行《用地标准》是于2011年颁布执行，分类模式是源自于计划经济时代的建设指标统计和土地使用经验。随着市场经济的放开，使得长期被压抑的多样、新兴功能需求迅速反弹，大量实际建设对象已无法与滞后的标准代码相互适应。例如在民本经济发达的浙江台州等地区，现代“社会化小生产”的快速化发展，造成产业用地和居住用地大量的“违建”现象（图7-8、图7-9）。事实上，“违建”的背后既反映出了区域产住自组织的强烈愿望，同时也要求用地分类标准和用地规划根据地区城镇化的不同模式和进程进行调整。

[1] 高捷.我国城市用地分类体系重构初探[D].上海：同济大学，2006：9-15。

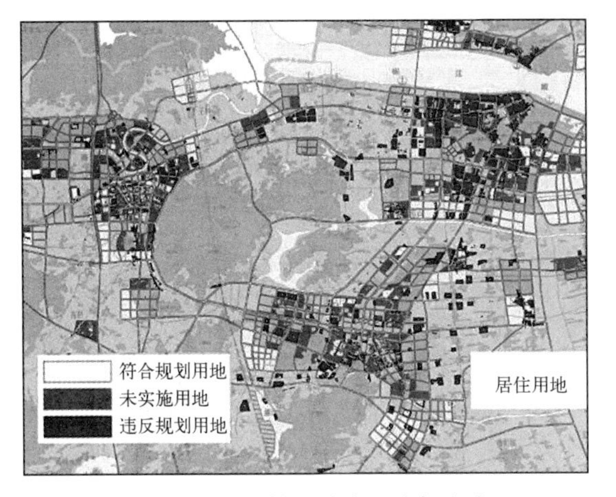

图 7-8　台州中心区居住用地建设违规实态

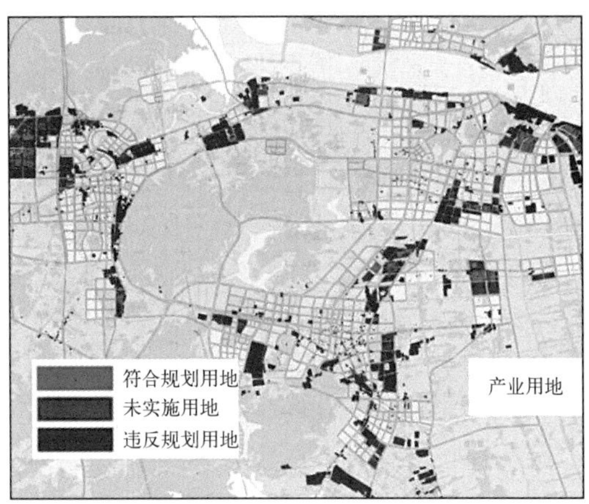

图 7-9　台州中心区产业用地建设违规实态

来源：改绘自台州市城市总体规划（2004—2020）[R/OL]. http：//www.tzjs.com.cn/CxghDownPage.jsp

一方面，根据地区发展不平衡，分类标准需要针对城镇化阶段进行“时态”判别和适配；另一方面，区域用地控制，特别在中观、微观层面的建设执行上有必要减少单个规划过长的时间跨度，依据建设速度而提高编制更新的频率。

（2）基于过度管束性的放权

《用地标准》1.0.2 条中规定：“使用本分类时，可根据工作性质、工作内容及工作深入的不同要求，采用本分类的全部或部分类别，但不得增设任何新的类别。”[1] 而为了统一技术口径，在由政府主导的各个层级土地管理、规划编制和开发建设中，对已分至四类的用地也不允许增加中类和小类。因此，不可逾越的终极用地“蓝图”，在面对主导功能配套、用地类型变更等不确定因素时，无法有效作出调整。从日本和新加坡经验来看，我国用地分类体系的中类和小类，完全有条件放权于地方部门根据实际情况来制定，如广东、深圳等地借鉴香港模式采取的产住有限兼容方式（表 7-11）。此外，针对小型地块或特殊地段，政府管束难于实现“精细化”操作。对此，可以采取以开发组织者为主体的自下而上方案申报，与政府、专家、民众共同论证审批相结合的机制。

广东佛山产住用地兼容性表（灰色为产住兼容项，★为不兼容，☆有条件兼容，◎完全兼容）　表7-11

用地类别	居住用地 R			公共用地 C	工业用地 M			仓储用地 W	
建设项目	第一类 R1	第二类 R2	第三类 R3	商贸办公 C1/C2	第一类 M1	第一类 M2	第三类 M3	普通 W1	危险品 W2
低层独立式住宅	◎	◎	☆	★	★	★	★	★	★
其他低层住宅	◎	◎	☆	★	★	★	★	★	★
多层居住建筑	★	◎	◎	★	☆	★	★	★	★
高层居住建筑	★	☆	◎	★	☆	★	★	★	★
单身宿舍	★	◎	◎	★	◎	☆	★	☆	★

来源：广东佛山市城市规划管理技术规定. http：//ghj.ss.gov.cn/qghj/files/2008/06/12/4

[1] 中国住建部.《城市用地分类与规划建设用地标准》（GB 50137—2011）. 第 2.0.3 条。

（3）基于标准非理性的重构

目前，在《用地标准》中，“R3”是唯一明确规定“产住混合”用地代码[1]，其他代码规定为单一功能。但在实际建设过程中，“标准化”的用地分类体系，难以适应开发建设过程中普遍存在的综合性、多样性。因而，混合功能建设方式一旦突破“强制性”管束后，则面临规划标准和功能指标“被真空”的失控状态。鉴于整个《用地标准》体系变革的操作难度，笔者认为，重构混合功能导控机制，在技术层面可以分为 2 种类型：

1）附加混合类型：在保持主导功能的前提下，对用地属性进行兼容性附加，即“X（主）/y（辅）”模式，例如 C/R（图 7-10、图 7-11），M/R，或 R/C，R/M 等。

2）主题混合类型：针对复杂建设项目，例如旧城改造，中心区开发等，对混质地块“X”设定的兼容性功能，由开发者预先进行方案编制，再行论证审批。

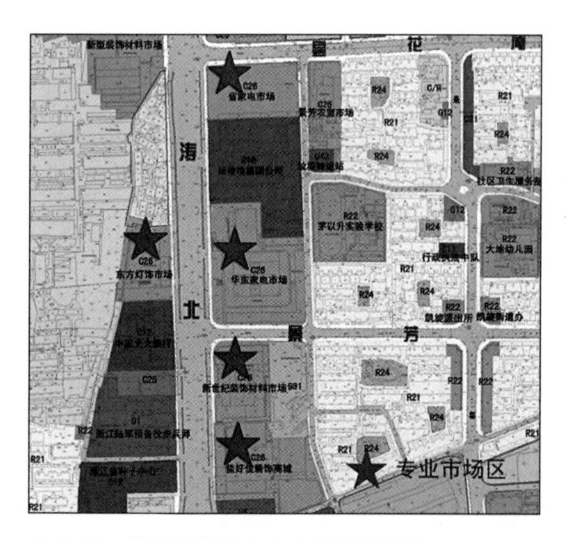

图 7-10　杭州秋涛路专业市场群落现状

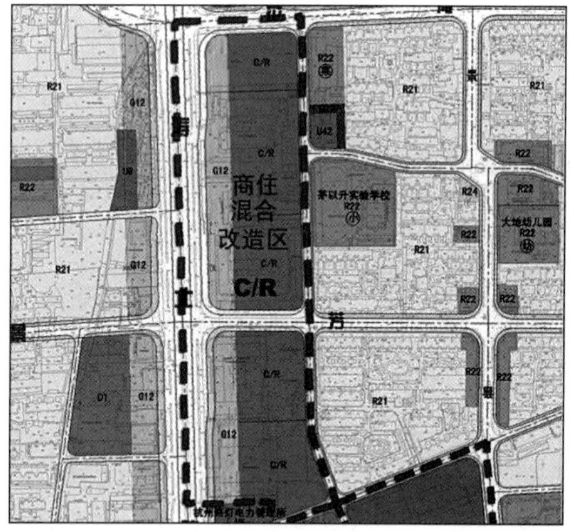

图 7-11　杭州秋涛路市场改造“商住一体化”方案

来源：杭州市政府 . 杭州专业市场群布局规划（规划编号 2009-ZL-041）[R]. 2010

由上，附加混合类型优点在于不新增《用地标准》之外类型，可通过不同功能的叠合区划方式获得土地兼容性，但难于协调 2 种以上功能的需求；主题式混合则有利于土地兼容效益的最大化，而在大宗用地编制上却缺乏实效。因而，对混合用地类型体系的实际操作，还需要依靠系统性的全新架构。

7.2.2　空间区划的适度弹性支持

对于可兼容的混合功能聚居建设实践来说，《用地分类》的改良是自上而下和被动性的途径，涉及规划立法和执行体系的变革，短期内实现难度较大。然而，自下而上通过具体区划模式的调整和设定，可以取得块域范畴内混合功能兼容性的可操作条件。根据自组织理论和复杂适应系统模型，从单一功能到混合功能，是多元因子和复杂运动的系统演变，

[1] R3 注释为：市政公用设施比较齐全，布局不完整、环境一般，或住宅与工业等用地有混合交叉的用地。详见《城市用地分类与规划建设用地标准》（GB 50137—2011）的城市用地分类和代号表（一）。

其特征是一个熵（S）增过程，并趋向于不可逆的无序化发展[1]。而要保持系统内有序的状态，必须要有外部的要素介入和干预，从而抵抗内耗问题。通过图7-12混合系统模型来看，我国现行体系具有刚性、封闭的管束特征，容易将混合功能需求导向混乱，或强行抑制于单一功能。事实上，在规划载体上适度增加弹性是最为关键的：①采取开放性用地模式，打破块域封闭系统；②降低空间载体的复杂性，抵消混合功能下的内耗；③细化地块单元内部发展规则，引入外部序化因素。

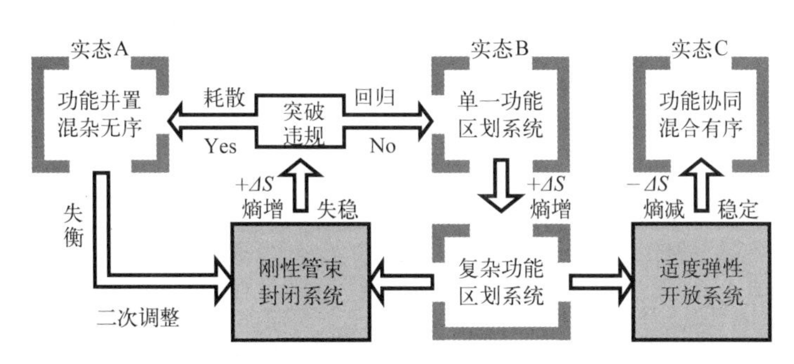

图7-12 不同管束条件下的混合功能演进途径与系统实态（ΔS表示熵的变化）

封闭与开放是我国当前城乡建设管理矛盾之一。从动因来看，封闭模式是基于“防御”、“管辖”的安全与稳定性；而开放模式则是强调“功能”、“流通”的效益与效率。以产住共同体单元为考察对象，“产-产”，“产-住”，“住-住”，以及产、住与其附属功能之间的关联，都需要基于内部与外部界面的交流来实现功能的协同与平衡性。这使得产住混合功能的增长，必须依赖于更多的临街界面（frontage）。从实态B来看，计划式分区的封闭格局不利于产业和经营的开展，土地效益单一，且风险较大；而在实态A中，大封闭聚落在被经济行为突破后，成为无约束区块，产住行为直接暴露在同一载体中，并由此造成经营耗散和居住干扰等一系列顽疾，例如城中村、住改商[2]等。弹性原则导向下的产住混合载体建构，需要遵循适度开放原则，并在空间肌理上着重于隐含秩序的作用。

（1）均质性的单元形态

从产住共同体的演进来看，一个块域内产住之间的博弈是贯穿各个阶段的。而受市场行为和民本化的建设组织影响，产住功能在组团和单体内部的转换、更替更为频繁。越是谋求单一功能或者单个项目的最优化的划地标准，往往在后期越缺乏弹性和适应性。这种非均质、个体化的区划手段大多采用“加法”式的组团构形，当区划叠加地块到达一定程度后，邻近地块或建筑之间在“产权分立”状态下，极难形成功能的混质妥协。

而借助“减法”手段对单元簇群进行简化，采取均质而非“量体裁衣”[3]的空间肌理，反而有利于降低混质复杂系统的熵，即采取相似或相同的“小单元”组团，更符合产住混合地块的组合、兼并、置换需求。

---

[1] 根据热力学第二定律，在一个封闭系统中，熵总是从低向高发生不可逆的变化。其中熵表示一个特定的系统中因子运动的无序程度。

[2] 戚冬瑾，周剑云．“住改商”与“住禁商”——对土地和建筑物用途转变管理的思考[J]. 规划师，2006(2)：66-68。

[3] 梁江，孙晖．模式与动因——中国城市中心区的形态演变[M]. 北京：中国建筑工业出版社，2007：129-131。

（2）细密化的区块肌理

面对产住一体化的配套需求，路网和共享界面如同“血管”功能，分布越细密，渗透性越高，兼容性越强。西方城市经验以 60 ～ 180m 的临街面，和 1：1.5 ～ 1：1.3 的地块临街宽度和进深比例，最能发挥基础设施的效率和最容易“裁剪”以配合不同的项目需要，也就是说，道路分割的土地（四面临街）小尺度可以是 60m×90m（里面可以分出更小的宗地），较大尺度可以是 180m×180m❶，例如旧金山 SOMA 产住混合区再开发❷（图 7-13）。

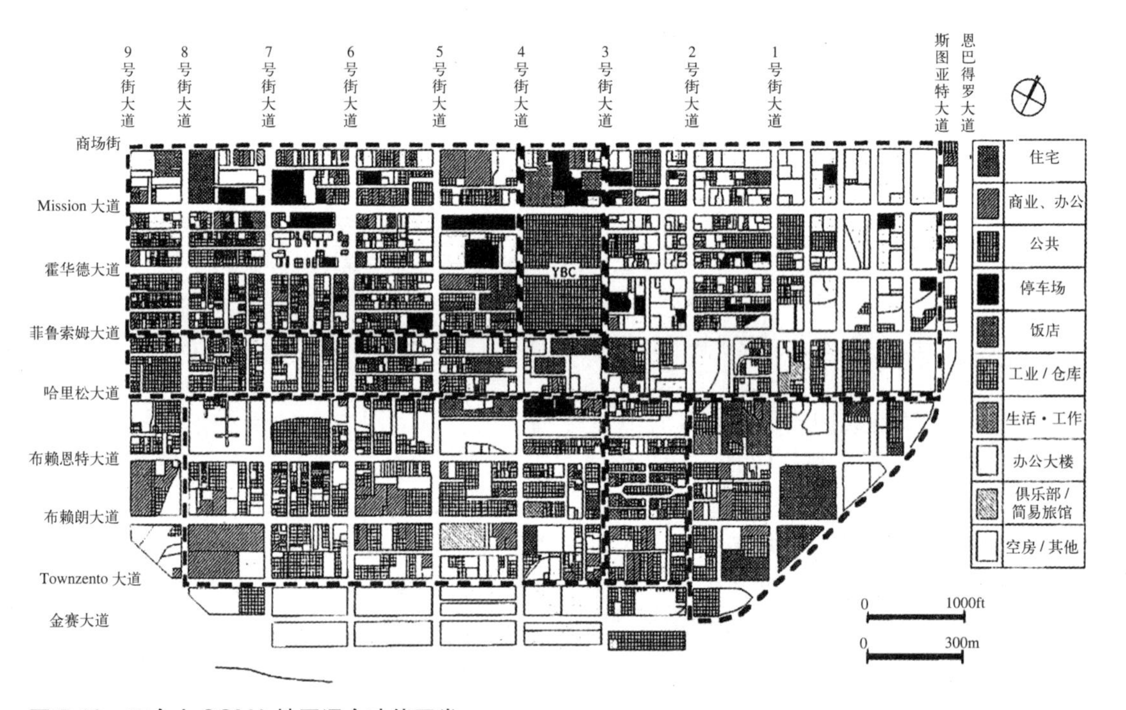

图 7-13 旧金山 SOMA 地区混合功能开发

来源：http：//www.sf-planning.org/index.aspx?page=1895

在细密化的区划肌理下，小地块通过“化整为零”方式实现与城市公共资源的“零距离”对接，进一步扩大土地混合利益；同样，群化的地块单元在细密的网格界面下发生互动与关联的几率增大，逐步形成块状化凝聚的共同体格局。

通过以上分析，混合功能增长的载体设定需要基于适度刚性（均质、平等）与适度弹性（开放、细密）相结合的区划原则。然而，受我国大规模城镇化建设惯性推动，以及基础设施投资和建设力度制约，开放和密质原则的区划开发面临投资（基础设施增大）、耗时（建设周期增长）等问题，而仅在城市中心区能够实现，例如深圳等。而笔者认为，从发展角度来看，除了政府主导进行区划引导，而更应该鼓励开发者深化建设方案，自下而上实现最优的空间格局。

❶ 赵燕菁．从计划到市场：城市微观道路—用地模式的转变 [J]. 城市规划．2002(10)：25。

❷ SOMA 南部地区是位于旧金山市场街区的复合型区域。其历史遗留的街块尺寸为 167.6m×251.5m。区内是以小型工厂、作坊、小商店、小餐饮与居住的混合功能主体。基于 MXD 的再发展区划对改地块设定了 SLR（服务 / 轻工 / 居住区）、RSD（居住 / 服务区）、MUR（居住主导混合区）等产住共同组团。

7.2.3　精明增长的混质单元引导

在刚弹性适度的条件下，已经有一定基础混合功能增长，可以在区域聚居组织中表现较强的自生长、自组织、自适应机制[1]。然而，初期对产住共同体的发动，却是整个过程中最具难度和挑战性的阶段。尤其是在民本经济行为处于非稳定的时期，混合功能增长在无外力作用下根本无法自我突破。从行政作为来看，基于混质单元的引导措施包含：①通过土地的行政控制权提供集中用地；②依靠财政支持建立基础设施，提供混合功能的配套；③变革现有非合理的区划标准和建设计划方案；④调整城市规划布局，优化块域道路格网系统和地块构形特征；⑤为自下而上的混合功能开发行为提供必要的技术支持；⑥针对土地出让费用和地块内建筑与场所经营税收，进行优惠或反补贴。

基于我国的区划制度和技术现状，以及各地聚居的快速膨胀特征，产住混合的绩效性，还在于引导微观混质要素的精明发展和自组织增长，基本途径包含：①在块状聚居系统中，建立以职-住平衡的功能交织与协同空间格局；②通过产住一体的后反馈评价机制，鼓励民本自发的功能置换与混质建构。

（1）直接法：职住平衡的格局设定

随着计划体制的转型，“单位大院”式的职住关系逐渐淡出历史，我国产住单一功能分离模式的动因，主要源自上位规划中的“工业园”、“居住城”等开发方式。诸多配套完善，建设良好的城市聚居体开始呈现“职居分离”（work-home separation）现象[2]。城镇化水平越高，聚居规模越大，则分离度越高，由此产生通勤、安全、交往等一系列问题。因此，在精明发展原则下，区域层面设定职居平衡的空间容量与距离限定，是聚居体形成内部产住共同增长的重要“催化剂”。合理的职住配比率与开放密质的空间载体，促成混合功能因子生成、复制与传播，进而引发触媒效应[3]的初始条件。从实证来看，开发区模式是一种准行政机制的计划性产物，注重经济职能，而缺乏完整的人居系统。由此反思，我国部分地区已经开始出现由“开发区”向“职能区”；从“产业（或居住）单一功能区”到“综合新城”的发展模式转变。

以浙江台州滨海新区建设为例，地块现状为小工坊与居住混杂块域，是典型的民本经济发展型聚居体，业态模式为汽摩、塑料、机电等。基于产住混合发展目标，新区划采用“产业＋人居”平行廊道系统，密质网格贯穿整个区域。其中功能类型包含产业社区、产住兼容组团、独立居住片区等。宏观空间上呈现产住交织咬合的有机协同特征（图7-14）。虽然缺乏在混质用地属性的创新与变革，但通过整体性的职住平衡设定，为就地城镇化提供了产住混质增长的基础。

（2）间接法：绩效整合的体系评价

从我国城镇化阶段来看，引入“可生长”的混质元，除了以新区开发为对象的“政府搭台”式职住平衡建构。对于尚缺乏大量财力支撑，而又突显自组织力的非农化、城乡过渡的混合功能聚居体，可以采取指标式的考核体系。这相对于“直接法”，更具有管理的

---

[1] 顾朝林，甄峰，张京祥．集聚与扩散：城市空间结构新论[M]．南京：东南大学出版社，2000：12-18。

[2] 刘志林．中国大城市职住分离现象及其特征[J]．城市发展研究，2009（9）：110-117。

[3] 触媒效应，是指在不改变和消耗内部要素的前提下，引入媒介体使得要素之间影响与作用加快的现象。参见：金广君，陈旸．论“触媒效应”下城市设计项目对周边环境的影响[J]．规划师，2006(11)：8-12。

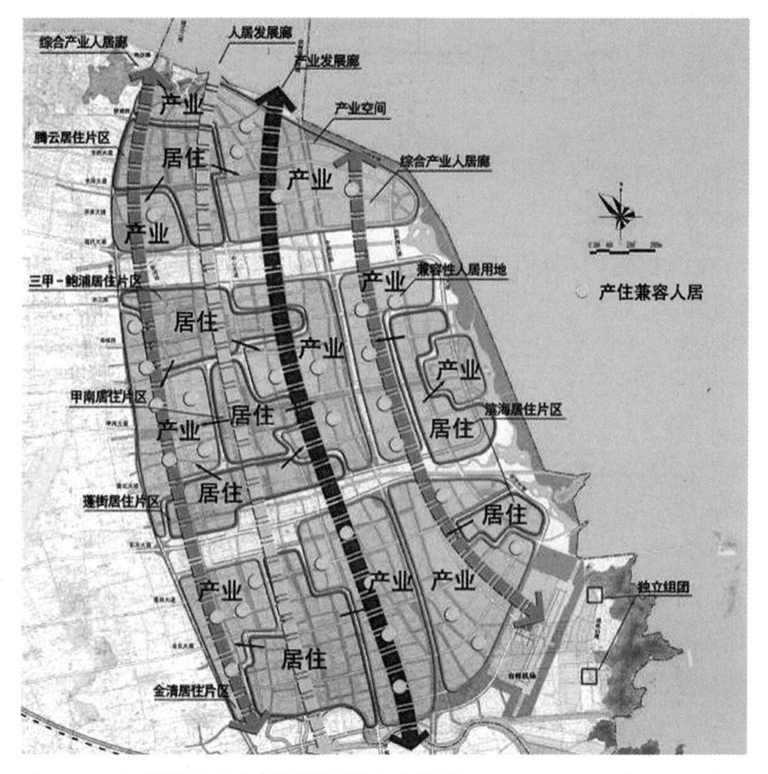

图 7-14　台州滨海产业新区职居兼容规划方案

来源：台州滨海新区规划 [R/OL]. http：//www.ted.gov.cn/gh2.aspx?type=2&smalltype=43

可操作性和明确的绩效目标。一方面，由于“评价”的“间接性”作用，可以在激励原则上充分发挥共同体内个体、团体的能动性；另一方面，对评价指数的弹性调整，更易于灵活应用于不同的营建个体。

浙江安吉县鼓励家庭工业发展的评价细则（★为聚落层面的产住混合评价项）　　表7-12

序号	考核内容		基本分	考核办法
1	发展环境15分	★村级发展现代家庭工业的规划及措施	5	查相关资料，有村级工业发展规划的得 2 分，有相关措施的得 3 分。不能提供相关资料酌情扣分
2		村个私企业服务指导站建设及工作情况	5	指导站机构健全人员到位得 1 分，企业统计台账完整，报表按时完成得 2 分，为企业办理相关服务的得 2 分。未建立指导站的不得分
3		村班子服务意识	2.5	村班子服务意识强，能为企业排忧解难得 2.5 分
4		宣传工作和发展氛围	2.5	查看相关宣传资料，氛围营造良好，群众发展和支持工业意识强的得 2.5 分，否则酌情扣分
5	发展业绩85分	★新增家庭工业户数或新投资项目	25	查看工商执照和相关批文以及现场，当年家庭工业户数增长 25% 得 25 分，每超（减）2 个百分点加（扣）1 分。本项得分最高为 50 分
6		当年新培育成规模以上企业数	10	根据县统计局报表，新增 1 家得 10 分（属县级以上工业园区、功能区范围的不计入），再每增 1 家加 5 分，本项得分最高为 20 分

续表

序号	考核内容		基本分	考核办法
7	发展业绩85分	家庭工业销售收入增长	5	当年家庭工业销售收入增长30%得5分，每超（减）3个百分点加（扣）1分。本项得分最高为10分
8		当年村级工业户新增税收	25	增长20%以上得25分，提高（减少）2个百分点加（扣）1分。本项得分最高为50分
9		★村级家庭工业集聚点建设	10	有家庭工业集聚点建设规划得2分，当年新开发土地面积每5亩得1分，最高得10分；当年基础设施投入每20万得1分，最高得10分。涉及非法占用基本农田的，本项不得分
10		★家庭工业户数占家庭户数比重	10	查看有关资料，家庭工业户数占年末家庭户数比重，年提高3个百分点得10分，每超（减）1个百分点加（扣）1分。本项得分最高为20分

来源：整理自 安吉县人民政府. 关于继续开展发展现代家庭工业先进村评选活动的通知. 2008

在浙江杭嘉湖、宁绍等地区，从明清市镇商住聚落到现代块状产住集群，混合建构具有深厚的民本自发性底蕴，城乡统筹程度较高，具有典型的半城镇的灰质化特征。地方代表性的混合功能发动机制，主要是产住复合型农村转型，以及现代家庭工业奖评体系等。根据表7-12统计，安吉县“鼓励家庭工业评价细则”中，明确关于产住混合发展的分项为1、5、9、10，占整个评价体系权重的50%，体现出对产住共同发展的绩效认定和清晰导向。

相比来看，职住平衡的区划设定带有较强的“自上而下”特征，适用于从现有城镇向外就地推进的产住共同发展途径；而“以评（奖）促建”的混质绩效鼓励是以“自下而上”的动力为主体，其适用类型较广，但范围受限较大，主要推动对象为中小尺度下的聚居体。总体来看，直接法和间接法互补与整合的机制，在我国城镇化的当前阶段能够实现较大的覆盖性，并在近中期建设中，可以缓解“用地分类”滞后的问题，有效提高混合功能引入的弹性。

第 8 章　导控：混质聚居建构与共同体促动

产住共同体的发展是对一个复杂适应人居系统的建构过程。混合功能的科学导控和精明增长需要政府（管理者）、开发机构（操作者）、专业人员（技术支持者）、公众（参与与反馈者），在多个角度和不同利益立场来共同实现。由于不同角色对混合功能人居发展的作用不同，在特定阶段下单一角色的主导特征明显。因此，实现混质聚落运作的绩效与适应性，需要激发多主体相互之间的能动性，围绕地区发展，明确自组织和外组织的任务和目标（表 8-1）。

混合功能人居建构的自组织与外组织系统　　表8-1

组织	基本要素	混质聚居建构内容	产住共同体策动目标
自组织系统	啮合因子	混合功能的聚居体发展具有产住混质活力条件	基于区域混合功能的自发需求，形成以家庭、邻里为单元的产住一体化组织单元
	开放结构	聚居体与外界环境交换界面、规则及其廊道人流、物流、能流过程	打破聚居体的封闭性，形成产业－居住与外部的交互关系，通过块域多个产住聚居体之间的关联与耦合，实现协同发展
	系统涨落	产住平衡、业态配置等生成、聚合、分散、集成	根据产住各自绩效状态，由聚居体进行自我判断、评价，实现动态调节和精明增长
	序参量	混合方式、流变规则、聚居体秩序及优化原则	梳理地区混合功能发展的基本人居规律，量化其功能、空间建构的影响参数
外组织系统	制度机制	土地权属制度、土地区划分类方法、奖评体系等	以产住共同的建构对象和发展目标为对象，促成混质人居可持续增长的制度体系
	基础协同	产住共用设施配套、空间格网预置、混质元引入	为产住共同体的自组织发展，提供土地、交通、设施、服务等物质性支持
	标准指标	用地区划类型设置、建设标准条例、典型案例示范	引导混合功能发展的科学性与合理性避免产住冲突，避免建设的低效与无序
	执行程序	政府管控、非政府机构组织、民众参与等	结合地方城镇化水平和人居发展实态，探索不同层级混质增长的社会组织模式

在我国土地权属和建设制度上，具体执行体系为：①宏观层面，政府提供“产业—人居”协同发展策略，进行职住平衡的规划蓝图铺垫。其形式主要包括总体规划、控制性规划、专项规划、地方性建设标准、指标体系、奖评政策等；②中观层面，以“政府＋开发者”为核心，对相对独立和完整的聚居单元，进行混合功能的空间布局。其内容包括片区建设的详细规划、公共设施配置方案、规划单元的可行性策划、项目主题式开发设计，以及区内产住效益的权重；③微观层面，以“民众＋开发者”为主体，基于参与、使用和管理层面，自下而上对产住混质平衡、场所环境的“适宜性”评价与再开发。其内容包含使用后评价、社区营造、自组织空间改造与功能冲突调整等。

8.1 混质空间建构的规范与组织

纵观当前混合功能发展实态，在城乡建设组织层面上所暴露的问题主要有：①无组织的失衡开发：在行政化的大范围区划撤并过程中，土地和空间功能缺乏细致的建设论证，远期规划蓝本，往往被作为土地功能利用和区块项目开发的依据。这种粗放的建设导向，必然导致政策失稳、职住失衡、资源失调等现实风险。②外组织的粗放操作：混合功能聚居在我国建设实践中没有形成独立和系统的标准和执行程序，从国家到地方也还不具备独立的管控机构和人居示范。政府主导的操作过程，受到技术体系的滞后约束和精度限制，粗放、低效组织，常常导致“官僚化”、“面子运动”的盲目建设。③自组织分散性倾向：民众自发的产住共同体建构，是我国当前混合功能人居的核心，但完全的自组织行为则是一把“双刃剑”。个体或小团体追逐自身效益最大化过程，是混质因子无序蔓延和趋同[1]的根源，同时对人居可持续发展的产生巨大隐患。

我国地区性的混合人居增长既表现出旺盛的需求和活力，同样也普遍存在着制度和利益的各种矛盾。从规范化角度来看，标准编制的滞后、利益博弈的失控，以及对自发建造行为的引导缺失，成为建设冲突的核心所在。因此，产住共同体的建构优化，需要围绕混质发展的典型问题、重构导控目标和体系。

8.1.1 混合功能增长的矛盾应对

（1）事件一：“总部地产”的违规现象

近年来，浙江和上海等地区出现了大规模的“总部园”项目，建设特点是以低密度商务别墅、商务住宅，与经营、研发、物流、培训的企业总部相结合模式。现有“总部园”土地大多属于工业用地，很大程度被开发商以较低价格获取合适的土地，再以“擦边球”方式转换成办公为主兼具居住的产住或商住一体型地产项目。[2]大多数项目在启动初期，便以住宅形态和模式修建办公、研发、宿舍等建筑及其附属设施，或利用优惠政策和条款不细等漏洞，通过缩小工业用地面积，扩展居住等混合功能的方式占取土地性质出让差价。在构成违规事实后，再选择补交低成本罚款等途径获得政府追认批准，赚取利益。

由此，2006年国务院出台了《关于加强土地调控有关问题的通知》[3]中明确指出：“当前土地管理特别是土地调控中出现了一些新动向、新问题，建设用地的总量增长过快，低成本工业用地过度扩张，违法违规用地、滥占耕地现象屡禁不止，严把土地‘闸门’任务仍十分艰巨。”并指出“属非法低价出让国有土地使用权的行为，要依法追究有关人员的法律责任。”

（2）事件二：“大芬油画村”强拆始末

大芬村位于深圳龙岗区布吉镇，是以油画产销为业态的聚居体（图8-1），占地约4km^2，原有居民380人，艺术类专营门店有623家，大量从事行画工作的外来人口不断聚集，建立起“经销商（客户流）＋街道画廊（交易场）＋商住专营店（物流）＋家庭画坊

[1] M. Batty. Preliminary Evidences for a Theory of the Fractal City[J]. Environment and Planning,1996(28)：1745。

[2] 杨红旭．总部地产热难以持续[J]．城市开发，2007(8)：58-89。

[3] 国务院．关于加强土地调控有关问题的通知．国发(2006)31号，2006-8.

(生产体)”的产业链，而聚落内部的道路、广场、建筑立面则被用作油画产品的宣传界面，农居改造成艺术家的低成本创作和居住的载体，其行画出口已占到美国市场约50%[1]，是整个聚居体生存竞争力的核心。产业与人居在共同界面中高度混合，形成独特的“大芬模式”。在2011年2月，为了迎接全国大运会以及全国文明城市检查，大芬油画村外墙画廊被列入“治乱”对象[2]，遭到近百驻村画家和村民抗议，同时引发媒体和公众的广泛关注和质疑，其中Google搜索“大芬、强拆”关键词下的网页达到151000条。

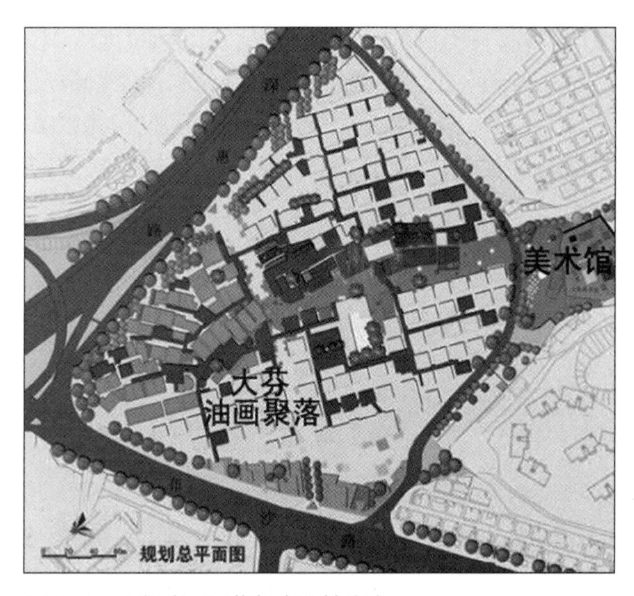

图8-1 大芬油画聚落与产业轴实态

来源：大芬油画村规划总平面图. http://works.a963.com/2008-12/8760.htm

图8-2 大芬聚落界面的产住混合利用

来源：谭泽宏. 大芬油画之现象[J]. 艺术产业，2006(8)：18

事实上，大芬街墙画廊是聚居产业的重要组成（外墙立面租金约50元/m^2），在缺乏调研下，采取命令式、一统化的“立面刷新”方式，必然违背城市建设和人居发展的和谐性。2011年3月，经当地部门和民众协商，决定暂缓拆除街墙[3]，但混合功能人居在适应城市发展中，仍然面临诸多制度冲突和利益矛盾。

（3）事件三：“地到天”的建设禁令

“地到天”是浙江地区典型的现代自建民居范式，其建造方法延续传统民居的“开间”为单位制，突出单户竖向的房间划分，功能往往是一、二层为经营，其上为居住。“地到天”模式作为土地资源紧张的台州、义乌等地民众自建范式（图8-3），功能和空间的适应性较广，同时作为“农转非”、“撤村建居”的产权分割模式，深刻影响地区城镇化途径。由于缺乏对这种特色营建方式的引导，现有建设现状与人居环境品质产生诸多矛盾。生产经营行为带来的噪声、污染、安全等隐患，限制了居住的品质和环境提升，其中义乌义亭镇火

[1] 钱紫华，闫小培，王爱民. 城市文化产业集聚体：深圳大芬油画[J]. 热带地理，2006(8)：269-274。

[2] 深圳城市管理局.http://skytwo43.8866.org/html/ZWGK/QT/GZDT/201139/6120112914427231.aspx。

[3] 大芬村墙壁油画暂缓拆除[N]. 广州日报，2011-3-2（A14珠三角版）。

灾事件[1]便是混合功能建筑管控不当的重要教训之一。

2002 年浙江省《关于加强建制镇规划工作的若干意见》[2]中指出："建制镇居民分散式建住宅和垂直'地到天'式联建住宅，已严重影响了建制镇规划的顺利实施和城镇品位的提高，必须尽快予以扭转。从 2003 年 1 月起，各建制镇不得在建制镇主、次干道两侧以联建的方式建造垂直式'地到天'房屋。"事实上，户式产住混合反而最为符合地区民本经营需求，因而在建设管束下仍大量涌现，屡禁不止（图 8-4）。"地到天"问题显现出混合功能人居背后的巨大动量。

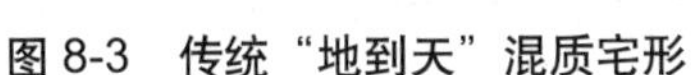

图 8-3　传统"地到天"混质宅形

图 8-4　2012 年义乌地区改良型"地到天"实态

实践中，混质聚居系统的复杂性和多样性，正是城乡建设组织的难题所在。产住共同簇群作为社群与空间综合体，与地域性的新区开发、旧城更新、郊区化、城中村改造、新农村建设等诸多问题相关。结合范式解析，笔者认为当前混质人居建构矛盾的应对，具有以下关键点：

（1）以混质度为核心，建构混合功能人居的指标体系

我国现有的用地控制主要是水平式的布局，特别是中、远期的静态规划方案难于反映和预设动态的建设变化。功能色块、容积率、建设密度等常用指标更难体现空间混合使用的属性。以产住共同体的混质度为例，不同类型混合功能开发、更新，都有相应的混质度指数，其中乡村产住聚落为 30 ～ 50，功能置换性社区为 60 ～ 80，整体式混质街区可达到 90 以上。根据产住混合指标规律，制定土地出让、项目开发和功能变更的附加条款，可以有效避免混质失控的尴尬，同时，也有利于实现混质人居绩效评价的量化体系。

（2）以级差性为秩序，统筹城乡产住聚落的协同机制

作为民本产住集群特征，块状化的共同体介于市场和聚居层级之间，使产住一体化突破城乡二元的壁垒。在产住共同簇群内部，产业分工的次序决定着混质聚落级差；从就地

[1] 新华网 . http://news.xinhuanet.com/photo/2008-02/15/content_7609905.htm, 2008-2-15。

[2] 浙江省住房和城乡建设厅 . 关于加强建制镇规划工作的若干意见 . 浙建规 [2002]121 号 , 2002-9-30.

式城镇化特征来看，产住聚落分为基层耗散型、产业村落型、专业市场型、市镇街区型。一方面，特定阶段具有特定的主导型产住复合模式；另一方面，混质类型具有块状经济分工下的递进性和连续性。因此，以聚居水平为导向，建立产住聚落级差化的发展标准，有利于避免“命令式”、“粗放性”的行政干预。进而，通过适宜性的聚落培育机制，提升混质增长的绩效。

（3）以自组织为特色，优化多样混质动因的人居范式

产住单元是最小的功能综合体，承载着最直接的混质驱动力。而论及地域性，现阶段的混质范式，却多表现为区域复制性的宅形趋同建构，如义乌“四层半”模式，以一层店面，二、三层仓库或出租，四层自住为定制，设定 16m 控高的市场社区回迁政策。但现实中，微观混质需求差别万千，具有强烈个性，标准化模式阻碍了空间多样。在未许可的自组织下，从被动的简单复制，到主动的多样改造，空间范式的演进并非简单线性。鉴于此，混质活力依赖于刚弹性相结合的制度调节。适度管束下的自组织修正与优化，是混质可持续的保障。

8.1.2 混合聚居导控的目标引入

现阶段，由于混合功能用地和开发未形成有效的本土化体系，产住共同聚居的实际建造是长期处于“非法”状态，基本职能在区划管理的默许或特批下存在，但这又往往造成利益驱使下的开发行为偏离原有规划目标。特别是在“浙江模式”等民本主导的项目开发过程中，工业型、市场型聚居体建设往往是基于过去经验或当前需求的摸索，而非理性制度保障。当前，无法可依、有规难用是产住混合聚落乱象的根源，也是混合功能人居发展所要解决问题的重心。

在图 8-5 规划案例中，B-11、B-12 均为商住混合地块，功能图例表示采取“默认化”[1]的 R/C 编码，但对该地块有效的指标体系只有容积率、建筑密度、绿化率、限高等通用性的必须参数，以及住户、车位数等可参考性指标等。这种低分辨率的控制模式，造成了商住功能比例，类型，容量，以及设施细化控制项的缺失，在实际操作中的人为主观性大，且容易出现失衡失控。

相对全国标准性的指标体系和操作程序，地方法规出现了一些“探索式”的调整和添加，以满足区域产住协同需求的适应性，总体来看，这些新增条款指标，大多为“临时”控制，或针对某些突出问题的应对，如义乌“三合一”[2]宅形的防火新规等。但这些地方性补充虽然有较强实用性，却缺乏全面而有效的预设和整合，难免存在“临阵磨枪”、“亡羊补牢”的尴尬。根据笔者对 2007 ~ 2012 年浙江义乌、台州等地方规定的统计，其明确可操作的条目只占 26%，远远低于美国通用性产住混合模式指引 58% 的量化度（表 8-2）。与此同时，各地区规定在前期开发与实际的规范操作执行上，又多为相互套用，在很大程度上，又造成了混质聚居后期发展“水土不服”的隐患。

[1] “R/C”并非《用地分类》的已有类型，是规划设计师为了解决商住用地的标定，采用居住“R”和商业“C”相结合的方式来表达，并已成为城乡规划操作中被普遍认同的“默认”编码。

[2] “三合一”场所是指居住和经营、生产、仓储相结合的空间利用模式，在混合功能人居发展的初期阶段具有明显的低投入门槛，低运作成本和经营审批简化等优点，而现已成为多数地区城镇化的突出问题。

产住混合单元的导控规定的中西比较（*表示通用规定） 表8-2

体制比较	美国产住共同单元模型指引	“浙江模式”下现代产住聚居实态
基本概念限定	*1. 产住单元必须是独立的综合体； *2. 居住必须作为产业的从属功能； 3. 产业与居住活动主体必须相关	*1. 家庭工业、市场社区模式定义明确，但“四层半”等范式仅以民间称谓存在； 2. 产住并重，没有规定活动主体关联性
发展引导原则	*1. 产住单元设计与总体规划协调， 2. 提供产住单元的多类型产品； *3. 避免产业与住居间的空间冲突；	1. 以经济特色为主导，实现小产业效率； *2. 要求土地规划和适应的集约原则； 3. 建立就地式城镇化的“非农化”途径
空间控制制度	*1. 居住功能占沿街比例须＜20%，且首层禁止为单一居住空间； *2. 沿街经营空间≥51%，须与街道高差一致，首层层高≥13（ft）； 3. 居住／总面积≤1∶3（非统一）； 4. 分为主街和辅道双系统，主街用于经营，辅道则用于居住	*1. 因地制宜，编制容积率、建筑高度、建筑密度、绿地旅等控制性规划指标； 2. 面临混合用地属性界定的法规尴尬，现状区划只能以R/C或R含糊表达； 3. 缺乏产住混合程度的专项控制依据； 4. 产住组团四面临街，最小道路宽度为8～12m，用于经营和物流交通
社群管理制度	*1. 经营执照须于房契相关联； *2. 住户及雇员承担经营相关责任； 3. 建立区域发展的公众参与制度； 4. 遵循业态类型的区划分布	1. 经营与居住采取工商、民政分属管理； 2. 依靠自上而下的行政机构与自下而上的行会组织共同监管

部分资料来源：American Planning Association. Model Smart Land Development Regulations[R]. 2006

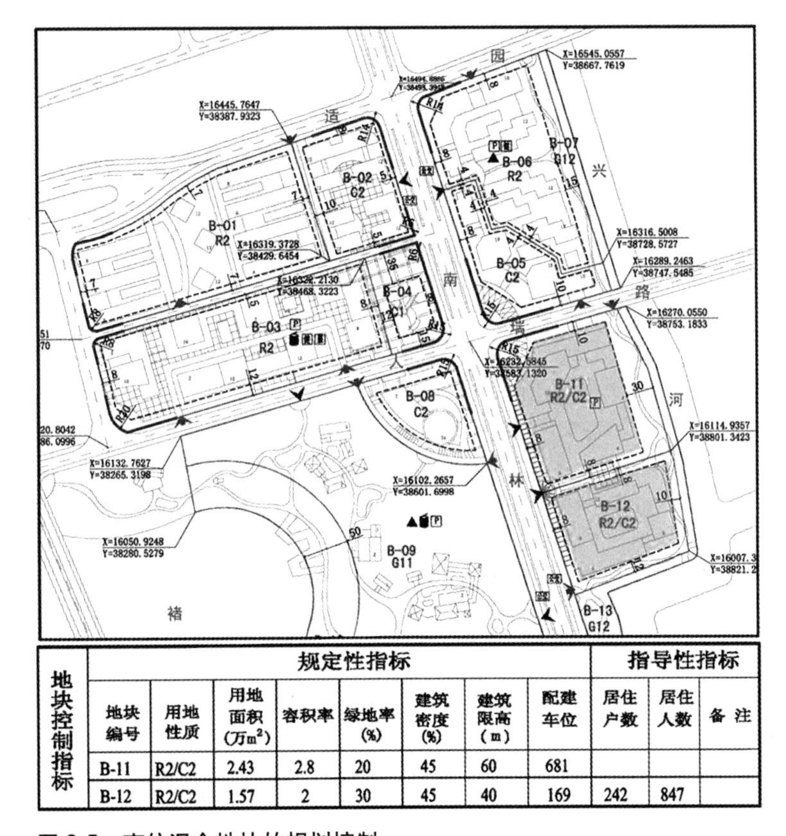

地块控制指标	规定性指标								指导性指标		
	地块编号	用地性质	用地面积（万m²）	容积率	绿地率（%）	建筑密度（%）	建筑限高（m）	配建车位	居住户数	居住人数	备注
	B-11	R2/C2	2.43	2.8	20	45	60	681			
	B-12	R2/C2	1.57	2	30	45	40	169	242	847	

图 8-5 商住混合地块的规划控制

来源：浙江南浔南林街规划，B-11/12 地块指标方案

因此，与国外现行制度相比较，构建我国尤其是符合各地方的土地兼容管理、混合功能建设的目标体系包括：①明确混合聚居建设的定义与类型；②避免单一经济目标导致人居发展失衡；③编制分类控制标准，消除解释模糊、条规借用、指标粗放等行为。④解决通用标准与地区规范之间对接的“合法性”，设定完善的导则体系和控制项。结合上述原则，在现有规划建设体系上，形成能够着力的控制框架和基本因子，是指导当前混合功能人居发展的急需。

8.1.3　产住载体营建的体系架构

综合国内外现行的建设规范与导则，对混合功能聚居建构的导控可分为通用规定（general regulation）、核心导则（core ordinance）和附加原则（accessory rule）三个部分，通用规定包含了规划与建筑的基本性规定和参数。核心导则指标分为强制性因子（compulsory factor）和推荐性因子（recommended factor）相结合的导控系统。附加部分体现了具有主题针对性的项目开发、建设和使用的个性设定。总体来看，可操作的营建体系都采用上述三种原则的组合性机制。

在区域整体规划层面上，关键性的建构控制指标包含了混质区划分类、功能混合度和产住平衡度，旨在对区块混合人居类型进行量化和明确设定：①混质区划分类，需要在我国用地分类体系中增设MIX混质标识的用地大类体系，或在R（居住）、C（商业）、M（工业）等大类中附加诸如“R-C”、“R-M”等中类和小类系统，完善对混合功能建构的法定性控制体系。②混合容量控制，包含混质度和产住平衡度，前者是控制单一功能（含非居住）的容量范围，如新加坡模式中对主导功能的混质上限值设定为40%以内；后者单独则是直接针对产住二元进行配置关系的规定。从我国产住聚落现状特征来看（表8-3），产住混质程度受聚居水平、业态类型影响的差异较大，需要根据地区实际情况来设定参数。由此，功能许可、停车配置、产业引导等重要和一般性规定，是对关键指标控制的进一步补充，有利于形成适度弹性原则下的建设依据。

产住共同聚居体的类型与混质态（■ 产住混质空间，■非混质空间）　　表8-3

类型演进	初始形态	置换形态	附着形态	集约形态
组织模式	自由耗散式混质	居住主导式混质	市场主导式混质	区域整合式混质
聚落样本	台州路桥工业村落	余杭温州村聚落	义乌篁园市场社区	萧山商贸城街区
空间层级	间－域2级	间－群－域3级		间－组－群－域4级
混质肌理				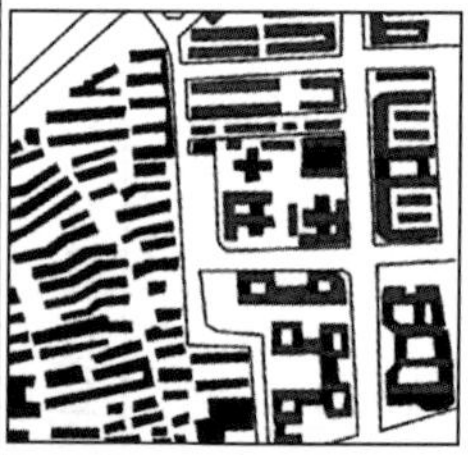
混质度	*MXI*=57	*MXI*=76	*MXI*=81	*MXI*=93

在局部单体营造层面上，我国现行建筑规范体系包含《民用建筑设计通则》（GB 50352—2005）、国家和地方关于住宅、商业等类型化的建筑设计规范，以及《建筑设计防火规范》（GB 50016—2006）、地方节能、绿色设计标准等专项规范。总体来说，对于产住混合功能建筑的针对性规范属于空白状态，建设许可和验收的标准仍然基于相关规范的套用方式进行操作。借鉴国外体系和国内部分地区的探索，在单体营建上，突出对混合功能需求和行为的应对：

1）产住类型与容量的控制，包含产住单元分类、产住比例平衡和经营规模限定等（表8-4）。例如，旧金山 SOMA 市场区将产住单元分为 SLR（住宅工坊）、RSD（服务业住宅）等类型，分开加以规定[1]，而波士顿锡楚埃特•哈伯（Scituate Harbor）的叠合区规划，则明确产住单元体中居住空间不能超过总建筑面积的 1/3。此外，还规定单体限高为三层半或 42ft（约 12.8m）[2]，这与我国义乌等地区的商住四层半（限高 16m）宅形标准具有类似的控制方法。

产住共同单元的空间范式（■ 产住混质空间 ■ 非混质空间） 表8-4

类型演进	平面展开型	联户叠合型	功能置换型	集成改良型
聚落样本	前店后宅模式	“地道天”模式	住改商模式	市场社区模式
单元类型	独立式	间分式	单元式	
空间范式				
产住比例	W/L=0.5 ~ 0.7	W/L=0.2 ~ 0.4	W/L=0.6 ~ 1	

2）混质场所的环境控制，针对产住混合活动的特征进行标准修订，特别是在火灾隐患、生产干扰、设施配套上进行强化限制。其中美国的“产住共同单元指引”规定单体超 2000ft^2（约 185.8m^2）须设置 2 个疏散口，产住单元之间须设置耐火等级 1h 以上的分割。而浙江东阳等地则立足于“间”为空间单元的“合用场所”，设定垂直、水平或整体性防火要求[3]。但在产住单元的噪声控制（新加坡≤ 60dB）、停车配置（产住分别计算后叠加）、雇员配置率（按经营面积计算）、执照许可（有效期制、产权责任制）等控制项上，仍需要进一步结合地方建设实践，落实量化标准和管理程序。

[1] Larry Koff & Associates. Proposed Mixed Use/ Multi-Family Zoning（New Draft）, 2005。

[2] 旧金山 SOMA 市场区混合再开发 [EB/OL]. http://www.sf-planning.org/index.aspx?page=1895, 2010。

[3] 东阳市人民政府 . 东阳市合用场所消防安全整治技术要求 . 东政办发 [2008]298 号 , 2008。

8.2 产住绩效优化的有机体调节

作为产住共同体建构机制，规范性调节是从正向导控角度进行着力，对规范导控体系中的分项因子进行权重赋值，并根据实际建设情况量化打分，这在一定程度上可以建立产住聚落适宜性评价的框架平台。但是，将聚落作为有机体来看，自上而下的规范管束性组织与评价虽不可缺失，但作用有限，而且不能完全支持和运行混合功能人居的复杂系统。混合功能有机体与周边社会及其自然环境具有共生、共存、共进和共荣的关系。跨层级、非线性的多主体组织关系是人居系统可持续发展的必要基础。而调节这种“共同”关系，必须综合“自上而下”决策控制与“自下而上”内部协调机制的两方面作用[1]。

宏观层面，区域均质化的产住共同簇群（图 8-6），是生产、居住、通勤、服务的多主体系统[2]不断进行博弈、渗透和寻找最佳“生存点”的结果。在微观层面，形成地区营造体系的范式并非一成不变，而是动态面对生产、生活的需求，具有乡土性（vemacular）与自发性（spontaneous）[3]灵活调整的建造智慧。因此，产住共同系统的稳定源自于自身混质组团、中介场所和自由个体的调和与协同。在不同尺度下，对空间载体营建的规律性梳理与绩效性策动，是促进产住共同体不断自我适应、精明增长、演进趋优的有机原则。

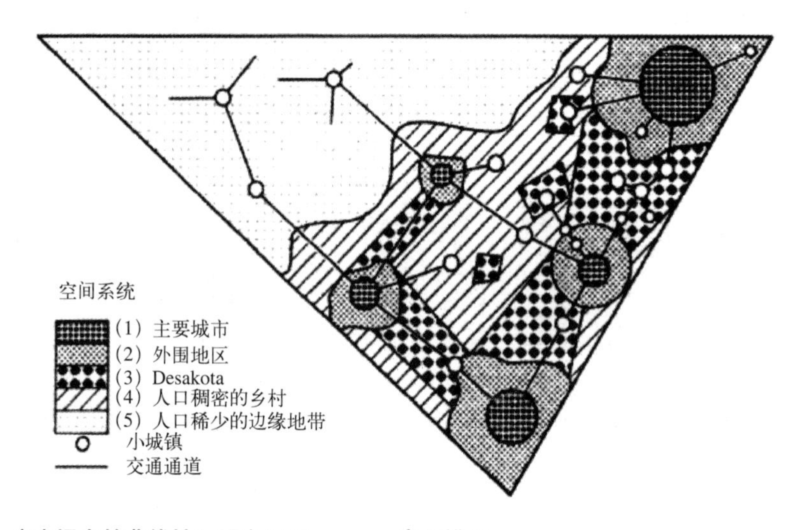

图 8-6 麦吉提出的非线性聚居发展 Desakota 空间模型

来源：T. G. McGee.The Emergence of Desakota region in Aisa：Expanding a HyPothesis[M]//N. Ginburg，B. KoPPel，T. G. McGee.The extended rnetroPolis：Settlement transition in Aisa.Honolulu：University of Hawaii Press，1991：6

8.2.1 组团构形的演进性

产住共同聚居的适宜性，取决于经济形态、社会文脉和自然环境等多重背景的共同作用。从演进过程来看，不同发育阶段的聚居有机体，能针对其背景条件不断进行自组织调整、适应和稳定，并形成类型化的范式形态。

---

[1] 仇保兴 . 复杂科学与城市规划变革 [J]. 城市规划，2009(4)：11-26。

[2] 多主体系统（Multi-Agent System, 简称 MAS）是基于多因子自我运动，模拟系统发展规律的模型。

[3] Amos Rapoport. House Form and Culture[M].New Jersey：Prentice-Hall Englewood Cliffs：32-38。

耗散与半耗散构形的产住组团特征（■商+住，■产+住，■仓+住，□单一居住）　表8-5

类型	形态组织规律	产住混质原型	组团实态样本	混质聚居指数	
单一耗散构形				产住平衡比	1：3.31
				产业集聚度	4.36
				业态分异度	0.34
				产住人员比例	1：2.98
				产业人均面积	23.5m^2
				居住人均面积	22.8m^2
	小因子无自由性分布	独户式产住个体分散	义乌稠州中路保联东街，取样尺度 240m × 240m		
耗散过渡构形	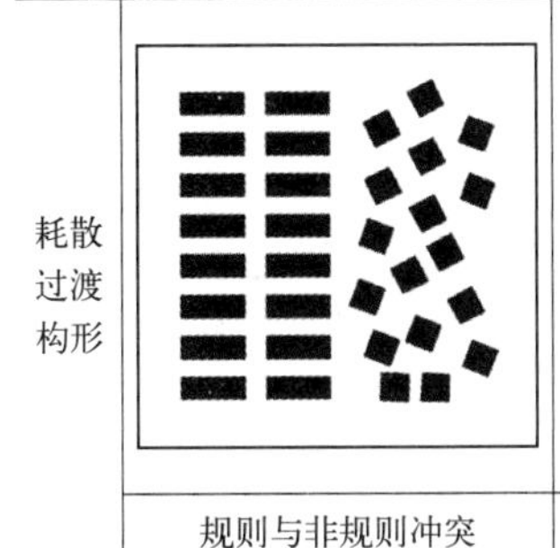	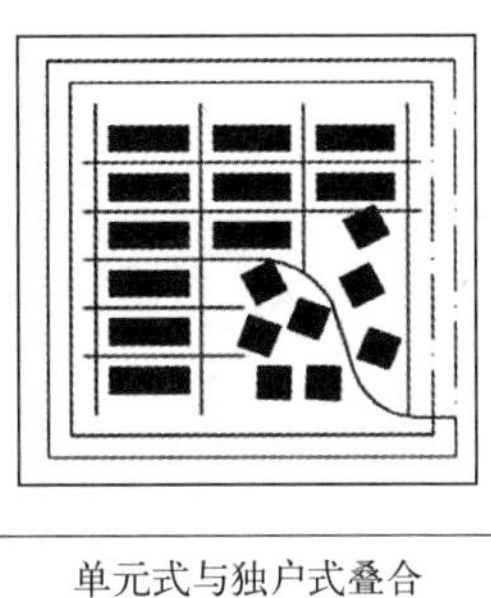	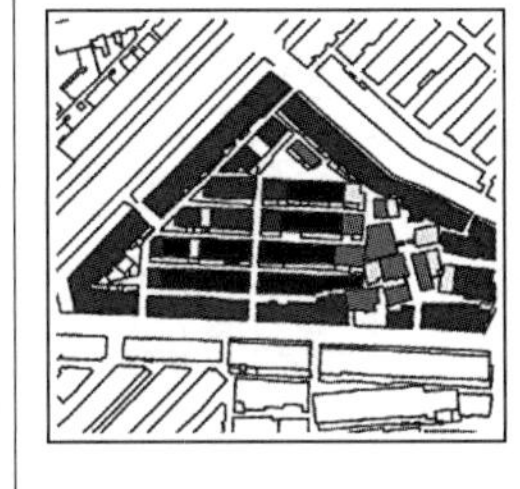	产住平衡比	1：2.35
				产业集聚度	4.89
				业态分异度	0.24
				产住人员比例	1：4.26
				产业人均面积	16.5m^2
				居住人均面积	20.4m^2
	规则与非规则冲突	单元式与独户式叠合	义乌稠州中路前大路，取样尺度：210m × 210m		

注：① 产住平衡比：产业空间与居住空间比例；②产业集聚度：每公顷用地经营户数量/100；
③ 业态分异度：其他业态户数/主导业态户数；④产住人员比：生产人数/居住人数。

主动与半主动构形的产住组团特征（■商+住，■产+住，■仓+住，□单一居住）　表8-6

类型	形态组织规律	产住混质原型	组团实态样本	混质聚居指数	
单一主动构形				产住平衡比	1：2.14
				产业集聚度	4.53
				业态分异度	0.26
				产住人员比例	1：4.08
				产业人均面积	21.2m^2
				居住人均面积	26.5m^2
	同质元素开放式排列	单元式住宅底商置换	义乌稠州中路桥西组团，取样尺度 210m × 210m		
主被动过渡式构形				产住平衡比 I	1：1.90
				产业集聚度	6.87
				业态分异度	0.18
				产住人员比例	1：2.43
				产业人均面积	12.5m^2
				居住人均面积	19.6m^2
	开放与围合异质联系	置换与集成的组团叠合	义乌化工路沿街组团，取样尺度：330m × 330m		

注：同表8-5。

被动构形的产住组团特征（■商+住，■产+住，■仓+住，□单一居住）　　表8-7

类型	形态组织规律	产住混质原型	组团实态样本	混质聚居指数	
大围合式被动构形				产住平衡比	1：4.02
				产业集聚度	5.88
				业态分异度	0.28
				产住人员比例	1：3.51
				产业人均面积	18.2m^2
				居住人均面积	29.6m^2
	外界面与内均质格局	大围合内住外产混合	义乌江东中路东新组团，取样尺度 330m×330m		
小围合式被动构形				产住平衡比	1：5.38
				产业集聚度	7.70
				业态分异度	0.35
				产住人员比例	1：2.76
				产业人均面积	14.6m^2
				居住人均面积	32.5m^2
	单元与簇群同构围合	产住小单元体式集成	义乌工人北路香港城，取样尺度：270m×270m		

注：同表8-5。

以浙江义乌地区产住组团的演进过程为例，根据表 8-5 ~表 8-7 进行规模、形态、混合指标的比对，可以表明聚居形态在历经“退二进三”[1]的业态变化中，产住混合组织的序化调整与层级加深。与此同时，对住居品质的追求，使得针对地区气候应变[2]和空间舒适度的优化，打破完全由“经济主导”的早期建构模式。产住共同的绩效体系，既是聚居混质范式（Mixed-use Paradigms）的组织依据，又代表混合范式空间构形（Spatial Configuration）演进的趋向。抽取上述表格中典型样本，组团评价类型可归纳为耗散式、被动式和主动式 3 种范式。

1）分散构形（Dissipative Configuration）模式，以水平混合维度为主导，例如初始阶段的产业村落和传统商住组团。产住形态依托道路与地形灵活布置，具有较强的自组织特征。在图 8-7-A 中，高密度（≥ 40%）与短间距（≤ 6m）的肌理相对均质，居住形态在自发状态下较稳定。虽难于形成规模化产住一体型群落，却有利于充分弹性下“散、小、特”经营的自发性增长。在分散构形下，聚居肌理相对均质，聚居簇群的热应变稳定平缓，但风场模拟的空间气龄较长，不利于地域夏季湿热、湿冷环境的聚居适宜性。

2）主动构形（Initiative Configuration）模式，是具有过渡性的混合形制，以“产置换居”、“居附着产”为范式代表，通过主动式的功能转换，承载集聚期与扩张期的规模化经营需求。以图 8-7-B 改造型市场社区为代表，组团内部单元的整合与联立追求全方位临街，造成组

[1] 退二进三，是指我国城市化过程中的产业转型发展，即从第二产业（工业）向第三产业（商业服务业）过渡。最早为 20 世纪 90 年代提出，重点在于用地结构调整，减少工企业用地比重，提高服务业用地比重。

[2] Baruch Givoni. Climate Consideration in Building and Urban Design[M]. New York: A Division of International Thomson Publishing Inc, 1998：434.

团肌理的大围合与矩阵化现象。产业价值的最大化，必然牺牲住居的适宜性布局，从b-2、b-3来看，温度场分布较不稳定，而沿街大围合则导致风场的盆地效应，产生局部的空气滞留。

3）被动构形（Passive Configuration）模式，针对主动构形模式的产住二元矛盾，在新型市场社区建构中进行改良，产住平衡从完全开放格局，转向小单元内外分区，如义乌“撤村建居”模式。而加上地方化、针对性指标的作用，产住组团构形具有被动限定特征，较前两者具有明显的差异性。风场模拟除了图8-7-c局部的涡流现象，风场较好；而小围合模式也使得组团内部日照与温场平稳。但被动构形的标准化弊端，缺乏产住组团的多样性和可选择性。

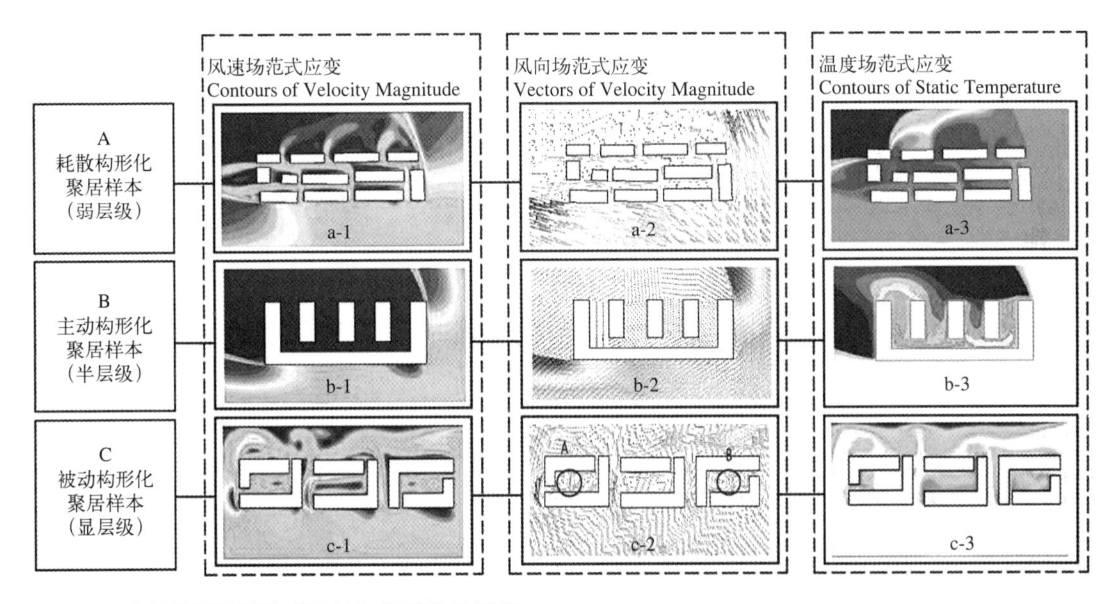

图8-7　产住组团不同构形下的气候适应性模拟

基于上述范式比较，从耗散态到主动态，再到被动态是一个聚居构形的序化过程。❶三种模型正向演进，多样并存。在适宜性评价上，耗散范式通过自相似（self-similar）构形，建立单体布局的弹性应变；而被动范式则在外限定下形成组群气候梯度。两者相对主动范式住居适宜性明显，但混质活力次之。通过考察混质效率与人居品质的双重目标，自组织改良与他组织限定各有优势，基于二者融合的产住平衡体系，是混合人居可持续增长的保障。

8.2.2　场所中介的秩序性

多层次、多维化的混质界面是产住二元的黏合剂，也是聚居范式的重要标识。一方面，外部场所界面反映“产-产”、“住-住”的介质组合和演变；另一方面，内部界面以“间”为单元协调“产-住”活动。❷从耗散式、集中式簇群到单元式组团的演进，分散设置的

❶ R. Campbel , L. Sowden (ed.). Paradoxes of Rationality and Cooperation, Prisoner's Dilemma and New comb's Problem[M]. The University of British Columbia Press, 1995.

❷ 王竹，朱晓青．“后温州模式”底商住居模式探索[J]. 华中建筑，2005(6)：97-99。

产住界面趋于外组织控制下的整合。在现实中，生产效率化和居住品质化，存在空间叠合的矛盾性：即“产”追求绩效性、开放性、流通性，“居”则强调舒适性、私密性、稳定性。产住功能矛盾的缓冲，则主要依靠衔接与过渡空间的弹性原则来实现，因此，区别于单一居住的聚居演进，以功能混合为目标的界面优化，是推动范式更替的内在要求。

典型场所的中介空间格局特征　　表8-8

场所形态	基本结构	典型样本与界面秩序
耗散式 全开放型 场所格局	**场所层级** 分为间组和簇群 2 个空间秩序，为均质性混合肌理 **界面特征** 产业和居住行为在公共空间具有高度混质性，场所较为开放，以元胞个体动力为主	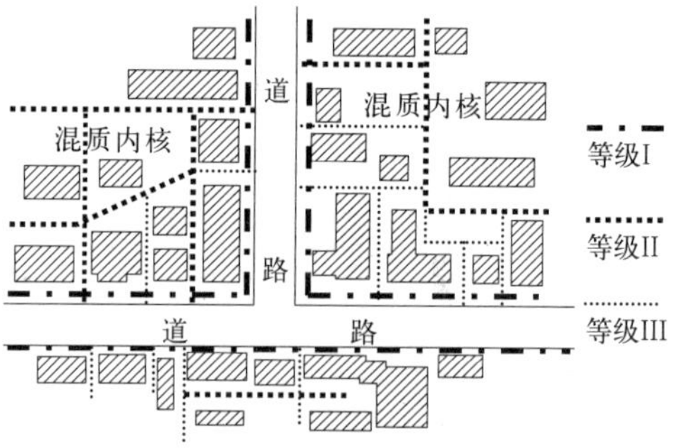 道路　混质内核　混质内核　道路 等级I　等级II　等级III
行列式 半开放型 场所格局	**场所层级** 间租—单元—簇群 3 个空间秩序，为层级化混合肌理 **界面特征** 产业和居住行为相互混杂，但具有相应主导区域，街场空间能够形成区域的集聚性	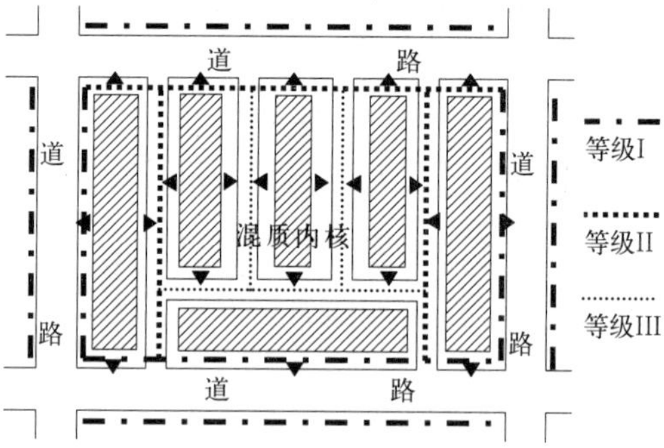 道路　道路　混质内核　道路　道路 等级I　等级II　等级III
单元式 半封闭型 场所格局	**场所层级** 具有间组—单元—组团—簇族 4 个空间秩序，等级化混合 **界面特征** 产住行为在单元内外有所区分，组团具有半开放半封闭特征，兼顾产住的使用需求	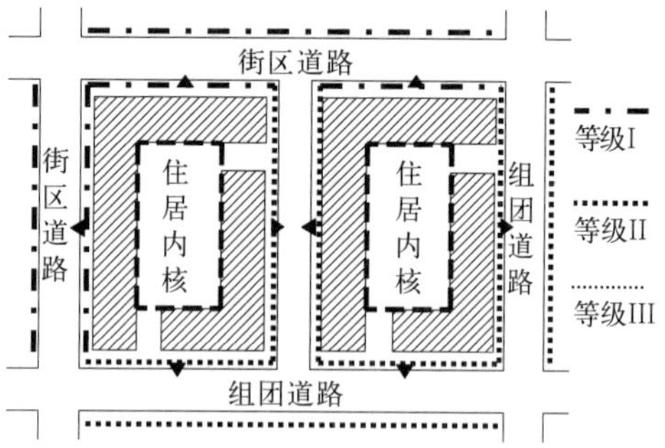 街区道路　街区道路　住居内核　住居内核　组团道路　组团道路 等级I　等级II　等级III

根据表 8-8 对典型产住社区空间界面的分析，混合功能场所的构成包含了街道、开放空间（或广场）、集散节点、建筑“缝隙”空间等形态。

1）开放而分散界面：多见于由自组织聚落转型升级而成的场所形态，“自建”方式在缺乏边界限定下呈现较为破碎的肌理，界面丰富但不连续，局部识别性强而畅通性低，从绩效来看，较适合早期产住聚居体，或混质度较低的发展阶段，产住二元具有缓冲地带和弹性改造存量。

2）行列式半开放界面：在居住组团的工商业置换，和早期市场社区较常见，组团主要表现为外部大围合，内部均质化特征，而外部界面对内的渗透性较强，内部场所处于半开放状态，产住界面增大，但互扰性强。

3）单元式半封闭界面：采用街坊式围合布局，产住界面在单元层面具有内居外产的职能分工，二者分隔性较强，而在簇群层面，产住界面趋向混质性。单元格局可以兼顾私密性，但仍然缺乏对居住行为扩展的有效支持。

产住共同界面的环境行为特征　　表8-9

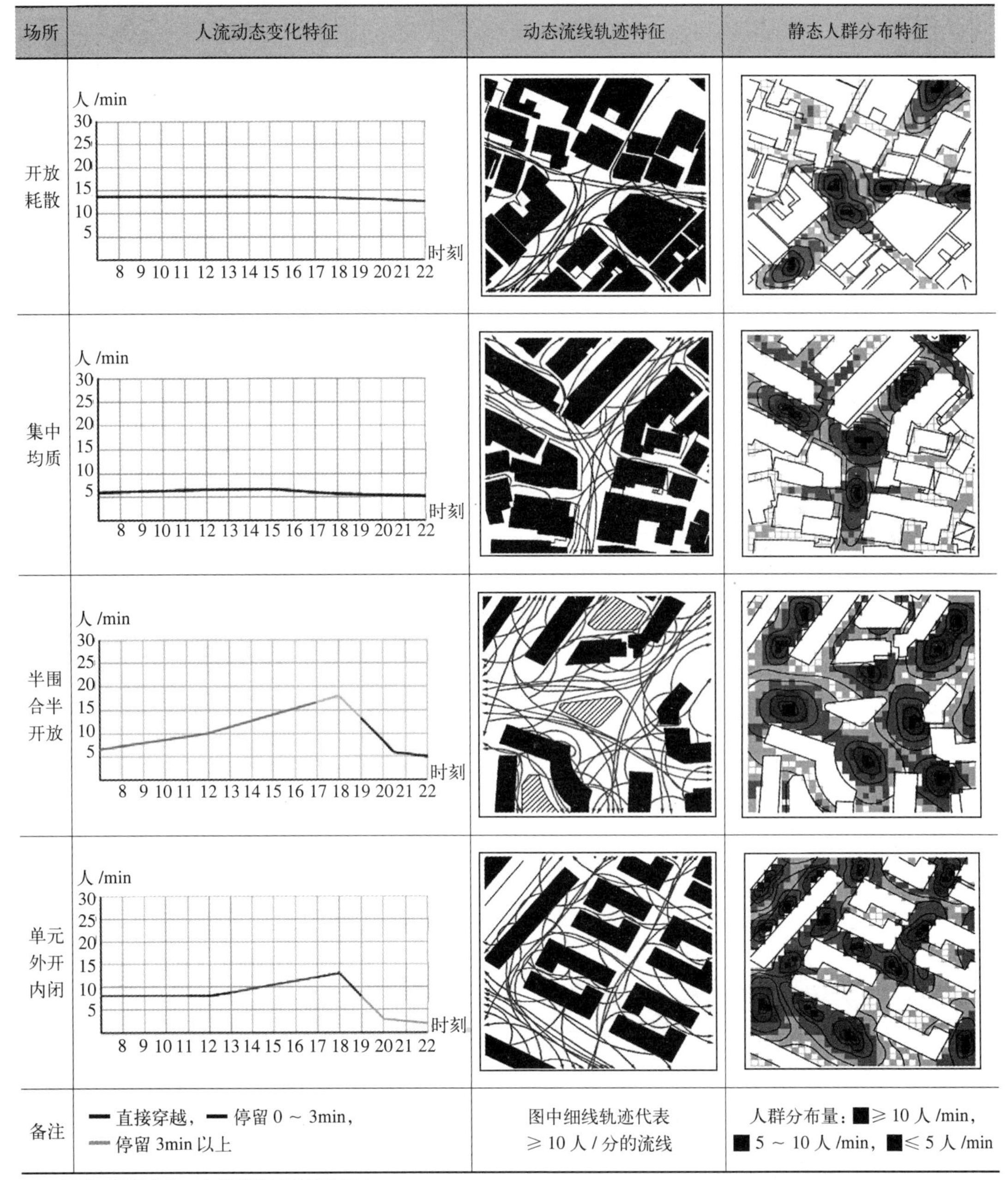

场所	人流动态变化特征	动态流线轨迹特征	静态人群分布特征
开放耗散			
集中均质			
半围合半开放			
单元外开内闭			
备注	▬ 直接穿越，▬ 停留0～3min，▬ 停留3min以上	图中细线轨迹代表≥10人/分的流线	人群分布量：■≥10人/min，■5～10人/min，■≤5人/min

来源：根据义乌、台州产住社区样本测定。

根据“环境（Evironment）—行为（Behavior）”方法，对典型样本进行空间行为的场所使用后评价（POE）[1]，不同组团构形所生成的场所，在图底关系下反映出行为绩效的差异明显（表 8-9）。①开放耗散式场所，行为路径较短，混合功能极域相对集中，人群静态分布不均衡。因而局部产住二元的互扰较大，对公共空间、设施的支持度要求较高。②集中均质型场所，以行列式组团为特征，产业行为向组团腹地场所渗透，但混合行为峰值区仍出现在主要节点和廊道上。③多层级场所，分为半围合型和单元型，二者都存在较明显的空间等级性，产住行为交织的分布范围相对均匀，既能够产生较长的产业行为路径，也能形成区域半封闭的居住核心。然而，由于围合界面的存在，区内人流集散在特定时间和沿界面出入口、主干道路等地区，则会出现瞬时峰值。

结合上述特征，从混质绩效角度实现中介场所的秩序，具有以下原则：

1）小尺度、模块化的界面肌理。产住共同体的核心是“小生产”。“大市场”、“一条街”等传统建设模式既降低了内部产住单元的均好性，又无法使空间得到充分利用。小生产经营往往是客流、物流一体集散，其界面组织更适合于密质、规整的网格肌理，地块尺度可以维持在 60 ~ 90m，地块沿街部分采取有模数的凹凸节奏，更有利于拉长效益性界面，并快速疏导流通。

2）多功能、层级化的界面系统。由于产住共同活动的干扰性，界面空间需要通过层级化的设置来实现产住局部混合与分区。以单元构形为例，每个单元内部界面以半封闭为主，保持必要的安全与私密性，而单元外界面考虑产住混合行为，对道幅进行加宽（10m 双侧可停车）提升界面层级。同样，通过多单元敞闭围合的开放性差异，能够形成在聚居层面上的界面体。

3）可弹变、立体化的界面模式。产住混合行为具有高度动态性和易变性。功能置换、瞬时流量、停留与捷径设置，都依赖中介空间的调节机制。在形态上，根据产住行为的主导轨迹，预留可开闭、可进退的中介界面能够保证场所渗透性和阻抗性的双重需求。与此同时，以廊道、下沉空间、立体庭园为要素的立体化界面模式[2]，更有助于解决产住行为交织与安全性矛盾。

8.2.3 单体集成的适应性

单体是构成产住共同体的最基本因子，也是混合功能建筑是聚居范式的重要表征。产住单体的主要构成具有生产 / 工作区（work area）、居住区（living area）、入口（entrance）、交通（transit）、夹层（mezzanine）过渡性空间、庭园（court）空间等。此外，作为经营或居住设施，还包含停车（parking）和物流装载区[3]（loading/storage area）等附属体。根据产住一体化研究院（Live-Work Institute）的分类（表 8-10），产住单体在生产 / 生活的空间关系上具有合体型、连体型和紧邻型三种混质状态，分别适应不同的业态模式。而中国传统以“间”为单位的建构，则更强调水平向和垂直向的产住并置或分隔，并深刻影响我国混合功能宅形的范式演进。

[1] POE(Post Occupancy Evaluation) 使用后评估，是 20 世纪 60 年代从环境心理学领域发展起来的一种针对建筑环境的研究，意即建筑投入使用后，评价建筑的绩效 (Performance)。

[2] 谢晓璐 . 中介空间形态的原型归纳与比较 [J]. 四川建筑，2008(4)：44-45。

[3] City of Oakland (U.S.). Housing and Business Mix Commercial Zone Regulations[R]. 2008-12-1.

产住共同单体范式类型与适应性特征　　　　表8-10

单体类型	范式适应性	典型产住单体形态
产住合体型（work with live）	**间组布局** 产业和居住合用同一单体，生产区和居住区不设分隔，可有夹层，交通联系紧密，同一入口 **混质特征** 功能高度混合，生产和生活行为相互交织，适用于无污染、非独立经营方式，与居住密切	Mezzanine 夹层 Living Area 居住空间 Working Area 产业空间 入口 Entry to Live/Work Unit 住/产单元 Court 院落
产住合连体型（work near live）	**间组布局** 产业和居住共存于同个单体，产和居有墙体、楼板分隔，大多有夹层过渡，疏散和入口可分设 **混质特征** 产住功能在空间上并置，相互之间有行为、防火等分隔。适用于需要客流频繁或需独立经营	Mezzanine 夹层 Living Area 居住空间 Separace Work Arca 分隔产业区 Entry to Living Arae and Separated Work Area 居住与分隔产业区入口 Alternate Entry to Work Area 可变产业入口 Court or Street 院落或街道
产住紧邻型（work nearby live）	**间组布局** 产业和居住分为两个单体，相互紧密联系，生产和居住为相同的业主，产住之间有专属场地连接 **混质特征** 产住在空间分离，但密切相关，居住空间往往为产业人员居所，适用于有轻度干扰的经营类型	Mczzaninc 夹层 Living Area 居住空间 居住入口 Entry to Residence Commutc 邻近与联系 Separate Studio 分隔工作室 Court 院落

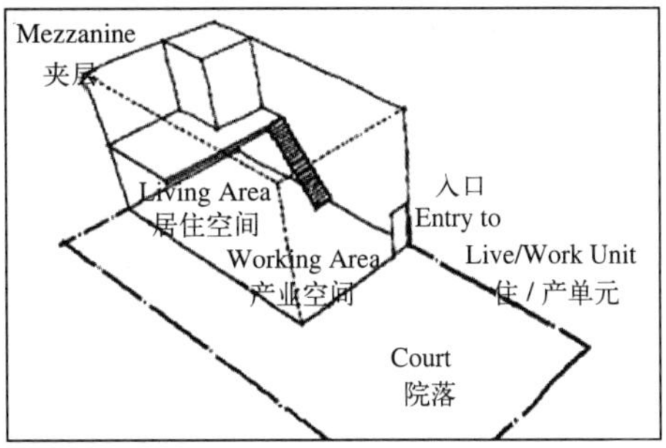

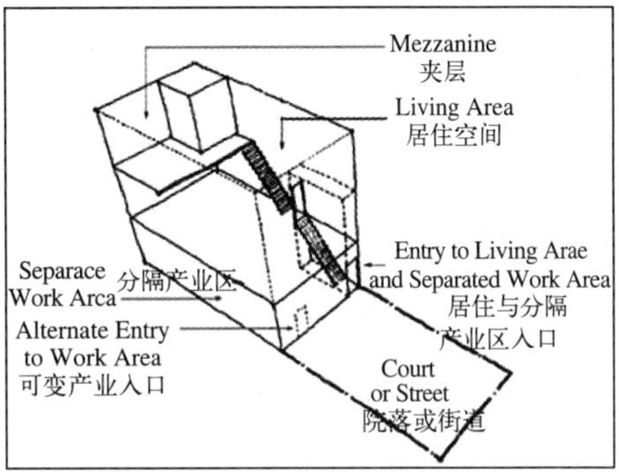

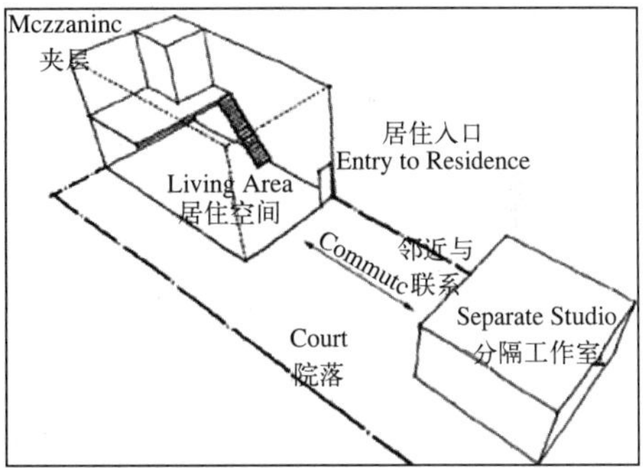

部分资料来源：The Live-Work Institute. http：//www.live-work.com/index.shtml.

（1）多义与通用性的放大

为适应“小生产、小经营”个体在经营、居住、仓储等容量的个体差异性，产住共同单体内部往往存在较频繁的功能更替与转换现象。空间博弈关系上主要包含：①不同产业区的扩张与紧缩；②产业与居住之间的延伸与退让；③交通空间的分设与合用；④公共与过渡空间的渗透与阻隔；⑤仓储与设施的空间改造与再利用。特定的场所或结构体在产住混合使用下，变得多义和常变。密斯认为“建筑物服务的目的是经常会改变的，但我们并不能把建筑拆掉。因此我们要把沙利文的口号‘Form Follow Function’（形式随从功能）倒转过来，去建造一个实用和经济空间，以适应各种功能的需要”[1]，即“通用空间”（total

[1] 刘先觉 . 密斯· 凡· 德· 罗 [M]. 北京：中国建筑工业出版社，1992：79。

space）的概念。事实上，中国传统建筑体系下的空间更具有混合（mixed）、中庸（mean）和一统（universal）的“通用性”筑造哲学原则。

基于混合空间的多义化与通用原则，产住单元的功能适应性重在弹变（flexibility）体系与模数（module）关系的设置。一方面，结构框架和设施外置方式能够解放内部空间，不同功能可以通过可变隔断满足自由组合（图 8-8）；另一方面，建立单体与联体空间模数（通常以 0.3m 为单位），是产住多义空间调整与改造的格网（图 8-9），以浙江地区自组织建构的“间”为载体，作坊、店铺和住宅的模数区间为面宽 3.0 ~ 4.2m（其中 3.6m、3.9m 在商铺和住宅中最多见），层高多为 3.0 ~ 3.9m（单层）+ 1.8 ~ 2.4m（夹层空间）的模数。此外，合理调整和利用模数差值，可以依靠水平或垂直错位来实现产住过渡。

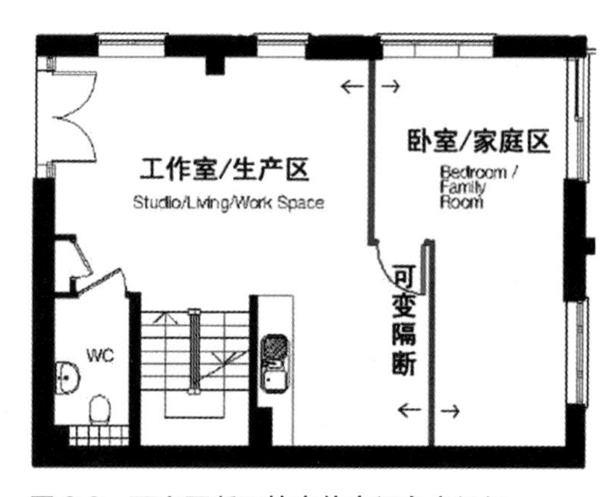

图 8-8 可变隔断下的产住空间自由组织

来 源：The Live/Work Collection at Pembroke Park, Crawley. http：//www.fairview.co.uk，2010-11-10.

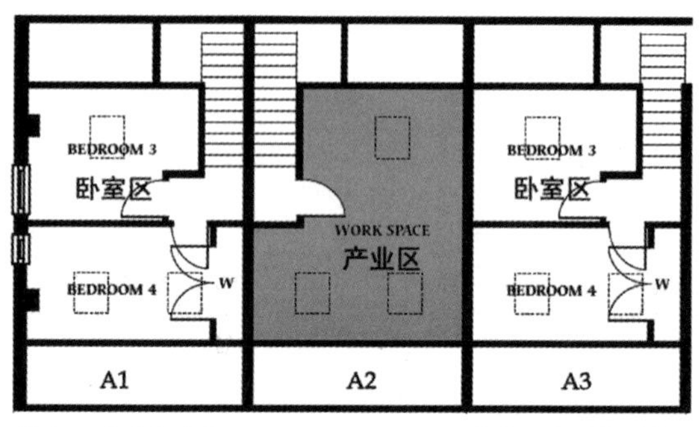

图 8-9 产住空间借助模数转换的格局

来源：Collection of 1-4 Bedroom Homes with Work Place. http：//www.homebarns.co.uk，2010-11-10.）

（2）界面与过渡体的植入

从功能适应来看，多义性和通用性，是在空间自我解决“混用”需求的方式。但随着产住共同单体的规模扩大，业态多样，流线复杂，仅仅靠“混用”是无法有效避免产住的“混杂互扰”与“资源竞争”问题，如工作采光与居住日照的竞争，生产场所与居住空间的对视干扰，产住分区导致通风不畅等。因此，采取功能单元之间的环境“调和”机制，需要植入界面空间来实现。过渡体的设置是产住共同单体从单间到多间的策略转变，也是形成系统应变 ❶ 的关键。

1）介质的腔体化。腔体的植入是实现环境渗透的重要手段 ❷。以产住共同的采光、通风为技术目标，中国传统的混合组群式民居形体，大都采取院落式布局，天井作为腔体核心，既能满足大进深的产住采光和日照（福建竹竿厝等），又能解决产住分区后的通风问题（江南窄天井的“烟囱效应”等）。而随着对空间高强度的使用，现代混合聚落中的单体范式中很少保留传统水平或竖向的腔体，渗透性界面缺失，这是导致空间品质下降的重要原因之一。

❶ 吕爱民 . 应变建筑 [M]. 上海：同济大学出版社，2003：68-70。

❷ 李钢 . 项秉仁 . 建筑腔体的类型学研究 [J]. 建筑学报，2006(11)：18-21。

2）界面的膜效应。间和间相连，腔体与实体组合既需要连接和渗透关系，也需要一定阻隔性，即膜效应（membranate effect）。首先，经营加工、仓储需求，是导致产住共同单体安全风险的重要因素，特别是防火问题。从国内外经验来看，基本策略包含：①设施界面外置，或采取集中管线模块，避免临时或二次拉接造成隐患；②采取立体分仓[1]，建立产、住、仓的防火单元，依据功能和间距设定阻燃界面。其次，在缓解产住活动干扰上，可以通过界面体材料、构造进行控制和缓解，例如新加坡新家庭计划中控制经营空间噪声须不大于60dB；同样通过交通界面对产住流线的局部分流，是减少行为轨迹交叉的有效方式。

综上，除了建构体系应对，我国产住共同的空间绩效优化，还需要变革权属与许可制度，例如同一单体中产住使用年限不同，产住一体的经营执照管理等。因此，产住共同单体的适应性并不是僵化的原则，必须针对特定经济和人居背景的应变来建构。与此同时，围绕自下而上民本建构的自发需求和自我演进途径，建立可被仿效的地区示范，对混合功能人居形成规模化影响尤为重要。

8.3　混合功能开发的实证性引导

回溯前文，中西营造文明都起始于人居组织和空间营造，各种类型的功能体都是随着社会和劳动分工从聚落中按等级细分和发展而来[2]，例如皇宫承担帝王的执政与居住，庙宇是宗教和僧宅的综合体，店宅、坊屋则更是民间基本组成。实际上，不同尺度下产住混合与协同，是职住平衡的一种重要类型和模式。依此视角，产住共同体首先是功能共存、人员同处和空间合连的人居体，混合发展在本质上则是一个满足人居需求和适宜性的建构过程。除了自然环境和技术条件等物质性因素外，产住共同增长方式和绩效取决于人居主体的组织和运行。因此，引导混合功能开发，首先需要基于“共同体”导向下的社群架构与协调。

结合国内外混合功能开发实证，建设“共同体”的社群系统包含：

1）政府主体，对混合功能开发的职能包含促动、管束和支持。首先在区域宏观和中观层面明确政策和发展导向，例如职住平衡的区域发展规划、城市地块更新计划等。自上而下建立混合功能建设的制度规则和技术程序，并针对具体的开发项目和区块，提供混合功能所需要的市政、道路和服务设施配套。

2）开发主体，承担融资者、执行者和维护者角色。混合功能开发项目大多具有投资大、周期长、复杂度高等特征，开发主体的利益配置、方案制定和操作能力直接影响项目效益。实证来看，混合功能开发对主体的要求较高，具有完全政府型、独立企业型、委托开发型和政企合作型等模式。

3）民众主体，既是项目建设最终的使用者，也是不同阶段项目开发决策的参与者。产住共同体的民众组成含有经营者、居住者和部分公共服务业者。区别于纯居住社区，经营者与居住者存在或大或小的交集社群，这使得民众利益趋向更加多元，对开发和建设决策产生的影响也更为复杂。

---

[1] 浙江义乌、东阳等地对地区生产、经营，仓储与居住的“合用场所”防火技术规定分为：①通用分离：规定楼梯等交通疏散体防火等级（≥ 2.0h）；②垂直分离：产住之间设定同一轴线的防火墙（≥ 3.0h）③水平方案：同一水平采用防火楼板（≥ 1.5h）。产住共同单体形成立体多仓的防火分区格局。

[2] 李允鉌．华夏意匠 [M]. 天津：天津大学出版社，2005：83。

4）NGO主体，非政府组织（Non-Government Organization）是以自治为前提的自下而上机构，其中包含正规机构（formal agency）例如产业行会（guild）、居委会等，以及非正规机构❶（informal agency）例如邻里合作社❷等。这些NGOs的存在，发挥了混合功能开发的调研、协调和评价的作用。

基于图8-10，混合功能开发“共同体”的组织核心为政府、开发者、民众和NGOs的互动关系。其圈层从Ⅰ到Ⅲ，越往外推，主体的结构越健全，开发效益越平衡。在组织决策路径上，政府和开发者（民众委托型除外）具有外组织特征，而民众和NGOs则表现自组织能动性。具体到我国，自上而下和自下而上两种职住并置化建设都颇有渊源，有必要对二者予以实证辨析。

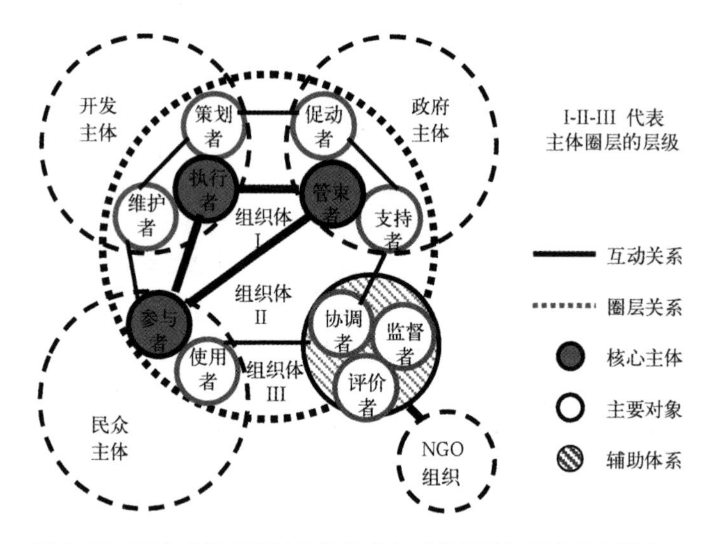

图8-10　混合功能开发的主体构成与“共同体”组织圈层特征

1）“单位制”：外组织的职住混合，是我国实行计划经济时期所形成的职住绑定模式。“单位制”是完全行政主导下，以生产经营单元或工作部门为划分的社会组织形态❸。一方面，单位割据造成了局部封闭现象，聚落缺乏社会性资源共享条件，可持续性较差；但另一方面，“大院”建设与“单位”发展直接相关，职住凝聚紧密，且业缘主导的邻里关系健康而高效。

2）“个体户”：自组织的职住混合，是我国改革开放后发展非公有制经济下的自发模式。“个体户”是依据自由人根据生计需求来组织职住关系。实证来看，完全自组织的职住混合，在我国现阶段则是“双刃剑”：①自组织的职住混合，是当前混质繁荣的基础；②在我国现有社区水平下，自组织难以完成系统平衡，而形成个体蔓延式发展；③NGOs的缺乏，导致自组织凝聚力的不足。

由此，自组织和外组织平衡，是产住共同体的建构原则。而基于我国城镇化差异，都市化区的混质集成，半城镇化区的混质增长，以及农地区的混质转型，是当前混合功能人居的代表类型，并具有引导区域人居组织的示范性。

---

❶ 赵静，薛德升，闫小培．国外非正规聚落研究进展及启示[J]．城市问题，2008(7)：86-91。

❷ John McNamara．伙伴：邻里——公司合作模式的社区复苏实例[M]．谢庆达译．台北：创兴出版社，1998：44。

❸ 周翼虎，杨晓民．中国单位制度[J]．北京：中国经济出版社，1999：12。

8.3.1 都市复合化板块

在政策、经济、技术支持的条件下，都市复合化板块是集工作、居住、娱乐、交通四大功能，以及公共服务、市政设施的混合功能开发模式。都市复合化板块处于城市化水平的高级阶段，区内空间的区位优势明显，开发强度高、功能流线复杂，人员类型众多，系统完整性强，且与周边具有开放而明显的边界。从西方传统的商住综合体（如汉斯曼式住宅[1]），到现代的混合功能板块（日本六本目山项目），都市复合性板块建构大多是以街区单元（block unit）为载体，产住混合系统一般具有外部独立性特征，区域的识别性突出。在城市建设导向上，复合化板块是缓解土地资源紧张，以及提升土地兼容性的重要手段。受项目的现状条件、主题定位、投资力度的影响，开发模式有以下两个途径。

（1）零存整取：综合体（complex）集成

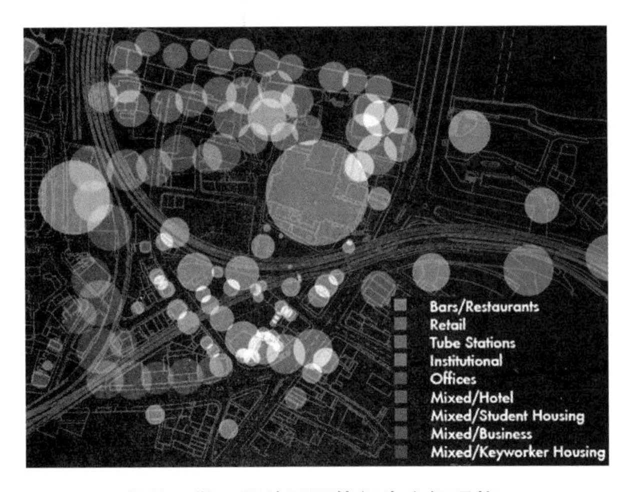

图 8-11 伦敦巴勒马基特区职住行为交织现状

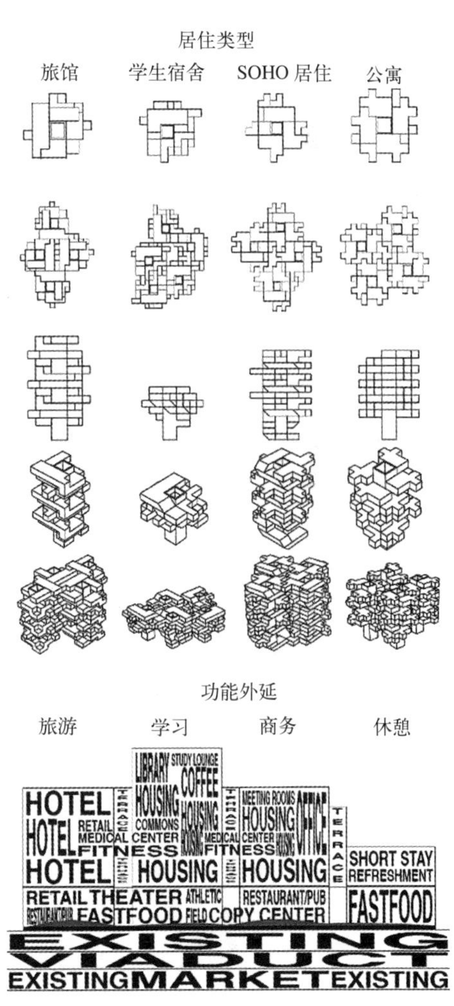

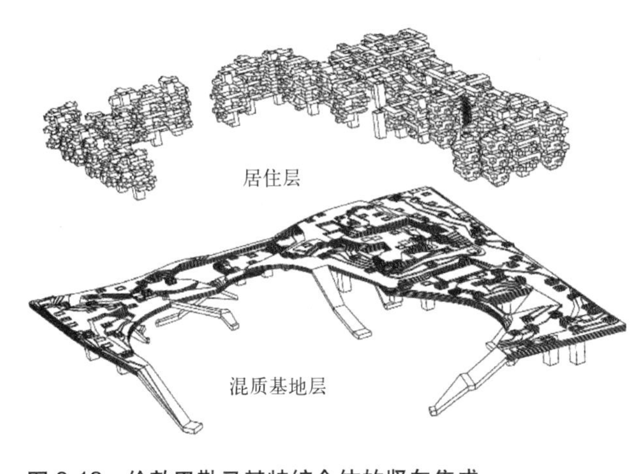

图 8-12 伦敦巴勒马基特综合体的竖向集成

图 8-13 巴勒马基特综合体混质布局

来源：Multi-ground：Three dimensional densification and urbanisation[R]. Architectural Association VSP，2009

[1] 1853 ~ 1870 年形成于巴黎，外墙米灰色，高 7 层，顶层有阁楼，三、六层有阳台，街区式的底商上住。

综合体是高度集成的城市建筑体。在开发模式上，通过整合区内多个、分散的功能地块，形成多部分组群或整体的项目系统。以伦敦地区的巴勒•马基特（Borough Market）城市综合体项目为例，产住混合组织的综合体开发特征包含：①空间和功能一体化，即在整体边界下，通过内部系统互补性实现职、住、行、娱等多种行为的协调（图 8-11），具有典型的 HOPSCA[1] 特征；②开放性的产住下垫面，如图 8-12 所示的混质基地层（multi-ground）打破街区划分，采取高密度、立体式布局，成为综合体最具活力部分；③混合功能的竖向密化，巴勒•马基特城市综合体上层建筑体满足相关工作者、学生和商务者的居住需求，并根据职住邻近原则，以及 24h 连续运营特征[2]，进行多个空间体的叠加和连通（图 8-13）。④“巨构化”的体态营造，综合体项目开发为单幢巨型建筑，或多幢大型建筑联体形成，例如日本六本木山综合体[3]，办公面积 38 万 m^2，居住面积 14.8 万 m^2，单体体量巨大，技术和设施要求高，地标性突出。综上，综合体采用零存整取的方式，是当前对土地兼容利用的最大化，但同时也存在较大的开发风险。

（2）整存零取：小地块（parcel）分置

与综合体模式相对应，“小地块”分置是都市复合化板块的另一种开发形态。在操作模式上，是从原有建成区单元上获得整块的土地权属，之后将多功能单元在项目地块上进行组合布局。2010 年杭州创意创业新天地项目，是基于原杭州重型机械厂进行的产住混合改造工程，项目占地 3.2hm^2，以创意文化产业为业态，工业遗产创业园、新产业 SOHO、商务 SOHO 等产住功能，采取组团地块式的混质排布（图 8-14）。以工业遗产改造的产业廊道为核域（图 8-15），地块内簇群式的产住组团通过开放界面进行连接（图 8-16）。“整存零取”模式同样是都市高强度复合开发的重要手段，实际上也是对原地块的再切割与密质化过程（组块边长约 60 ～ 90m）。不同于综合体正向集聚的质变特征，“小地块”模式则是反向划分基地造成的量增效果，并由此实现高强度的产住兼容格局。

然而，无论是先整存，还是后整取，都市综合体板块的开发都是经由了高度整合的开发阶段。从国内外开发引导机制来看，都市复合化板块承担了区域中心地位，也是“城市经营”的重要载体[4]。在上行体系中，都市复合化板块往往被划定为独立区划，例如规划单元发展（PUD）、特殊规划、主体规划等。实际上，以上类型对产住混合引导的共性化特征，是突出了块域设计下[5]的“精微性”与“复杂集成”。因此，开发主体和组织方式面临以下问题：①项目投资巨大，建设周期长；②规划、设计与建造的技术性强，需专业人员操作；③开发占用土地与配套资源多，启动门槛高；④业主群体在项目投入使用后才形成，公众参与开发决策的影响滞后；⑤多种功能高强度集成，难于计算项目建成后绩效状态；⑥“巨构化”板块建造，容易丧失人尺度的混合适应性。

---

[1] HOPSCA 是商务酒店（Hotel）、办公（Office）、交通及停车系统（Parking）、商业（Shopping）、休闲娱乐（Convention）、居住（Apartment）等各种城市功能的集成体，通过功能综合互补，建立价值依存关系。

[2] 王桢栋．“合”当代城市建筑综合体研究 [D]．上海：同济大学，2008：130-133。

[3] 日本六本木山案内 [EB/OL]. http://www.roppongihills.com. 2009。

[4] 刘贵文，曹健宁．城市综合体业态选择及组合比例 [J]．城市问题，2010(5)：41-45。

[5] 陈纲伦，李蓉．块域设计——城市设计与建筑设计的中介 [J]．新建筑，1999(1)：36-37。

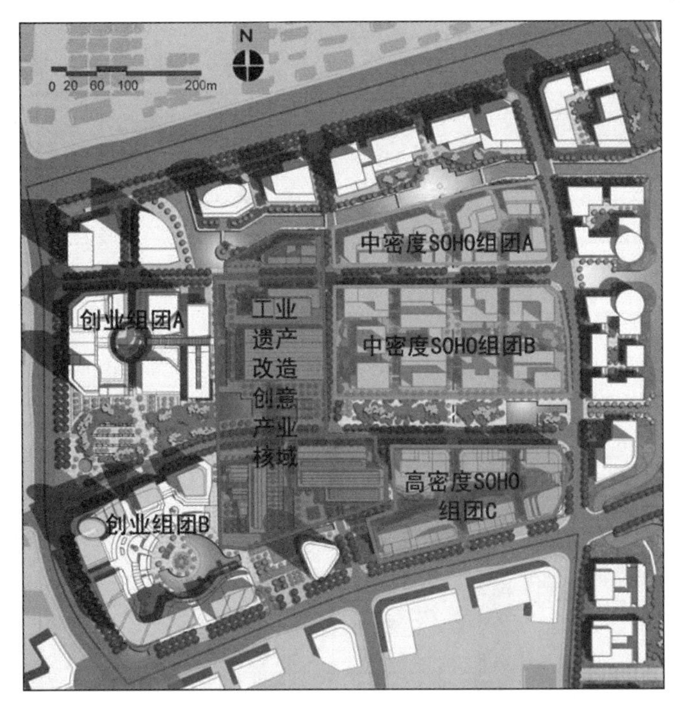

图 8-14　杭州创新创业新天地“小地块”式的混合功能格局
来源：美国 RTKL 建筑事务所 . 杭州创新创业新天地项目设计方案，http：//cxcyxtd.9yc.com/

图 8-15　工业遗产核域与 SOHO 组团　　**图 8-16　“小地块”的产住混合廊道**
来源：美国 RTKL 建筑事务所 . 杭州创新创业新天地项目设计方案，http：//cxcyxtd.9yc.com/

针对上述问题，引导都市复合化板块开发，首先必须明确以自上而下路径为主导的组织原则，这包含开发主题贯穿项目主线，政府和非政府主体支持协调，民众对外组织的辅助参与。表 8-11 显示，在现行模式中（黑线区），高风险、大投入，复杂协调和专业化开发，依赖于开发者（D）和政府（G）的实力支撑与紧密合作。但另一方面，由于前期与中期缺乏民众（P）的有效参与，特别是在综合体项目的开发上，非政府组织（N）主导的自组织机制，对强势性开发的协调尤为重要。基于此，建立多元化的非政府组织实体，增加非政府组织参与的建设模块，提升非政府组织规范性与专业性，实为开发策略的重要补充。

都市复合化板块开发的组织与引导　　表8-11

组织模块		政府主体 Government 工作内容	形式	开发者主体 Developer 工作内容	形式	非政府主体 NGO 工作内容	形式	民众主体 Pub lic 工作内容	形式
	项目发起	–	–	混质开发对象条件与内容	策划报告	协助提案、进行咨询评估	调查问卷	参与概念规划的选择与提案	投票
	可行评价	对区域自然与社会影响分析	论证协调	项目的经济性与操作性分析	可行报告	进行民意调查	调查问卷	–	–
	项目规划	结合周边发展提出规划意见	协调反馈	复合开发板块与区域协调	规划方案	–	–	–	–
	建设立项	厘定项目开发的内容与指标	审查意见	提出合理建设类型与容量	开发申请	进行咨询评估协调各方利益	工作团体	提出区域建设的需求建议	现场记录
第二阶段	项目筹备	土地划拨、设施与交通引入	行政程序	项目融资与工作团队筹建	企业实体	提供民间融资渠道与支持	–	–	–
	方案初定	–	–	制定多组方案分析优劣点	草案文本	调查、记录汇整、反馈	意见书	–	–
	方案修订	方案审批资质审查	审查意见	确定规划建设施工图则	定案文本	举办听证会	会议	对公示方案进行选择	投票
	施工建造	市政协调技术支持	–	按计划施工	进度书	进行第三方的施工监理监督	监督记录	–	–
	项目验收	按规划与规范进行技术审查	审查意见	项目自查与问题排除	质检结算	–	–	–	–
第三阶段	经营使用	产住权属审批与使用许可	行政程序	引入物业管理	企业实体	建立产住业主自治委员会	工作团体	进行功能空间的最优化利用	自发方案
	维护管理	公共服务与设施保障	–	混合功能使用的管理制定	物业规定	进行邻里沟通提供民间保障	–	参与、监督公共设施维护	–
	改造优化	再建、改建与功能变更指导	–	产住混合优化方案制定	方案文本	进行 POE评价分析合理性	分析报告	提出合理改造与可优化申请	申请书

现行项　G　优化项　　现行项　D　优化项　　现行项　N　优化项　　现行项　P　优化项

8.3.2　城镇经营性社区

作为城镇化转变的最活跃因素之一，经营性社区是在同一范围内，共享基础设施、产业市场信息和住居空间的聚居有机体，包含市场社区、产业社区、创意社区等产住共同体形态。经营性社区是推动就地城镇化的人居主体[1]：①经营性内核是完成共同体群落化的基础；②专业化分工成为社群组织与协同的依据；③产住高度复合，是经营性社区维持增长的绩效源泉；④经营性社区主要分布在中小城镇和城镇化快速推进区；⑤一般具有高密度、小规模、均质性的肌理特征；⑥处于城镇化过渡期，社区具有动态演进和阶段性特征。实证中，经营性社区开发主要表现为“渐进置换”和“快速转型”两种格局。

[1] 陈修颖，叶华．市场共同体推动下的城镇化研究——浙江省案例 [J]. 地理研究，2008(1)：33-44。

（1）混质置换：分散式改造

在微观层面，功能置换的主体为社区内户为单位的空间体，具有业主个体或联盟自治倾向。日本神户新长田站北经营社区，是以“皮革产销”为业态，面积 $28hm^2$，人口 1801 户（图 8-17）。1995 ～ 2002 年社区再开发分为：第一阶段，政府主导的“城市建设基本方案”，按照“町街区”划分（图 8-18）提供道路与配套；第二阶段，社区 12 个协议会制定的“街区建设方案”。社区自治性组织包括社区协议联合会、新长田发展中心和建筑排列委员会❶。为促进社区内居家、工业、商业的协同发展，这些 NGOs 提出“Shoes Gallery 构想”、“绿色城市商业区”等提案，通过“可视化工坊”、“观光店宅”进行产住的格局调整（图 8-19、图 8-20）并在中观层面引导社区的经营性场所（图 8-21）。与此同时，政府也制定相应的《可视化工坊建设补助制度》。在自组织和外组织共同作用环境下，社区通过自我更新、置换途径，最终实现产住复杂背景下的混质优化。

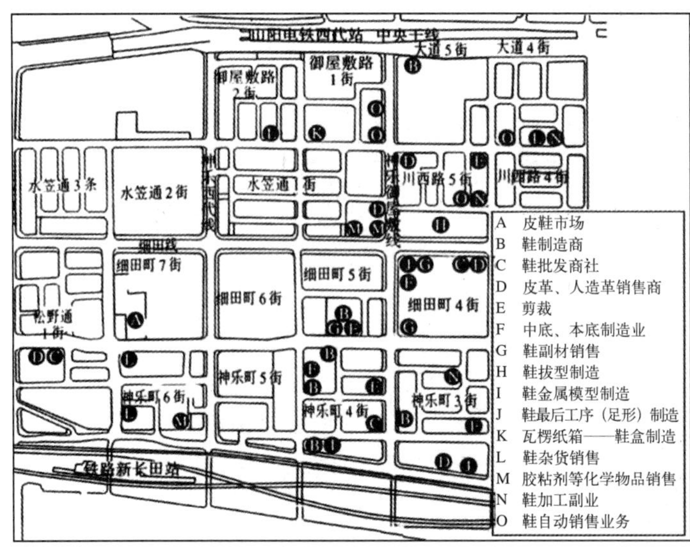

图 8-17　2002 年日本新长田站北社区产业分布

图 8-19　产住混合街屋排布标准

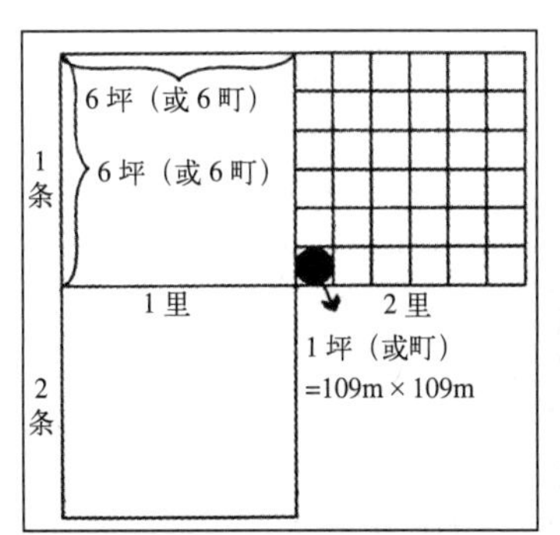

图 8-18　条里制社区肌理划分

图 8-20　可视化工厂（经营单体）

图 8-21　经营性节点空间（皮革馆）

来源：日本建筑学会编．建筑设计资料集成（地域·都市篇 I）[M]. 天津：天津大学出版社，2007：127-129

❶　和田真理子．大都市住工混在地域の土地利用変化と産業まちづくり．科学研究費補助金データベース（课题编号:10780282)[R].1998—1999 年度。

（2）混质转型：系统性跃迁

经营性社区在我国现代城镇化过程中，多为基于产业植入而形成的人居集聚现象。以“兴商建市”特色的浙江义乌为例，小商品生产簇群、专业市场是形成产住社区的“凝聚核”。从20世纪90年代起，经营社区经由第一代“马路经济”，第二代“底商置换”，第三代“市居合建”，大量旧有经营社区面临着城镇化转型与品质需求。在组织模式上，义乌撤村建居性社区是以区、街道政府来主导建设。因此，与自发混质置换不同，外组织模式统合了政策、土地、资金、设施，能够形成整体式跃迁。在稠州中路产住社区实证中，开发模式兼顾“小商品”业态下多种产住混合形态[1]（图8-22～图8-24）：①工坊住居模式（SIR）；②店宅模式（SCR）；③办公居住模式（SOR）。通过对产住公共界面和核域（图8-25、图8-26）的外组织设定，建立多组团自组织分工与协同，实现混合功能社区转型。

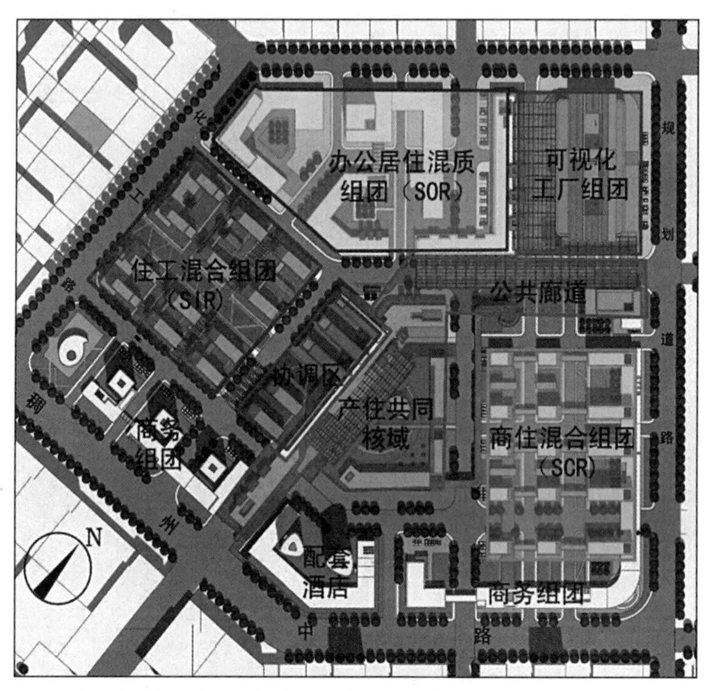

图8-22　义乌稠州路专业市场社区更新布局

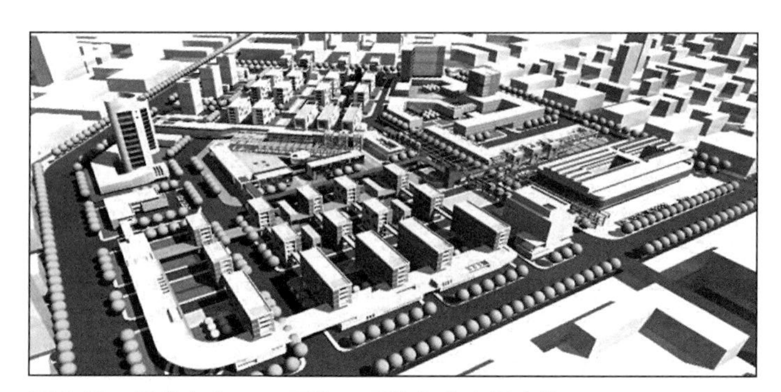

图8-23　居住与加工、零售、研发多业态混合格局

[1] 部分参考：美国旧金山SOMA区划图则设定[EB/OL]. http://www.sf-planning.org/index.aspx?page=1895。

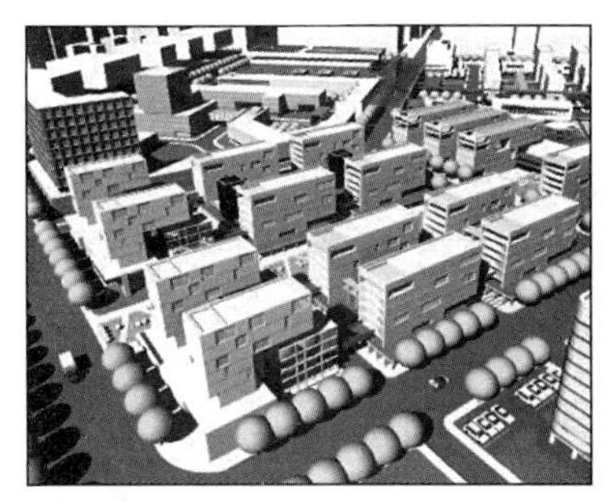

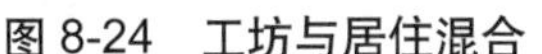
图 8-24　工坊与居住混合

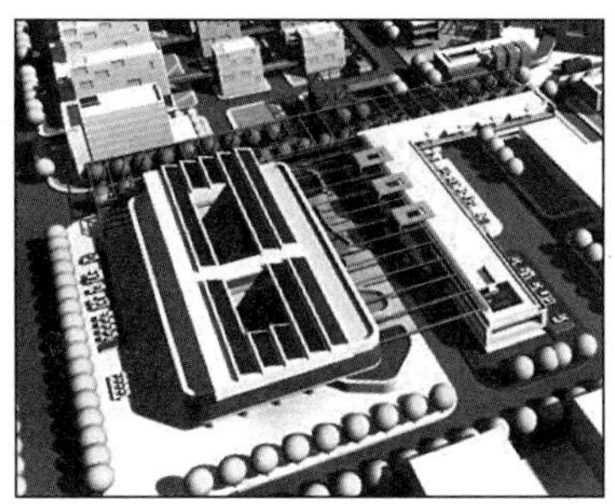

图 8-25　开放式工厂组团

图 8-26　产住协调界面

基于混质置换与混质跃迁两种方式，经营性社区的营建对象相对都市复合型板块开发，具有更大的空间尺度（10hm^2 以上中观尺度）和人群范围（居住区或居住小区级），区划基底特征多表现为开放街区（城市次干道和支路穿越）、密质路网（路网间隔在 80 ~ 120m）、中等密度（25% ~ 35%）和容积率（1.5 ~ 2.5）。经营性社区在城镇化过程中，一般具有前期的产业和生活发展基础，以及一定的产住协同和辐射能力，其营建目标与旧区改造、生地盘活和品质提升等再开发（redevelopment）背景相契合。从诸多案例的实际操作来看，对经营性社区营建是一个多主体平衡过程，对其开发引导的关键点有以下原则：

1）叠合区划（overlay zoning）的兼容设定。经营性社区是中小规模混质单元的群化集成（以单户或组户为单位），且在区划法则的执行在社区内能够形成一定程度的通用性和复制性。在实证中，采取对普通居住或产业区划上进行功能附加规划，进一步实现开发的兼容操作。产住叠合设定，突出了地块功能累积性（accumulative）而非排他性（exclusionary）❶，同时促使社区原有的产业和居住基础优势能够有效延续和再发展。

2）社区导向（community-led）❷ 的弹性组织。经营性社区开发是中小城镇人居建设的重要组成，旨在提升地区稳定和混合增长的绩效，例如美国传统邻里开发（TND）模式，制定了诸如“底层商业”、“产住单元”等地方法规。社区弹性建构下的导向具体为：①允许符合区划下的产住置换与改造，增加业主利润；②通过管束和奖励，促使产住平衡，减少互扰现象；③实行功能利用的申请和投诉机制；④鼓励设施共建。

3）多元主体（multi-agency）的决策平衡。经营性社区开发牵涉到多元主体的利益，无论是渐进置换，还是系统跃迁，都直接影响地区和个体的发展目标。政府自上而下的区划和政策导控，民众掌握邻里决策权，以及开发者和 NGOs 的执行与协调，成为多主体博弈下的外组织与自组织过程❸（表 8-12）。在此状态下，有必要引入社区开发组织（CBDOs）❹，使各主体从“象征性参与”提升到“实质性互动”水平。

---

❶ 候丽 . 美国“新”区划政策的评介 [J]. 城市规划学刊，2005(3)：36-42。

❷ Rob Imrie, Mike Raco. Urban Renaissance? ——New labour, community and urban policy[M]. The Policy Press, 2003：210.

❸ John McNamara. 伙伴：邻里——公司合作模式的社区复苏实例 [M]. 谢庆达译 . 台北：创兴出版社 , 1998：22。

❹ Community-based development organization, 是非营利性的住房与商业开发组织统称，以美国最为典型。

城镇经营性社区开发的组织与引导　　表8-12

组织模块		政府主体 Government 工作内容	形式	开发者主体 Developer 工作内容	形式	非政府主体 NGO 工作内容	形式	民众主体 Pub lic 工作内容	形式
第一阶段	地区定位	制定地区总体规划与目标	地区规划	地区混质 开发情报与经验	准备工作	建立地方规划建设协调会	工作团体	参与调研与撰写提案	意见书
	发展评价	开发主体定位职住类型配置	概念规划	项目的经济性与操作性分析	策划报告	进行民意调查	调查问卷	参与概念规划的选择与提案	投票
	区划编制	土地划分与兼容性指标设定	控制规划	–	–	汇整现状条件提出区划意见	意见书	对区划内容与指标进行讨论	意见书
	建设立项	厘定项目开发的内容与指标	审查意见	提出合理建设类型与容量	接受委托	进行咨询 评估协调各方利益	工作团体	提出项目建设的利益诉求	现场记录
第二阶段	项目筹备	土地划拨、设施与交通引入	行政程序	项目融资与工作团队筹建	企业实体	提供民间融资渠道与支持	–	–	–
	方案初定	针对地区发展提出方案意见	评议会	制定多组方案分析优劣点	草案文本	调查、记录汇整、反馈	意见书	讨论方案，提出具体需求	现场记录
	方案修订	提出政策优化审批审核方案	审查意见	结合多方意见修订方案	定案文本	举办听证会实行方案辩论	会议	对公示方案行使决策权	会议
	施工建造	市政协调技术支持	–	根据社区活动分期分片施工	施工方案	进行第三方的施工监理监督	监督记录	监督、配合与施工	–
	项目验收	按规划与规范进行技术审查	审查意见	项目自查与问题排除	质检结算	进行第三方的验收复查	验收记录	现场踏勘 ，提出使用性改进	现场记录
第三阶段	经营使用	产住权属审批与使用许可	行政程序	引入物业管理	企业实体	建立产住业主自治委员会	工作团体	进行功能空间的最优化利用	自发方案
	维护管理	公共服务与设施保障	–	混合功能使用的管理制定	物业规定	进行邻里沟通提供民间保障	–	参与、监督行使自治权	–
	改造优化	再建、改建与功能变更指导	–	产住混合优化方案制定	方案文本	进行 POE 评价分析合理性	分析报告	提出合理改造与可优化申请	申请书
现行项		优化项（G）	现行项	优化项（D）	现行项	优化项（N）	现行项	优化项（P）	

8.3.3　乡村非农化集落

非农化是城乡一体化发展的前提和必然现象，也是我国发达乡村聚落的产业和居住转型的重要阶段。在非农化方式上，乡村聚落演进可以分为三种途径[1]：①“城市转移化”，以城中村、近郊村向城区转变为特征；②“就地转移化”，是发达乡村产业和人口的就地城镇化过程；③“三元集中性”，乡村工业的集中，现代化农业的集中，农居点建设的集中。事实上，大量乡村的非农化转型，并非转向城市，而依托地缘、业缘关系建构新型非农产业“发展极”，形成大量混合功能的集落形态，如特色农贸村、现代工业村、历史文化村、

[1] 吴业苗 . 农村城镇化、农民居住集中化与农民非农化 [J]. 小城镇建设 , 2010(11)：83-88。

休闲农家乐等。受非农化基础差异，乡村混合集落可分为聚合式和分散式两种开发机制。

（1）聚合式：资源序化与统筹

乡村聚合式的混质增长，多出现于基础条件优、民众富裕、村委会行政高效的发达乡村。首先，民众能够围绕村民自治组织形成合力，通过直接性的民主会或间接性的村民代表决策，自下而上影响整个聚落的规划、建设和管理。乡村的产住一体化发展主要是通过"村集体委托"下的企业开发模式，村民个体手中的地权、建房权、分红权等能够被集体虚化管理，或被自下而上的行政收并集中，形成资源整合，之后在开发完成后实行按户分配。以杭州径山茗溪茶文化村为例，项目建设占地3.06hm^2，村民271户，区域内产住容量比例为1：0.66（图8-27）。开发模式打破传统以户为单位的独立式、分散式的村民自建，采取产、销、娱、住一体化格局。村落通过一条多界面的曲折内街联系各种空间，产住混质则基于竖向关系，叠合了"产销经营基层（流动式）"、"多功能经营单元（休闲农家乐）"、联户（独户）居住单元（图8-28～图8-30）。在地区传统乡村聚落营造的肌理、尺度和邻里关系下（图8-31），聚合式开发能够在民众个体和公共资源集约的过程中，实现产住混合的规模化特征与绩效优势。

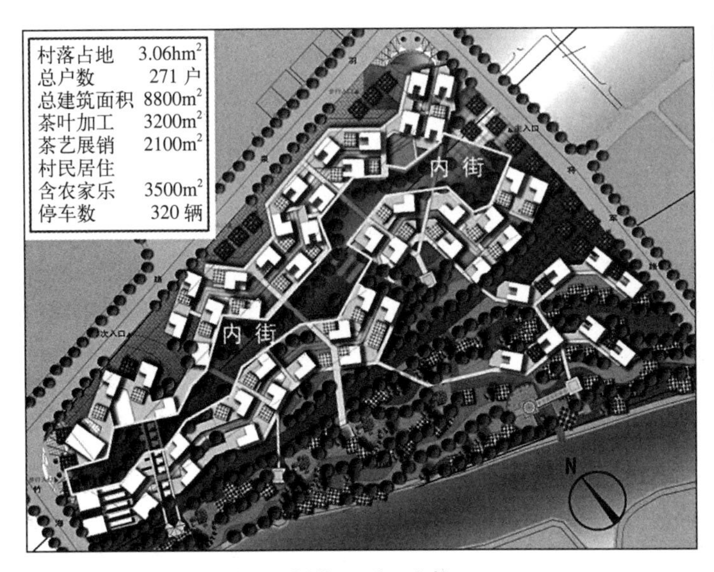

图8-27　杭州径山茶文化村落混质开发格局

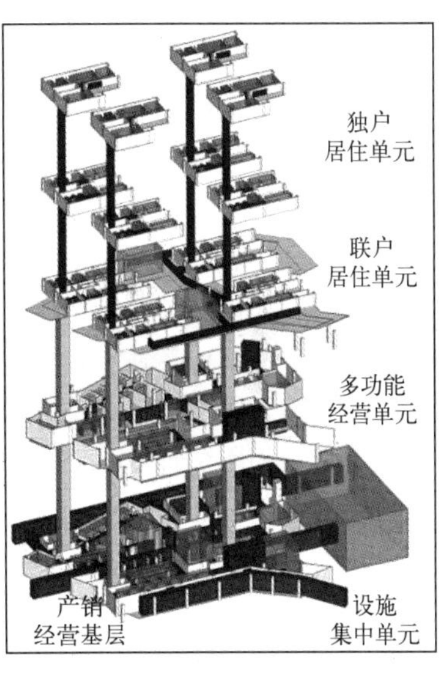

图8-28　产住竖向混合

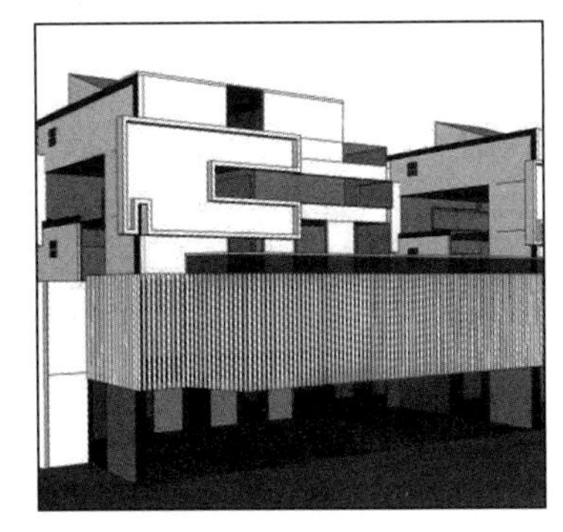

图8-29　混合功能基层

图8-30　居住单元

图8-31　邻里核域空间

（2）分散式：因子植入与传播

与资源集聚模式不同，分散式的混质建设，适用于转型初期或者非农化条件不充分的乡村地区。分散式开发过程，是以非农性产业对乡村聚落的渗透为特征，侧重自下而上的引导和促成机制。①混质因子引入：通过个案方式，将非农化的产业萌芽植入传统乡村。在舟山东极乡村社区，利用渔闲发展了渔民画产业，从最初只有几户人家的分散性制作，逐渐形成了有一定产量的地区性艺术社区（图 8-33、图 8-34）。②混质绩效鼓励：对已植入的混质种子实行“培育计划”，在土地、资金、规费、能源和技术上，提供多样化的支持。如安吉县成立发展现代家庭工业领导小组，每年评选出 30 ~ 50 户优秀家庭工业示范户，平均每户奖励 5000 元（图 8-32），绍兴新昌县则对家庭工业户实行民用电的补助政策。③混质示范传播：结合村民自发的产住混质改造（图 8-35），提出社区层面的规范制度。一方面，通过代表性产住混合方式认定制度，保护合理的村民利益诉求，避免产住互扰问题；另一方面，总结典型的产住混质开发案例经验与教训，形成建设示范，进而实现混质因子传播的人居安全性与可控性。

图 8-32　安吉发展现代家庭工业表彰现场

来源：安吉发展家庭工业现场会 . http：//www.ajgy.gov.cn/article.asp?id=453

图 8-33　舟山乡村社区渔民画指导现场

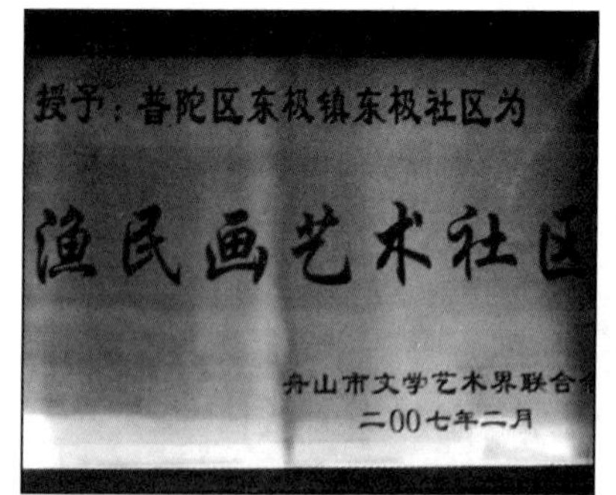

图 8-34　东极岛渔民创作社区

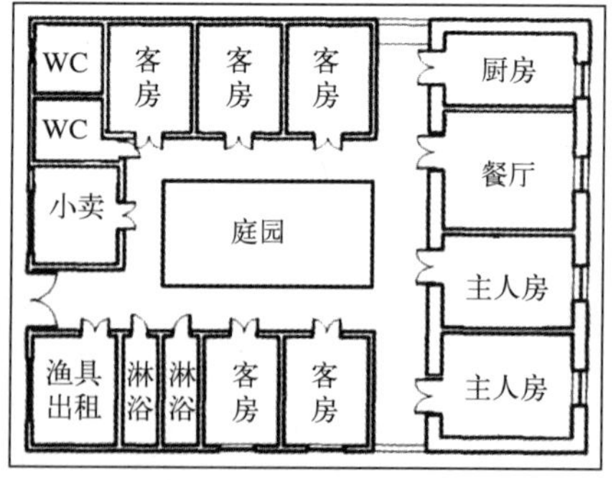

图 8-35　农家乐改造平面

图 8-36　农家乐示范

在我国，虽然不存在农村土地的私有制，但受到户籍制度限制，区内农民的生产、生活仍然具有较明显“地缘锁定性”。乡村集落中土地、资源等权属是集体内部分配，缺乏城镇社区的社会化流转机制。因此，乡村发展必然是根植于原有的有集落空间和特定的社群圈层的。这使得混合功能乡村开发，往往会形成一个特殊的“门槛”（threshold）机制，即新型非农化业态的引入，在前期具有相对缓慢和阻滞的过程，而当产业与人居混合产生明显效益，并发展出若干示范点后，便被迅速效仿，蔓延到整个集落，呈现整体非农化的产住混质转型[1]。实证来看，我国乡村产住增长具有一定的人居地理内核和边界，发展路径不完全等同于西方城镇化模式。而沿用城乡二元思维，套用现行城镇化方式来开发乡村，已经出现诸多问题。在此误区下，调整乡村非农化产住混合发展方向须着重以下原则：

乡村非农化集落开发的组织与引导 表8-13

组织模块		政府主体 Government 工作内容	形式	开发者主体 Developer 工作内容	形式	非政府主体 NGO 工作内容	形式	民众主体 Public 工作内容	形式
第一阶段	乡村定位	结合现状探索非农化途径	总体思路	–	–	建立乡村规划建设协调组织	工作团体	选取乡村建设民众代表团体	投票
	发展规划	非农化定位建设类型设定	政策导向	–	–	项目的经济性与操作性分析	分析报告	对区划内容与指标进行讨论	讨论会
	建设立项	提出具体建设的政策与计划	计划制定	–	–	进行民意调查	问卷走访	提出项目建设的利益诉求	逐个记录
第二阶段	项目筹备	土地、资源和设施整合分配	行政协调	政府或非政府委托开发实体	企业实体	提供民间资源和资金的融合	–	–	–
	方案初定	基层政府提出方案指导意见	评议会	制定多组方案分析优劣点	草案文本	调查、记录汇整、反馈	意见书	讨论方案，提出具体需求	现场记录
	方案修订	由基层政府向上级部门报批	审查意见	结合多方意见修订方案	定案文本	举办听证会实行方案辩论	会议	对公示方案行使决策权	会议
	施工建造	基层协调与上级技术支持	–	根据社区活动分期分片施工	施工方案	进行第三方的施工监理监督	监督记录	监督、配合和参与施工	结合自建
	项目验收	按规划与规范进行技术审查	审查意见	项目自查与问题排除	质检结算	进行第三方的验收复查	验收记录	现场踏勘，提出使用性改进	现场记录
第三阶段	经营使用	结合非农化进行混质引入	政策倾斜	引入市场经营体系与管理	企业实体	建立乡村产业发展委员会	工作团体	进行功能空间的最优化利用	自建方案
	维护管理	混合功能发展的制度完善	政策修订	–	–	进行邻里沟通维护乡村社区	自治制度	参与、监督行使自治权	–
	改造优化	对产住混质先进区进行示范	奖励	根据政府或民众委托改建	施工方案	提供产住协同的外部支持	–	提出合理改造与可优化申请	申请书

现行项 G 优化项　现行项 D 优化项　现行项 N 优化项　现行项 P 优化项

[1] 现代村落按业态模式一般分为农业型、工业型、市场型、旅游型、特殊型（少数民族）等。其中农业型村落标准为农、林、牧、渔产值超过30%，主要收入依赖农业；而将工业、销售等产业比重超过80%的定为非农化村落，其中工业产值超过50%的为工业型村落，商贸占50%以上的为市场型村落。

1）天然契约性（natural contractual）协调。乡村社区在农耕文化影响下，是天然的亲缘与乡缘共同体。乡村产业和人居建设是关乎整个村集体的利益。特别是在重大建设决策下，集中和整合个体土地等资源，需要依靠亲缘、乡缘等天然信任机制。如1992年温州上园村为引入电器城项目，就是集中了村民手中的承包地[1]，实现市场型村落的起步。

2）绩效基础式（performance-based）开发。乡村开发模式不同于城镇开发，其自组织建设所占比重较大，建设过程很难进行精确功能控制和容量设定。除了土地属性和流转限制，乡村聚落空间实际上具有巨大的功能弹性，民众认同和仿效的人居形态，取决于生产、生活带来的现实效益。对乡村产住协同的引导，关键要明确功能混合的绩效指标[2]。

3）草根民主化（grass-roots democratic）决策。乡村邻里是一个“地缘＋业缘”的双重社群团体，且具有良好的个体间沟通网络，村民不仅在生活上相互协调，在生产中也往往体现出信息共享、技艺传播的职属关系，如“一村一品，一乡一业”的趋同化现象。村民个体既是产住户，也是建造者（表8-13）。基层群体的共识[3]，是混合功能增长前提。

---

❶ 陈修颖．浙江省市场型村落的社会经济变迁研究[M]．北京：中国社会科学出版社，2007：78-81。

❷ 梁鹤年．开发管理和表性规划[J]．城市规划，2000(3)：34-37。

❸ 杨炳珑．草根自治“农民议会”[J]．乡镇论坛，2010(2)：6-8。

结 论

混合功能是贯穿人居演进的重要线索，也是地区性聚落可持续发展的基础。历史上手工业、商业的社会分工到现代城镇化推进，产业对居住植入，以及居住对产业包容，动因多样，绩效不同，形态复杂，演替频繁。而在高速发展的今天，从工业村、城中村、城乡结合部的初期化产住混合现象，到大强度集成的综合体板块、经营性社区等高级混质形态，都表现和延续着“功能多样化混质天性”[1]。各种城镇化理论的推动，以及地区建设模式的积淀，更是对现状的产住共同组织模式产生了深远影响。然而，无论是西方体系下的混质改良，还是本土体系下的混质促动，产住共同体建构都是既朴素而又特殊的人居方向，对混合功能增长的探索不能只进行单纯的混质理论引介，也不能只停留在单纯的聚居经验积累上。在新一轮城镇化下，比较中西混质观念的发展差异，平衡生产与生活复合的现代矛盾，解析混质聚落增长的建构规律，是涉及人居组织的动因、机理和演进理论的三个核心问题。由此，具体到实践，基于地域适宜性的产住共同体范式营建、改良与评价，则需要转变自上而下的定势思维，引导自下而上的实际需求。立足人居个体生成的差别，寻求混合功能发展的可操作机制与途径。

（1）兼容性导向的总体设定

产住一体化人居形态，并不仅仅只是空间形态上的功能混合，而是关系到区域经济模式、社会组织和建设制度的兼容性机制。事实上，混合功能模式具有天然的有机兼容性特征，及其自我调整策略。无论是范式多样的历史演进，还是中西差异的制度参照，兼容性作为产住共同增长的基本原则强调以下方面：①“兼容”或“排他”是在人居建设主观层面的设定，表现为明显的“自上而下”倡导或管束的观念，发展混合功能人居首先需要开放制度。②在体系上，产住兼容关系包含强制性和诱变性两种形制，针对不同的人居发展水平，必须对制度的刚性和弹性进行调教，避免行政“一刀切”的误区和完全自组织的“混质耗散”。③区域产住的兼容性设定，涉及面广，对象复杂，差异性大。笔者认为混合功能人居理论的深化与完善，是兼容性建设导控的依据。其意义重在“具体而微”的实证性操作指导与经验梳理，而非仅仅作概念化或原则性的阐释。

（2）动态化途径的实证操作

土地紧缩使用和产住兼容性组织，构成了混质聚居发展的直接而显性动力。同时，地域文化、政策体制、营造技术作为间接性的推动与制约要素，同样影响产住一体化的进程。参照聚居载体与动因的关联性，混质人居的演进是社会过程，也是空间过程，并赋予混质维度与范式的多样性和变化性，例如美国“精明增长在线”（SGO）[2]提出的动态操作原则包含：①土地混合功能弹变性；②户型多样可选性；③建筑竖向空间变化性；④聚居的场所

[1] Jane Jacobs. The Death and Life of Great American Cities[M]. New York：Vintage Books, 1961.

[2] 参见：Smart Growth Online. http://www.smartgrowth.org/。

活性；⑤惰性用地的激活；⑥公众参与性。实证来看，产业调整的非定性与混质聚落的活跃性，使得微观和中观的产住空间建构无法参照标准、固定的模式。因此，采取动态化的功能与指标判定机制，是产住共同体分类和建构的重要依据。

（3）平衡态格局的绩效评价

功能混合的动态特征，是造成产住共同体内部资源和效益分布差异的根源。功能、空间、社群、制度的非平衡，既是聚居有机体混合功能增长的动力，同时也是局部失稳和优化的阻力所在。产住共同体建构的平衡体系集中在：①产住的功能平衡性，不仅包含了聚落、组团、宅形内部的产住二元平衡，还包含不同业态类型和不同居住类型之间的配置平衡；②多主体平衡原则，产住共同体的组织主体平衡是外组织与自组织的协同关系，利益关系平衡则基于产住不同业主群体间的博弈关系。在我国，产住共同体聚落仍然处于自组织性平衡，长期来看，改变现状还需要引入对混质绩效的评价机制，并发挥非政府组织职能。

纵观产住共同体的时空轨迹，聚落功能的文脉演进，中西差异的制度建构，形态多样的空间表达，都是对人居发展的不断追求与集体智慧。我们必须承认，产住混合作为功能与空间的邻近、互补、统筹机制，为人居演进提供了天然性的较多选择、较少通勤的综合效益。我们必须明确，产住共同体是一个复杂适应性系统，产住组织在不同空间尺度下，并非线性关系，其理论和实证都必须对特定时期和地域进行拓展；我们必须思考，混合功能人居在我国当前城乡建设过程中仍然是前瞻性主题。城乡混质聚落形态多样交织，界线模糊，针对混合增长途径的政策、区划、规范调整，还需要探索阶段性和过渡性策略。

参考文献

[1] C.A. Doxiadis. Action for Human Settlements[M]. Athens：Athens Publishing Center，1975.

[2] C. A. Doxiadis. Ekistics：An Introduction to the Science of Human Settlement[M].London：Oxford University Press，London，1968.

[3] C. A. Doxiadis. Anthropopolis：City for Human Development[M].Athens：Athens Publishing Center，1975.

[4] Lewis Mumford. The City in History：its origins，its transformation，and its prospects，Harcourt，Brace & World，Inc.，1961.

[5] W. Skinner. Marketing and social structure in rural China[M].London：Oxford University Press，1972.

[6] Jane Jacobs. The Death and Life of Great American Cities[M]. New York：Vintage Books，1961.

[7] E.Robert. Mixed-use Development：New Ways of Land Use[R]. Washington，DC：ULI，1976.

[8] Amos Rapoport. House Form and Culture[M].New Jersey：Prentice-Hall Englewood Cliffs，1960.

[9] A. Coupland. Reclaiming the city：Mixed Use Development. London：E & FN SPON，1997.

[10] Aanya Roy，Nezar AlSayyed，ed. Urban Informality：transnational perspectives from the Middle East，Latin America，and South Asia[M].Lanham，MD：Lexington Books，2004.

[11] Spiro Kostof. The City Shaped-Urban Pattern and Meaning Through History[M].London：Thames &Hudson Ltd，1991.

[12] Harold Carter. An Introduction to Urban Historical Geography[M]. London：Edward Arnold，1983.

[13] Steve Surprenant. Mixed-use Urban Sustainable Development through Public-Private Parternships[M]. Boston MA：HRD Architecture，Inc，2006.

[14] K. Lynch. Good City Form（Originally published：A theory of good city form，1981，12th printing）[M]. Cambridge，MA：MIT Press，2000.

[15] W. Christaller. Central Places in Southern Germany[M].New Jersey Englewood Cliffs，1966.

[16] 日本都市计画学会地方分权研究小委员会编 . 都市计画の地方分权 -- きちづくりへの实践 [M]. 京都：学芸出版社，1999.

[17] [德] 滕尼斯 . 共同体与社会 [M]. 林荣远译 . 北京：商务印书馆，1999.

[18] [日] 大爆久雄 . 共同体的基础理论 [M]. 于嘉云译 . 台北：联经出版社，1999.

[19] [日] 藤井明 . 聚落探访 [M]. 宁晶译 . 北京：中国建筑工业出版社，2003.

[20] [日] 芦原义信 . 隐藏的秩序——东京走过廿世纪 . 台北：田园城市文化事业有限公司，1995.

[21] [美]E. 沙里宁 . 城市：它的发展、衰败、未来 [M]. 顾启源译 . 北京：中国建筑工业出版社，1986.

[22] [美] 罗杰• 特兰西克 . 找寻失落的空间 [M]. 北京：中国建筑工业出版社，2008.

[23] [美] 约翰•H. 霍兰 . 隐秩序——适应性造就复杂性 [M]. 周晓牧，韩晖译 . 上海：上海科技教育出版社，2000.

[24] [美]John McNamara. 伙伴：邻里——公司合作模式的社区复苏实例 [M]. 谢庆达译 . 台北：创兴出版社，1998.

[25] 日本建筑学会 . 建筑设计资料集成（地域都市篇）[M]. 天津：天津大学出版社，2007.
[26] 费孝通 . 乡土中国 [M]. 北京：生活• 读书• 新知三联书店，1985.
[27] 费孝通 . 小城镇　大问题 [M]// 小城镇四记 . 北京：新华出版社，1985.
[28] 吴良镛 . 人居环境科学导论 [M]. 北京：中国建筑工业出版社，2001.
[29] 黄宗智 . 长江三角洲小农家庭与乡村发展 [M]. 北京：中华书局，2000.
[30] 黄宗智 . 中国农村的过密化与现代化：规范认识危机及出路 [M]. 上海：上海社会科学出版社，1992.
[31] 顾朝林，甄峰，张京祥 . 集聚与扩散：城市空间结构新论 [M]. 南京：东南大学出版社，2000.
[32] 梁江，孙晖 . 模式与动因——中国城市中心区的形态演变 [M]. 北京：中国建筑工业出版社，2007.
[33] 李斌 . 空间的文化——中日城市和建筑的比较研究 [M]. 北京：中国建筑工业出版社，2007.
[34] 李立 . 乡村聚落：形态、类型与演变 [M]. 南京：东南大学出版社，2007.
[35] 石忆邵 . 中国市场群落发展机制及空间扩张 [M]. 北京：科学出版社，2007.
[36] 简新华 . 论中国特色的城镇化道路 [M]// 发展经济学研究（第 4 辑中国工业化和城镇化专题）. 北京：经济科学出版社，2007.
[37] 戴颂华 . 中西居住形态比较——源流• 交融• 演进 [M]. 上海：同济大学出版社，2008.
[38] 周春山 . 城市空间结构与形态 [M]. 北京：科学出版社，2007.
[39] 李钢 . 建筑腔体生态策略 [M]. 北京：中国建筑工业出版社，2007.
[40] 贺业钜 . 中国古代城市规划史论丛 [M]. 北京：中国建筑工业出版社，1986.
[41] 杨建华 . 社会化小生产：浙江现代化的内生逻辑 [M]. 杭州：浙江大学出版社，2008.
[42] 王自亮，钱雪亚 . 从乡村工业化到城市化——浙江现代化的过程、特征与动力 [M]. 杭州：浙江大学出版社，2003.
[43] 郑勇军，袁亚春，林承亮 . 解读“市场大省”——浙江专业市场现象研究 [M]. 杭州：浙江大学出版社，2003.
[44] [南京国民政府] 实业部国际贸易局 . 中国实业志（浙江省）：第七编 [M]. 1933.
[45] 樊树志 . 明清江南市镇探微 [M]. 上海：复旦大学出版社，1990.
[46] 朱友华，陈修颖，蔡东 . 浙江省现代工业型村落经济社会变迁研究 [M]. 北京：中国社会科学出版社，2007.
[47] 郭湘闽 . 走向多元平衡——制度视角下我国旧城更新传统规划机制的变革 [M]. 北京：中国建筑工业出版社，2006.
[48] Alan Rowley . Planning Mixed Use Development：Issues and Practice[M]. RICS. 1998.
[49] Alan Rowley. Mixed-use development：Ambiguous concept，simplistic analysis and wishful thinking?，Planning Practice and Research，1996，11（1）.
[50] M. E. Porter. Clusters and the New Economics of Competition[J]. Harvard Business Review，1998（11）.
[51] T. G. McGee. Urbanisai or Kotadesasi? Evolving Patterns of Urbanization in Asia[C]// International Conferenceon Asia Urbanization. Akron：The University of Akron，1985.
[52] M. Batty，Y. Xie，Z. Sun. Modeling Urban Dynamics through GIS-Based Cellular Automata. Computers[J]. Environment and Urban Systems，1999（23）.
[53] Jill Grant. Mixed use in theory and practice[J]. Journal of the American Planning Association，2002（1）.
[54] Jill Grant. Encouraging mixed use in practice[M]//Incentives，Regulations，and Plans. Cheltenham，Glos. Eduard Elgar，2004.

[55] Erie Hoppenbrouwer，Erie Louw. Mixed-use Development：Theory and Practice in Amsterdam's Eastern Dockland[J]. European Planning Studies，2005，13（7）.

[56] A.Skuse，T.Cousins. Spaces of resistance：informal settlement，communication and community organization in a Cape Town township[J]. Urban Studies，2007（5）.

[57] Michael P. Niemira. The Concept and Drivers of Mixed-Use Development：Insights from a cross Organizational Membership Survey[J]. Research Review，2007（3）.

[58] W. Douglas. Challenges of Peri-urbanization in the Lower Yangtze Region[R]. Shorenstein APARC，2002.

[59] W. Joost，V. D. Heok. The MXI：an instrument for anti-sprawl policy?[C]//the 44th ISOCARP Congress，2008.

[60] [马来西亚] 陈美萍 . 共同体（Community）：一个社会学话语的演变 [J]. 南通大学学报，2009（1）.

[61] 吴良镛 . 面对城市规划“第三个春天”的冷静思考 [J]. 城市规划 . 2000（2）.

[62] 崔功豪 . 中国自下而上城市化的发展及其机制 [J]. 地理学报，1999（2）.

[63] 张康之 . 论族阈共同体的秩序追求 [J]. 社会科学战线，2007（1）.

[64] 杨贵华 . 自组织与社区共同体的自组织机制 [J]. 东南学术，2007（5）.

[65] 刘玉照 . 村落共同体、基层市场共同体与基层生产共同体 [J]. 社会科学战线，2002（5）.

[66] 郑浩澜．“村落共同体”与乡村变革——日本学界中国农村研究述评 [M]// 吴毅编．乡村中国评论（第 1 辑）．桂林：广西师范大学出版社，2006.

[67] 黄鹭新 . 香港特区的混合用途与法定规划 [J]. 国外城市规划，2002（6）.

[68] 刑琰 . 政府对混合使用开发的引导行为 [J]. 规划师，2005（7）.

[69] 孙翔 . 新加坡“白色地段”概念解析 [J]. 城市规划，2003（7）.

[70] 钱圣豹 . 西方混合区理论的形成与发展：兼论 21 世纪我国城市的功能整合及其趋向 [J]. 现代城市研究，1997（4）.

[71] 黄毅 . 上海城市混合功能开发的机遇与挑战 [J]. 城市问题，2008（3）.

[72] 黄毅 . 中世纪欧洲城市的功能混合与分区研究 [J]. 山西建筑，2007（12）.

[73] 谭纵波 . 从中央集权走向地方分权——日本城市规划事权的演变与启示 [J]. 国外城市规划，2008（2）.

[74] 应盛 . 英美土地混合实用实践 [J]. 北京规划建设，2009（2）.

[75] 候丽 . 美国“新”区划政策的评介 [J]. 城市规划学刊，2005（3）.

[76] 殷成志，Franz Pesch. 德国建造规划评析 [J]. 城市问题，2004（3）.

[77] 戚冬瑾，周剑云 .“住改商”与“住禁商”——对土地和建筑物用途转变管理的思考 [J]. 规划师，2006（2）.

[78] 郑正，扈媛 . 试论我国城市土地使用兼容性规划与管理的完善 [J]. 城市规划汇刊，2001（3）.

[79] 司马晓，邹兵 . 对建立土地使用相容性管理规范体系的思考 [J]. 城市规划学刊，2003（4）.

[80] 余柏春 . 城市局部用地定性“非定性”模式 [J]. 城市规划，1996（3）.

[81] 龙元 . 汉正街——一个非正规性城市 [J]. 新建筑，2006（3）.

[82] 王晖 龙元 . 第三世界城市非正规性研究与住房实践综述 [J]. 国外城市规划，2008（6）.

[83] 冯革群 . 全球化背景下非正规城市发展的状态 [J]. 规划师，2007（11）.

[84] 沈清基，徐溯源 . 城市多样性与紧凑性：状态表征及关系辨析 [J]. 城市规划，2009（10）.

[85] 王鲁民，张帆 . 中国传统聚落极域研究 [J]. 华中建筑，2003（4）.

[86] 王金岩，梁江 . 中国古代城市形态肌理的成因探析 [J]. 华中建筑，2005（1）.

[87] 朱晓青，王竹，应四爱 . 混合功能的聚居演进与空间适应性特征 [J]. 经济地理，2010（6）.

[88] 朱晓青．混合功能人居的概念、机制与启示 [J]. 建筑学报，2011（2）.
[89] 王竹，朱晓青．“后温州模式”底商住居模式探索 [J]. 华中建筑，2005（6）.
[90] 章岩 方可．探求小而多样化的生业发展模式 [J]. 城市规划，1998（4）.
[91] 何晓雄．村镇住宅经营户型设计 [J]. 小城镇建设，2000（4）.
[92] 蔡晴．南京城南近代小型商住建筑 [J]. 建筑创作，2002（3）.
[93] 陈凯峰．泉州传统民居的铺宅建筑文化 [J]. 小城镇建设，2002（6）.
[94] 齐康．建筑•空间•形态——建筑形态研究提要 [J]. 东南大学学报（自然科学版），2000（1）.
[95] 王冬．乡土建筑的自我建造及其相关思考 [J]. 新建筑，2008（4）.
[96] 王建国．世界乡土居屋和可持续性建筑设计 [J]. 建筑师，2005（6）.
[97] 李滨泉．建筑形态的拓扑同胚演化 [J]. 建筑学报，2006（5）.
[98] 陈军．广义进化与建筑思维 [J]. 新建筑，2003（6）.
[99] 韩冬青．类型与乡土建筑环境——谈皖南村落的环境理解 [J]. 建筑学报，1993（8）.
[100] 高鹏．社区建设对城市规划的启示——关于住宅区规划建设的几个问题 [J]. 城市规划，2002（2）.
[101] 缪朴．城市生活的癌症一封闭式小区的问题及对策 [J]. 时代建筑，2004（5）.
[102] 邓卫．突破居住区规划的小区单一模式 [J]. 城市规划，2002（2）.
[103] 曹传新．对《城市用地分类与规划建设用地标准》的透视和反思 [J]. 规划师，2002（10）.
[104] 刘滨谊，王晓鸿．复合性都会再开发计划：以六本木新城为例 [J]. 规划师，2006（1）.
[105] 苗志坚，胡惠琴．街区型居住区模式研究 [J]. 建筑学报，2007（4）.
[106] 仇保兴．复杂科学与城市规划变革 [J]. 城市规划，2009（3）.
[107] 许学强．从西方区域发展理论看我国积极发展小城市的方针 [J]. 国际城市规划，2009（1）.
[108] 刘志林．中国大城市职住分离现象及其特征 .[J] 城市发展研究，2009（9）.
[109] 刘晓星．中国传统聚落形态的有机演进途径及其启示 [J]. 城市规划学刊，2007（3）.
[110] 仝峰梅．东南亚传统民居聚落的文化特性探析 [J]. 南方建筑，2009（1）.
[111] 程开明，陈宇峰．国内外城市自组织性研究进展及综述 [J]. 城市问题，2006（7）.
[112] 于立，叶隽．控制城市形态的可持续发展原则 [J]. 国外城市规划，2005（6）.
[113] 钱林波．城市土地利用混合程度与居民出行空间分布：以南京主城为例 [J]. 城市研究，2000（3）.
[114] 马强，徐循初．“精明增长”策略与我国的城市空间扩展 [J]. 城市规划汇刊，2004（3）.
[115] 刘盛和，陈田，蔡建明．中国半城市化现象及其研究重点 [J]. 地理学报，2004，59（S）.
[116] 贾若祥，刘毅．中国半城市化问题初探 [J]. 城市发展研究，2002（2）.
[117] 曹国华，张培刚．经济发达地区半城市化现象实证研究 [J]. 规划师，2010（4）.
[118] 葛莹，姚士谋等．浙江省区域块状经济和城市化的关系 [J]. 经济地理，2005（7）.
[119] 姚士谋，吴建楠，朱天明．农村人口非农化与中国城镇化问题 [J]. 地域研究与开发，2009（3）.
[120] 陈修颖．市场共同体推动下的城镇化研究 [J]. 地理研究，2008，24（1）.
[121] 包伟民，黄海燕．“专业市镇”与江南市镇研究范式的再认识 [J]. 中国经济史研究，2004（3）.
[122] 钱紫华，闫小培，王爱民．城市文化产业集聚体：深圳大芬油画 [J]. 热带地理，2006（8）.
[123] 吴业苗．农村城镇化、农民居住集中化与农民非农化 [J]. 小城镇建设，2010（4）.
[124] 黄毅．城市混合功能建设研究——以上海为例 [D]. 上海：同济大学，2008.
[125] 王桢栋．“合”——当代城市建筑综合体研究 [D]. 上海：同济大学，2008.
[126] 崔宗安．分层次、分尺度的城市规划形态 [D]. 南京：东南大学，2006.

[127] 张勇强 . 城市空间发展自组织研究——深圳为例 [D]. 南京：东南大学，2004.

[128] 綦伟琦 . 城市设计与自组织的契合 [D]. 上海：同济大学，2006.

[129] 滕军红 . 整体与复杂适应性——复杂性科学对建筑学的启示 [D]. 天津：天津大学，2002.

[130] 李浩 . 城镇群落自然演化规律初探 [D]. 重庆：重庆大学，2008.

[131] 翁雷文 . 城市土地混合功能使用导论 [D]. 上海：同济大学，1990.

[132] 庄宇 . 城市空间混合使用的基础研究——行为环境和形态构成的探索 [D]. 上海：同济大学，1993.

[133] 邢琰 . 规划单元开发中的土地混合使用规律及对中国建设的启示 [D]. 北京：清华大学，2005.

[134] 扈媛 . 城市土地使用兼容性及其规划管理的研究 [D]. 上海：同济大学，1993.

[135] 高捷 . 我国城市用地分类体系重构初探 [D]. 上海：同济大学，2006.

后 记

搁笔而思，掩卷而感，从2002年开始发现问题、思考现象，直到今天积累成著，已经有近十个年头。在这期间，原先调研和分析的产住混合聚居样本对象，都发生了明显的变化和演进，同时，一大批新兴的产住共同体又不断诞生、发展，补充到研究过程中。现阶段来看，就地城镇化推进，使得多样化的混合功能增长模式推陈出新，并引发地区性人居营建观念、制度的变革与转型，事实证明当初的研究选择和积累是正确且有预见性的。

然而，对研究方向的坚定不懈并非易事。内容初定之后，立刻体会到此题的广度、深度与难度。首先，产住混合功能组织是朴素的人居现象，如同一草一木的自在生长，尽在城乡发展的点点处处，看似可以信手拈来，实则难于尽收眼底；其次，对混合功能人居研究并不是炙手可热的焦点话题，也不存在过于精细复杂的技术讨论，但却绵绵延延，融入古今中外的人居历程，其背后动因的复杂性更让研究陷入对人居本质的深度探索；再者，梳理地区性混合功能人居建构的线索，试图形成有效的实证示范，存在着现行制度和观念的制约，其难度和阻力巨大。为此，首先要感谢王竹教授，除了对本研究的指导与帮助之外，更重要的是对我学术、教学和创作长期以来的启发、促动和提携，特别是在关键点和瓶颈期亦师亦友的帮助，让我收获良多，提升了本书的视野与水平。

与此同时，在国内外资料缺乏，以及素材粗放分散的现状下，研究的推进是相当庞大和艰难的工作过程。感谢研究团队在思路启发，资料采集，以及协同调研给我的素材支撑，感谢浙江工业大学的领导和同事在工作事务上给予的关心和体谅，让我能够更集中精力专注于研究的深化和拓展，感谢浙江省住房和城乡建设厅及地方建设部门的同志提供情报积累和调研的便利条件。

现正值而立之年，却为研究工作牺牲了为子，为夫，为父的多重责任，感谢父母永恒的支持，感谢妻子对大家小家所做的一切，与我朝夕为伴，默默奉献，在事业和生活上为我撑起半个天空，以及伴我度过共同的辛劳与精彩！

朱晓青

2013年秋于杭州